航海応用力学の基礎
(3訂版)

元・宮古水産高等学校長
和 田　　忠

海上技術安全研究所 主任研究員
小 林　　和 博

株式会社
成山堂書店

本書の内容の一部あるいは全部を無断で電子化を含む複写複製（コピー）及び他書への転載は，法律で認められた場合を除いて著作権者及び出版社の権利の侵害となります。成山堂書店は著作権者から上記に係る権利の管理について委託を受けていますので，その場合はあらかじめ成山堂書店 (03-3357-5861) に許諾を求めてください。なお，代行業者等の第三者による電子データ化及び電子書籍化は，いかなる場合も認められません。

はしがき

　本書は，受験者[2級海技士(航海)，3級海技士(航海)]のために必要な航海応用力学に関する知識について，過去20年間にわたって出題された問題をもとにして，系統的に要約整理したものです．

　内容は，主として誰にでもわかるようにごく簡単な数学を用いて基礎から応用まで簡潔に解説してあり，過去に出題された一見難解，複雑な問題も容易に理解できるように配慮しました．その主な点をあげると，

1. 各部門ごとに主要な事項を列挙して，それぞれの事項の意味，相互間の関連を明らかにして単なる棒暗記になることを避け，理解すると同時に記憶しやすいようにした．
2. 過去に出題された問題をもとに例題をあげてていねいに解説し，また，類題を練習問題として豊富にとり入れ，各事項を具体的な場合に活用し，理解を確実にするように努めた．練習問題の答は巻末に収録してある．
3. 過去20年間に出題された海技試験問題のほとんど総てに検討を加えて集録した．
4. 微分，積分による解説を一切避け，図版を多く挿入し，目で見て直感的に理解できるようにした．
5. 実務に携っていて受験対策に時間的余裕がない方々のために，特に目次に＊を付して重点個所を明示した（[練習問題]に印が付いている場合は重要問題が載せてあることを示す）．また，暗記を必要とする重要な公式は，$\boxed{}$で囲み，特に重要なものは巻末に一覧表として収録した．

　以上のように構成されていますから，海技受験準備のためばかりでなく，学生や海上実務者の座右の書としても，確実な基礎知識を身につける一助になると信じます．

　筆者は，浅学未熟のため，諸先輩ならびに読者諸兄の意に満たぬ個所が多々あることをおそれます．今後機会を得て改版したいと思いますので，お気付の点は，適切なご教示とご忠告をいただければ幸いであります．

　本書の執筆にあたり，多くの先輩ならびに同僚各位から貴重な助言をいただきました．深甚の敬意を表わしますとともに厚く御礼申し上げます．

　昭和59年6月

著者識す

2訂版発行にあたって

　このたび，2訂版発行にあたり，読者の一層のご期待にこたえるべく，極力，内容の不備な点や表現の不的確な箇所を改め，関係法令の改正を取り入れ，充実をはかった．しかし練習問題は，基本問題を網羅しているので旧版のままとした．

　本書についてご支援ご協力を賜わった関係各位に心から厚くお礼申し上げる．

平成 23 年 3 月

和田　忠

3訂版発行にあたって

　3訂版発行にあたり，物理量の表現として原則的に国際単位系（SI）を用いることとした．

　国際単位系はメートル系の新しい形態であり，国際的に合意され，明確であり，使いやすい単位の集合として構築されたものである．現在，測定単位の世界的統一性を確保するために，国際度量衡局・国際度量衡総会によって国際単位系の普及が進められている[1]．したがって，海上実務に関わるさまざまな事柄の国際単位系による理解は，重要性を増している．

　ただし，国際単位系による表現は，これまで用いられてきた単位（例：CGS単位・重力単位）による表現を全て置きかえるものではなく，特に実務においては，従来から用いられてきたこれらの単位による理解は依然として重要である．

　そこで，3訂版では，国際単位系による記述と2訂版での記述を併記することとした．併記は，下記のルールに基づいている．

- 物理量の表現は，原則的に国際単位系で行う．ただし，必要に応じて重力単位系による表現を中括弧 {} の中に併記する（例：98 N {10 kgf}）．中括弧内の記述は，2訂版の記述による．

- 中括弧による併記が読みづらい場合は，かわりに重力単位系による記述を直後の段落に併記する．その場合，「… 重力単位系 …」から「………」までが重力単位系による記述の箇所である．

- 航海の実務において長年慣用され，国際単位系による表現に置きかえることがそぐわない事項は，従来の単位のままとする（例：排水量を表わすキロトン）．

　また，数字を含んだ記述においては物理量の単位を明記することとした．ただし，単位が明らかな場合は記述を簡潔にするために単位を省いた．このように単位を明記することが，数字を含んだ計算の理解をより容易にすると期待している．単位の扱いに十分に習熟した暁には，単位を省いた数字のみの計算でも問題なく答えに至ることができるだろう．

平成 27 年 3 月

著者識す

---

[1] 国際文書第 8 版 (2006) 国際単位系 (SI) 日本語版　訳・監修　（独）産業技術総合研究所 計量標準総合センター，原書コード：ISBN 92-822-2213-6

凡　例

本書で用いられている単位記号等は下記の表によるものとする．

単位記号

量	単位名	単位記号	
長さ	メートル	m	
	ミクロン	μ	$1\,\mu = 10^{-6}$ m
	オングストローム	Å	$1\,\text{Å} = 10^{-10}$ m
質量	キログラム	kg	
時間	秒	s	
	分	min	1 min = 60 s
	時	h	1 h = 3600 s
温度	ケルビン度	°K	
	セルシウス度	°C	
光度	カンデラ	cd	
温度差	度	deg	
面積	平方メートル	m²	
体積	立方メートル	m³	
速さ	メートル毎秒	m/s	
力の大きさ	ニュートン	N	
	ダイン	dyn	$1\,\text{dyn} = 10^{-5}$ N
	重量キログラム	kgf	1 kgf = 9.80665 N
圧力	ニュートン毎平方メートル	N/m²	
	バール	bar	$1\,\text{bar} = 10^5$ N/m²
	気圧	atm	1 atm = 101 325 N/m²
仕事・エネルギ	ジュール	J	
	エルグ	erg	$1\,\text{erg} = 10^{-7}$ J
	重量キログラムメートル	kgf·m	1 kgf·m = 9.80665 J
仕事率	ワット	W	1 W = 1 J/s
	馬力	PS	1 PS = 735.5 W
熱量	キロカロリー	kcal	
	カロリー	cal	$1\,\text{cal} = 10^{-3}$ kcal
周波数・振動数	ヘルツ（ヘルツ毎秒）	Hz(Hz/s)	
	キロヘルツ	kHz	$1\,\text{kHz} = 10^3$ Hz
照度	ルクス	lx	
電流	アンペア	A	
電気量	クーロン	C	
電圧（電位差）	ボルト	V	1 V = 1 J/C
電気抵抗	オーム	Ω	1 Ω = 1 V/A
電力	ワット	W	1 W = 1 J/s
電気容量	ファラド	F	1 F = 1 C/V

10 の倍数の接頭語

T	テラ	10^{12}		c	センチ	10^{-2}
G	ギガ	10^{9}		m	ミリ	10^{-3}
M	メガ	10^{6}		μ	マイクロ	10^{-6}
k	キロ	10^{3}		p	ピコ	10^{-12}

ギリシア文字

A	α	アルファ	I	ι	イオタ	P	ρ	ロー
B	β	ベータ	K	κ	カッパ	Σ	σ	シグマ
Γ	γ	ガンマ	Λ	λ	ラムダ	T	τ	タウ
Δ	δ	デルタ	M	μ	ミュー	Υ	υ	ウプシロン
E	ϵ	イプシロン	N	ν	ニュー	Φ	φ, ϕ	ファイ
Z	ζ	ジータ	Ξ	ξ	クサイ	X	χ	カイ
H	η	イータ	O	o	オミクロン	Ψ	ψ	プサイ
Θ	θ, ϑ	シータ	Π	π	パイ	Ω	ω	オメガ

目次

第1章 運動　1

1. 運動 1
2. 変位 1
3. 速度 1
4. 加速度 2
5. 落体 4
6. 角速度 5
7. 角度と弧度 6
8. 回転数および周期 7
9. 角加速度 8
10. 単弦運動 9
11. 単振り子 11
12. 相対運動* 12
    - 12.1 速度の合成 12
    - 12.2 相対運動 12
    - 12.3 風向，風速 14
      - (1) 計算による方法 15
      - (2) ベクトル図法による方法 17
      - (3) 風向風速計算盤による方法 17
    - [練習問題]* 23

第2章 力　25

1. 運動の第1法則（慣性の法則）* 25
2. 運動の第2法則（力と加速度）* 25
3. 運動の第3法則（作用と反作用）* 27
4. 質量と重量および重力単位* 28
5. 滑車の運動 30

[練習問題] 32

第3章　ベクトル　33
1. ベクトルとスカラー 33
2. 角速度および角加速度のベクトル 33
3. ベクトルの和 34
   3.1　2つのベクトルの和 34
   3.2　多数のベクトルの和 34
4. ベクトルの差 35
5. ベクトルの合成と分解* 35
   5.1　ベクトルの合成 35
   5.2　ベクトルの分解 36
   5.3　直角2方向への分解および合成 36
6. 斜面 39
   6.1　斜面の運動 39
   6.2　斜面滑車の運動 39
7. 放物線* 40
8. 速度の変化と加速度 43
   [練習問題] 45

第4章　仕事およびエネルギ　46
1. 仕事* 46
2. 仕事率* 47
3. エネルギ 49
   3.1　位置エネルギ 50
   3.2　運動エネルギ 50
   3.3　エネルギ保存の法則 51
   [練習問題] 53

第5章　回転運動　54
1. 力のモーメント 54
2. 回転による仕事 54
3. 偶力* 56
4. 力と偶力との合成 56
5. 慣性モーメント* 57

目 次　　　　　　　　　　　　　　　　　　　　　　　ix

 6. 遠心力 59
   ［練習問題］* 61

第6章　力のつりあい　　　　　　　　　　　　　　　　62
 1. 力の合成と分解 62
  1.1 力のつりあい 62
  1.2 つりあわせ力 63
 2. 3力のつりあい* 64
 3. デリックにおける力のつりあい* 70
  3.1 重量物を単につるした場合 70
  3.2 カーゴホールをブームに沿わせて巻く場合 74
  3.3 カーゴホールをトッピングリフトに沿わせて巻く場合 . . 77
  3.4 加速度により揚げまたは卸す場合 79
 4. モーメントのつりあい* 80
 5. 斜面のつりあい 84
 6. 平行力のつりあい 85
  6.1 同一方向のとき 85
  6.2 反対方向のとき 86
   ［練習問題］* 88

第7章　摩擦　　　　　　　　　　　　　　　　　　　　92
 1. 摩擦力 92
  1.1 静止摩擦力 92
  1.2 動摩擦力 94
  1.3 ころがり摩擦力 94
  1.4 摩擦の利用 94
 2. 滑車の摩擦* 95
 3. 摩擦角 99
 4. 摩擦のための損失エネルギ 99
   ［練習問題］* 101

第8章　排水量　　　　　　　　　　　　　　　　　　　102
 1. 浮力* 102
  1.1 $W > V \cdot \rho \cdot g$（沈下） 103
  1.2 $W = V \cdot \rho \cdot g$（静止） 105

	1.3	$W < V \cdot \rho \cdot g$ (浮上)	105
2.	浮心*	. . . .	107
3.	排水量*	. . . .	108
	3.1	排水量等曲線図	110
	3.2	排水量を求める方法	112
	3.3	載貨重量トン数表（載貨重量尺度）.	112
	3.4	ボンジャン曲線図	114
4.	船体浸水部の諸係数（ファインネス係数）*	115
	4.1	方形係数 (C_b)	115
	4.2	柱形係数 (C_p)	116
	4.3	中央横断面積係数 ($C_⊗$)	116
	4.4	水線面積係数 (C_w)	116
	4.5	立て柱形係数 (C_v)	117
5.	面積および体積の近似計算法	117
	5.1	定形図形の求積	117
	5.2	台形の法則	118
	5.3	シンプソン法則	119
		(1) シンプソン第 1 法則	119
		(2) 縦線間を部分的に細分して計算する場合 . .	122
		(3) シンプソン第 2 法則	123
	5.4	チェビシェフの法則	125
	5.5	不規則な曲面を有する物体の体積	127
6.	毎 cm 排水トン数*	127
7.	比重の変化による喫水の変化*	130
	7.1	容積差による法	130
	7.2	重量差による法	131
8.	W, V, γ, T, A_w の関係*	132
	8.1	排水量 (W) 一定の場合	132
	8.2	排水容積 (V) 一定の場合	133
	8.3	比重 (γ) 一定の場合	133
	8.4	水線面積 (A_w) 一定の場合	134
		［練習問題］*	135

第 9 章 重心   140

目次 xi

- 1. 物体の重量と質量 140
- 2. 重心 140
- 3. 船舶の重心* 142
- 4. 重心の移動* 144
  - 4.1 一部重量を移動する場合 144
  - 4.2 一部重量を付加（積載）する場合 145
  - 4.3 一部重量を除去（揚卸し）する場合 146
- 5. 傾斜試験* 147
  - 5.1 傾斜試験適用船舶 148
  - 5.2 傾斜試験の原理 148
  - 5.3 傾斜試験実施の準備と注意 149
  - 5.4 傾斜試験実施方法 150
  - ［練習問題］* 152

第 10 章 復原性 155

- 1. 船体のつりあい* 157
  - 1.1 安定のつりあい 158
  - 1.2 不安定のつりあい 159
  - 1.3 中立（不定）のつりあい 159
- 2. 横メタセンタ* 159
  - 2.1 意義 159
  - 2.2 メタセンタ半径 (BM) 162
  - 2.3 BM 曲線 165
- 3. 初期復原力* 167
  - 3.1 意義 167
  - 3.2 適当な GM 168
  - 3.3 適度の復原力とするための注意事項 169
  - 3.4 GM の算出法 169
- 4. 大角度傾斜の静的復原力 171
- 5. 静的復原力曲線* 172
  - 5.1 意義 172
  - 5.2 船体の形状と曲線との関係 173
  - 5.3 復原力交差曲線 177
  - 5.4 負の GM 船舶の復原性と傾斜軽減法 178

	6.	動的復原力曲線	180
	7.	横傾斜*	181
		7.1　重量物の移動による横傾斜	181
		7.2　積荷による横傾斜	182
		7.3　揚荷による横傾斜	185
		7.4　風圧による横傾斜	186
		7.5　横区画の浸水による横傾斜	188
	8.	遊動水による復原力の損失*	189
	9.	入渠または乗揚げにおける復原力の損失 ..	191
		［練習問題］*	195

第 11 章 喫水およびトリム　　　　　　　　　　　　　198

1.	トリムまたは船脚のつりあい*	198
	1.1　船尾脚	198
	1.2　船首脚	198
	1.3　平脚，等喫水	198
2.	縦メタセンタ*	198
3.	浮面心	200
4.	毎 cm トリム・モーメント*	200
5.	船内重量物の移動に伴う喫水およびトリムの変化* ...	202
6.	積荷（揚荷）に伴う喫水およびトリムの変化*	205
7.	多数貨物の積荷（揚荷）に伴う喫水およびトリムの変化*	209
8.	過重量貨物の積荷（揚荷）に伴う喫水およびトリムの変化	212
9.	船内区画の一部に浸水する場合の喫水およびトリムの変化	215
10.	喫水等による正確な排水量の計算*	217
	10.1　トリム・コレクション	218
	10.2　ステム・コレクション	219
	10.3　標準海水密度と異なる密度の水面における喫水の修正	221
	10.4　船積による船体歪みに対する修正	221
	［練習問題］*	223

第 12 章 船の動揺　　　　　　　　　　　　　　　　227

1.	船の動揺の種類	227
2.	横揺周期*	227
3.	同調動揺とその防止	230

目次　　　　　　　　　　　　　　　　　　　　　　　　　　　　xiii

　　　3.1　ビルジキール 232
　　　3.2　安定びれ 232
　　　3.3　Gyro-stabilizer 233
　　　3.4　Anti-rolling-tank 233
4.　縦揺周期 234
5.　ヨーイング（船首揺）の原因* 235
　　　5.1　変動する風圧の作用 235
　　　5.2　波浪の作用 235
　　　5.3　縦揺と横揺によるジャイロ現象 236
　　　5.4　横揺中の左右非対称の水圧作用 236
6.　上下動周期 236
　　　［練習問題］ 237

第13章 流体　　　　　　　　　　　　　　　　　　　　　　238

1.　圧力の伝達 238
2.　液体内の圧力 239
3.　連続の法則 240
4.　ベルヌーイの定理* 241
　　　4.1　ベルヌーイの定理 241
　　　4.2　ベルヌーイの定理の応用 243
5.　トリチェリの定理* 245
6.　流体の粘性 248
7.　流体の抵抗 249
　　　7.1　平板抵抗 249
　　　7.2　船舶における抵抗* 252
　　　　　(1) 摩擦抵抗 252
　　　　　(2) 造波抵抗 253
　　　　　(3) うず抵抗 254
　　　　　(4) 空気抵抗 254
　　　　　(5) 推進器抵抗 256
8.　スラミング（船首底衝撃） 256
　　　［練習問題］* 258

重要公式一覧　　　　　　　　　　　　　　　　　　　　　259

練習問題の答	**264**
付録	**269**
索引	**287**

第1章　運動

1. 運動

物体は，宇宙間にあって総てその位置を有し，物体の存在はその位置によって表わされる．

物体の位置に変化がないときは，物体は静止しているといい，時間の経過に従ってその位置に変化があるときは，物体は移動するという．

地球上にある物体の静止および運動を地球上で観察する場合には，地球を静止するものと仮定する．それと同様に，船上にある物体の静止および運動を船の中にいて観察する場合には，船を静止するものと考える．したがって，物体の静止および運動は，その対照となる地球または船に対して表わされるものである．

2. 変位

物体が運動した場合，その位置の移動を変位 (displacement) という．いま，位置 O から出発して P の位置に移ったとき (図 1.1)，その経路は OAP，OBP のように多数あるが，変位は直線 OP である．

したがって，変位は，大きさと方向を同時にそなえる量である．

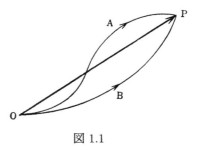

図 1.1

3. 速度

運動の遅速の度合いは，単位時間中に移動した距離の大きさと方向で表わし，この量を速度 (velocity) という．また，このとき移動した距離の大きさを速さ (speed) という．図 1.2 のように直線 AB 上を右方に移動する場合，経路上の各点での速度は一

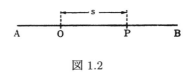

図 1.2

定であるとする．このような運動を等速度運動という．時間 t の間に一定方向

に移動した距離を s とすれば，速さ v との関係は，

$$\left.\begin{array}{l} v = \dfrac{s}{t} \\ s = v \cdot t \end{array}\right\} \tag{1.1}$$

速さはメートル毎秒（記号 m/s）で表わされる．また，必要に応じて，キロメートル毎時（記号 km/h）も用いられる．

また方向一定であって大きさの変化する運動（船の出航直後），速さが一定で方向の変化する運動（旋回），速さと方向ともに変化する運動（港内操船）等を，不等速度運動という．

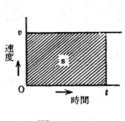

図 1.3

(1.1) 式の速さと時間との関係をグラフに描くと，図 1.3 のように一直線となり，時間 t の間に移動した距離 s は，斜線部の面積で示される．

航海においては，距離の単位として，海里（記号 M）がよく用いられる．1 M = 1852 m である．また，船舶の速度の単位として，ノット（記号 kn）がよく用いられる．1 kn = 1 M/h = 1852 m/h である．

[例題 1] 45 分間に 36 km 航走する船の速さはいくらか．
[解答 1] 速さを v，航走距離を s とする．45 分は 45/60 時間であるから，

$$v = \frac{s}{t} = \frac{36 \text{ km}}{45/60 \text{ h}} = \underline{48 \text{ km/h}} \text{(答)}$$

[例題 2] 10 ノットの定速力で直航海する船は，24 時間後にいくらの距離に達するか．
[解答 2] 1 kn = 1852 m/h だから 10 kn = 18520 m/h = 18.52 km/h．故に，達した距離 s は，$s = v \cdot t = 18.52 \text{ km/h} \times 24 \text{ h} = \underline{444.48 \text{ km}}$(答)

4. 加速度

不等速度運動には，速度の次第に増す運動（加速運動）と減る運動（減速運動）とがあるが，この種の運動で速度変化の遅速の割合を表わすのに加速度 (acceleration) が使われる．加速度は，単位時間内の速度の変化によって表わされる．加速度の一定な運動を等加速度運動といい，そうでない運動を不等加速度運動という．

いま，等加速度運動をしている物体の速さ v_1 が，時間 t の後に v_2 に変ったとすれば，加速度 α は次式で表わされる．

$$\alpha = \frac{v_2 - v_1}{t} \tag{1.2}$$

第1章 運動

速さの大きさにより加速度が正 (+) となるのは加速運動，負 (−) となるのは，減速運動の場合である．加速度も変位と同様に大きさ，方向および向きの三要素をそなえ，それは単位時間内の速度変化の量であるから大きさは速度の単位をさらに単位時間で表わした単位で，メートル毎秒毎秒（記号 m/s²）によって表わされる．

(1.2) 式から次式が得られる．

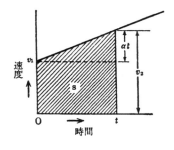

図 1.4

$$v_2 = v_1 + \alpha t \tag{1.3}$$

静止しているときは速度が 0 であるので，運動のはじめに物体が静止しているならば $v_1 = 0$ であり，終りに静止するならば $v_2 = 0$ である．

次に初速度 v_1 が時間 t の後に終速度 v_2 となる間の通過した距離を s とすれば，平均の速度は $(v_1 + v_2)/2$ であるので，(1.1), (1.3) 式から，次のようになる．

$$s = \frac{v_1 + v_2}{2} \cdot t = v_1 t + \frac{1}{2}\alpha t^2 \tag{1.4}$$

また，(1.3) 式を二乗すれば，

$$v_2^2 = (v_1 + \alpha t)^2 = v_1^2 + 2v_1\alpha t + \alpha^2 t^2$$
$$= v_1^2 + 2\alpha\left(v_1 t + \frac{1}{2}\alpha t^2\right)$$

となる．

上式と (1.4) 式とから，次の関係が得られる．

$$v_2^2 = v_1^2 + 2\alpha s \tag{1.5}$$

(1.4) 式の速度と時間との関係をグラフに描くと図 1.4 のような直線となり，(1.4) 式の移動した距離 s は斜線の台形の面積で示される．

[例題 1] 速度 20 m/s で運動する物体が 40 秒後に静止した場合の加速度はいくらか．
[解答 1] (1.2) 式より，

$$\alpha = \frac{v_2 - v_1}{t} = -\frac{v_1}{t} = -\frac{20 \text{ m/s}}{40 \text{ s}} = \underline{-0.5 \text{ m/s}^2} \text{ (答)}$$

ただし，負符号 (−) は減速運動であることを示す．

[例題 2] 速力 10 ノットで航走する船が 100 メートル進出後 4 ノットに減速した．このときの加速度を求めよ．
[解答 2] 初速度 $v_1 = 10 \times 1852$ m/h $= (18\,520$ m$)/(60 \times 60$ s$) ≒ 5.1$ m/s
終速度 $v_2 = 4 \times 1852$ m/h $= (4 \times 1852$ m$)/(60 \times 60$ s$) ≒ 2.1$ m/s

(1.5) 式から，

$$\alpha = \frac{v_2^2 - v_1^2}{2s} = \frac{(2.1 \text{ m/s})^2 - (5.1 \text{ m/s})^2}{2 \times 100 \text{ m}} = \underline{-0.108 \text{ m/s}^2} \text{(答)}$$

ただし，負符号 $(-)$ は減速運動であることを示す．

5. 落体

地球上の地表近くで，空間中におかれた総ての物体は空気の抵抗を無視すると，地球の中心に向って地面に垂直に落下する等加速度直線運動をする．その加速度は 9.8 m/s^2 である．これを地球重力の加速度（または重力加速度）といい，g で表わす．

初速度を v_1，終速度を v_2，時間を t，移動の高さを h とすれば，(1.3), (1.4), (1.5) 式から，次の関係が得られる．

$$v_2 = v_1 + gt \tag{1.6}$$

$$h = v_1 t + \frac{gt^2}{2} \tag{1.7}$$

$$v_2^2 = v_1^2 + 2gh \tag{1.8}$$

自然落下の場合は $v_1 = 0$ m/s，垂直上方に投げ上げた場合は，減速運動であるから，加速度は $-g$ となる．

[例題1] ある物体が 50 m/s の初速度で垂直上方に投げ上げられたとき，下記をそれぞれ求めよ．

(1) 上昇した最高点の高さ
(2) 最高点に達するまでの時間
(3) 100 m の高さに達したときの速度
(4) 4 秒経過したときの速度
(5) 6 秒経過したときの速度

[解答1] (1) 上昇した最高点では物体は静止するので初速度を v_1，終速度を v_2，最高点の高さを h とすると，

$$0 = v_1^2 - 2gh$$

ここで，$v_1 = 50$ m/s, $v_2 = 0$ m/s となるから，

$$\therefore h = \frac{v_1^2}{2g} = \frac{(50 \text{ m/s})^2}{2 \times 9.8 \text{ m/s}^2} \fallingdotseq \underline{127.6 \text{ m}} \text{ (答)}$$

(2) 最高点に達するまでの時間を t とすると，$0 = v_1 - gt$

$$\therefore t = \frac{v_1}{g} = \frac{50 \text{ m/s}}{9.8 \text{ m/s}^2} \fallingdotseq \underline{5.102 \text{ s}} \text{ (答)}$$

(3) 100 m の高さに達したときの速度 v_2 は，次を満たす

$$v_2^2 = (50 \text{ m/s})^2 - 2 \times 9.8 \text{ m/s}^2 \times 100 \text{ m}$$
$$\therefore v_2 = \sqrt{540 \text{ (m/s)}^2} \fallingdotseq \underline{23.24 \text{ m/s}} \text{ （答）}$$

(4) $v_2 = v_1 - gt = 50 \text{ m/s} - 9.8 \text{ m/s}^2 \times 4 \text{ s} = \underline{10.8 \text{ m/s}}$（答）

(5) $v_2 = v_1 - gt = 50 \text{ m/s} - 9.8 \text{ m/s}^2 \times 6 \text{ s} = \underline{-8.8 \text{ m/s}}$（答）

　　(5) で速度が負 (−) となったのは，運動の向きがはじめと反対になったことである．すなわち，物体は5.102秒後に最高点に達し，それ以後落下状態となり，投げ上げてから6秒後には8.8メートル毎秒の落下速度であることを示す．

6. 角速度

　物体が一点のまわりに，ある半径を描いて回転運動をするとき，これを円運動という．この円運動で，速度の大きさが常に等しいときを等速円運動といい，その速度は単位時間に回転した中心角をもって表わす．

　いま，物体がOを中心とし半径 r の円に沿って運動し（図1.5），時間 t 中にPからQに移動したとし，その中心角POQを θ とすれば，単位時間に回転した中心角は θ/t で，これを物体の角速度 (angular velocity) といい，単位をラジアン毎秒（記号 rad/s）で表わす．これを ω で表わせば，

$$\omega = \frac{\theta}{t} \tag{1.9}$$

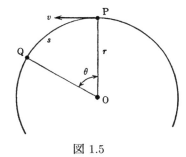

図 1.5

　また，PQの弧の長さを s，物体がPにあるときの速度を v とすれば，

$$v = \frac{s}{t} \tag{1.10}$$

これを角速度と区別するために線速度または円周速度といい，その方向は半径 r に直角である．

　次に，図1.6で，物体がOを中心とする半径 r の円周上を一定の速さで運動するものとする．運動中の各時点での速度のベクトル $v, v', v'', \cdots$ を1点 O' から引くと，これらのベクトルの先端Qは，やはり円運動を行い，物体が1周すると点Qも半径 $O'Q$ で1周する．この円のように，変動するベクトルを1つの原点を起点として書くときにベクトルの終点が描く曲線のことを，ホドグラフ (hodograph) という．単位時間あたりの物体の速度の変化，すなわち，加速度は，点Qの動く速度になるから，その大きさを α とすればPが円の中心Oを1周するのに要する時間，すなわち，周期 T はQの周期に等しいから，

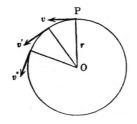

図 1.6

$$T = \frac{2\pi r}{v} = \frac{2\pi v}{\alpha}$$

$$\therefore \alpha = \frac{v^2}{r} \tag{1.11}$$

図 1.6 から Q の速度の大きさと方向は，P の加速度に等しいから，P の加速度は速度に垂直で，常に円の中心 O に向っている．

運動の第二法則（後述）から，質量 m の物体に (1.11) 式の加速度を生ずる力 f は，円の中心 O に向かい，

$$f = m\alpha = \frac{mv^2}{r} \tag{1.12}$$

この力を向心力または求心力という．重力単位系では，物体の重量を w とすれば，その質量は w/g と表わされるので，(1.12) 式は，

$$f = \frac{w}{g}\frac{v^2}{r}$$

と表わされる．

7. 角度と弧度

角の表わし方には，角度と弧度の 2 つの方式がある．

角度は全中心角を 360 等分したものを度 (記号 °) とする表わし方である．1 度を 60 等分した分 (記号 ′)，1 分を 60 等分した秒 (記号 ″) が併せて用いられる．

弧度は全中心角を 2π とする表わし方である．単位としてラジアン (記号 rad) を用いる．弧度は国際単位系においては補助単位である．

弧度と角度は次の関係にある．

$$1° = (\pi/180) \text{ rad}$$

第1章 運動

したがって，ある中心角の角度の値を δ, 弧度の値を θ とすれば，次の関係がなりたつ．

$$1° : (\pi/180)\ \text{rad} = \delta° : \theta\ \text{rad}$$

$$\therefore \theta = \frac{\pi}{180}\delta \tag{1.13}$$

半径 r の円の円周 $2\pi r$ に相当する中心角は 2π ラジアンであるので，中心角 1 ラジアンに相当する円弧の長さを x とすれば，

$$2\pi r : 2\pi = x : 1$$

$$\therefore x = \frac{2\pi r}{2\pi} = r$$

すなわち，中心角 1 ラジアンに相当する円弧の長さはその半径 r に等しいから，長さ s の円弧 PQ に相当する中心角を θ ラジアンとすれば，

$$1 : r = \theta : s$$

$$\therefore s = \theta r \tag{1.14}$$

そこで，中心角 θ ラジアンが δ 度で表わされているならば，(1.13) 式より

$$s = \frac{\pi}{180}\delta r$$

次に (1.14) 式を時間 t で割れば，

$$\frac{s}{t} = \frac{\theta}{t}r$$

上式は (1.9), (1.10) 式より，

$$v = \omega r \tag{1.15}$$

(1.11) 式に (1.15) 式を代入すれば，

$$\alpha = \frac{v^2}{r} = \omega^2 r \tag{1.16}$$

となる．

8. 回転数および周期

物体がある点を中心として回転しているとき，その速さは単位時間あたりの回転数で表わす．いま，t 秒間の回転数を N 回とすると，この回転の速さ n は，1 秒あたりの回転数

$$n = \frac{N}{t} \tag{1.17}$$

で表わされる．これを毎秒回転数とよぶ．毎秒回転数は rps，毎分回転数は rpm と書かれる．

1 回転の中心角は 2π ラジアンであるから，n 回転する中心角は $2\pi n$ ラジアンに等しく，1 秒間に回転する中心角が角速度 ω であるから，次の関係がなりたつ．単位はラジアン毎秒（記号 rad/s）を用いる．

$$\omega = 2\pi n \tag{1.18}$$

1 回転する時間を回転の周期という．1 秒で n 回転するならば，1 回転する時間は $1/n$ 秒である．したがって，周期を T とすれば，

$$T = \frac{1}{n} \text{ (s)} = \frac{2\pi}{\omega} \tag{1.19}$$

となる．また，(1.19) 式より，

$$\omega = \frac{2\pi}{T}$$

となる．

[例題] 300 rpm のときの角速度を，ラジアン毎秒，および度毎秒で表わせ．
[解答] 毎秒回転数 n は，$n = 300/60 = 5$ である．したがって，角速度 ω は，

$$\omega = 2\pi n = 2 \times 3.14 \times 5 \text{ rad/s} = \underline{31.4 \text{ rad/s}} \text{ (答)}$$

1 rad = $(180/\pi)°$ であるので，

$$\omega = 2\pi n \times 180/\pi = 2n \times 180 = 2 \times 5 \times 180 = \underline{1800°/\text{s}} \text{ (答)}$$

9. 角加速度

回転運動において，角速度変化の遅速の割合を表わすのに角加速度 (angular acceleration) が使われる．角速度は，単位時間内における角速度の変化量であって単位はラジアン毎秒毎秒（記号 rad/s²）で表わす．

いま，角速度 ω_1 が時間 t の後に ω_2 に変ったとすれば，角加速度 β は，

$$\beta = \frac{\omega_2 - \omega_1}{t} \tag{1.20}$$

これより，

$$\omega_2 = \omega_1 + \beta t$$

ω_1 に相当する線速度を v_1，ω_2 に相当する線速度を v_2 とし，回転半径を r とすれば (1.15) 式から，

$$\omega_1 = \frac{v_1}{r}, \quad \omega_2 = \frac{v_2}{r}$$

となる．これを (1.20) 式に代入すれば，

第 1 章 運動

$$\beta = \frac{v_2 - v_1}{rt}$$

上式に (1.2) 式を代入すれば,

$$\beta = \frac{\alpha}{r}$$

$v_1 = \omega_1 r, v_2 = \omega_2 r, \alpha = \beta r$, (1.14) 式の $s = \theta r$ をそれぞれ (1.4), (1.5) 式に代入すれば,

$$\theta = \omega_1 t + \frac{\beta t^2}{2}$$

$$\omega_2^2 = \omega_1^2 + 2\beta\theta$$

[例題] 5 ラジアン毎秒の角速度が 10 秒後に 15 ラジアン毎秒の角速度になったとき, 角加速度およびその間に回転した角ならびに回転数を求めよ.

[解答] $\omega_1 = 5$ rad/s, $\omega_2 = 15$ rad/s, $t = 10$ s であるから,

$$\text{角加速度 } \beta = \frac{\omega_1 - \omega_2}{t} = \frac{(15-5) \text{ (rad/s)}}{10 \text{ s}} = \underline{1 \text{ rad/s}^2} \text{ (答)}$$

$$\text{回転角 } \theta = \frac{\omega_2^2 - \omega_1^2}{2\beta} = \frac{(225-25) \text{ (rad/s)}^2}{2 \times 1 \text{ rad/s}^2} = \underline{100 \text{ rad}} \text{ (答)}$$

$$\text{回転数 } N = \frac{\omega t}{2\pi} = \frac{\theta}{2\pi} = \frac{100 \text{ rad}}{2 \times 3.14 \text{ rad}} \fallingdotseq \underline{15.92} \text{ (答)}$$

10. 単弦運動

図 1.7 において, 点 P が O を中心とし OA を半径とする円周 ACBD に沿って左回りに等速の回転運動をする場合に, P から任意の直径 AB 上に直角に垂線をおろした点を Q とすれば, Q は直線 AB に沿って往復運動をする. すなわち, 質点が一定時間に同じ運動をくり返しているとき, この Q の周期運動または振動を特に単弦運動または単振動といい, それは直線 AB 上の往復運動であって, O からの最大変位 OA = OB = r を振幅 (amplitude) といい, 1 回の振動に要する時間 (Q が AB 上を 1 往復する時間) を周期 (period), 単位時間ごとの振動回数 (往復数) を振動数 (frequency) という.

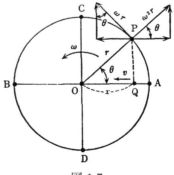

図 1.7

O は往復運動の中心で, この点から Q までの距離を x, 振幅を r とし, 角 AOP を θ とすれば,

$$x = r\cos\theta \tag{1.21}$$

がなりたつ．

Pの回転する角速度をωとすれば，その線速度は(1.15)式よりωrで，これはOPに直角であるからABの方向に分解した分速度は$wr\sin\theta$で，これは直線AB上を運動するQの速度である．ゆえに，この速度をvとすれば，

$$v = \omega r \sin\theta \tag{1.22}$$

しかるに，(1.21)式から，
$$\cos\theta = \frac{x}{r}$$
$$\therefore \sin\theta = \sqrt{1-\cos^2\theta} = \sqrt{1-\frac{x^2}{r^2}} = \frac{\sqrt{r^2-x^2}}{r}$$

である．

上式を(1.22)式に代入すれば，

$$v = \omega\sqrt{r^2-x^2} \tag{1.23}$$

次に，Pの向心の加速度は，(1.16)式より，$\omega^2 r$で，これはまたOPに沿って外方に向く遠心の加速度と大きさ等しく向きが反対である．

ゆえに，ABの方向に分解したその分加速度は，

$$\alpha = \omega^2 r \cos\theta$$

上式は直接AB上を運動するQの加速度であり，(1.21)式を代入すれば，

$$\alpha = \omega^2 x \tag{1.24}$$

Qが往復運動の中心Oから離れているほどxは大であるから，(1.23)式より速度vは小であり，(1.24)式より加速度αはxに正比例して大である．運動の中心Oでは，$x=0$であるから$v=\omega r$でこれが速度の最大値であり，加速度αは0である．また運動の終点$x=r$のAおよびBの2点では$v=0$，$\alpha=\omega^2 r$でこれが加速度の最大値である．

したがって，加速度の0である中心で速度は最大であり，速度の0である終点で加速度は最大である．(1.19)式から，

$$T = \frac{1}{n} = \frac{2\pi}{\omega}$$

上式に，(1.24)式から得られる

$$\omega = \sqrt{\frac{\alpha}{x}}$$

を代入すれば，

$$T = 2\pi\sqrt{\frac{x}{\alpha}}$$

この式は単弦運動の周期を表わし，ω が一定であるから，T も一定となる．

11. 単振り子

図 1.8 において，重さを無視することができ，空気抵抗がなく，しかも伸びない細い糸の上端を O に固定し，下端に重さ W の物体を結び，それを垂直平面内に振らせるとき，物体は O を中心とし円弧 ACB に沿って往復する．この装置を単振り子という．

いま，物体が P にあるときの傾斜角を θ とし，質量 m の物体にかかる重力をその運動方向と糸 OP の方向とに分解すれば，円弧 ACB に沿った力 $mg\sin\theta$ と，糸の張力 $mg\cos\theta$ とになる．このとき，円弧 ACB に沿った力 $mg\sin\theta$ は加速運動を起こす．運動の法則から，

$$mg\sin\theta = m\alpha$$
$$\therefore \alpha = g\sin\theta \qquad (1.25)$$

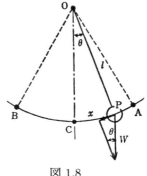

図 1.8

............（重力単位系）............

いま，物体が P にあるときの傾斜角を θ とし，重量 W を物体の運動方向と糸 OP の方向とに分解すれば，円弧 ACB に沿った力 $W\sin\theta$ と，糸の張力 $W\cos\theta$ とになる．このとき，円弧 ACB に沿った力 $W\sin\theta$ は加速運動を起こす．運動の法則から，

$$W\sin\theta = \frac{W}{g}\alpha$$
$$\therefore \alpha = g\sin\theta$$

....

この式より，$\theta = 0$ の中点 C では加速度は 0 である．いま，糸の長さ OP を ℓ，円弧 CP の長さを x として θ がきわめて小さいときは，

$$\sin\theta = \frac{x}{\ell}$$

上式を (1.25) 式に代入すれば，

$$\alpha = \frac{g}{\ell}x \tag{1.26}$$

この結果，加速度 α は x に正比例し，ℓ が大で x が小さい場合の単振り子の運動は単弦運動である．

(1.24), (1.26) 式から，

$$\omega^2 = \frac{g}{\ell}$$

上式を (1.23) 式に代入すれば，

$$v = \sqrt{\frac{g}{\ell}(r^2 - x^2)}$$

また，(1.19) 式に代入すれば，周期 T は，

$$T = 2\pi\sqrt{\frac{\ell}{g}}$$

上式から振幅が小さい場合の単振り子の周期は，振り子の長さだけに関係し，振幅や物体の質量には無関係で常に一定である．この性質を単振り子の等時性 (isochronism) という．

12. 相対運動

12.1 速度の合成

図 1.9 のように，静水に対して速度 v_1 で航進している船の中で，人が船に対して v_2 で歩いたとする．このとき，この人は静水に対して，v_1, v_2 を二辺とする平行四辺形の対角線 OC で示される速度 v で動いたことになる．

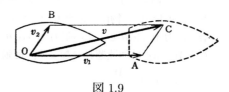

図 1.9

このように，速度は力と同じように，平行四辺形の法則で合成および分解することができる．

12.2 相対運動

A, B の 2 つの質点がそれぞれ運動しているとき，A を静止していると仮定して，A から見た B の運動を B の A に対する相対運動 (relative motion) という．図 1.10（一）において，A, B の速度のベクトルをそれぞれ v_a, v_b とする．

いま，Aの速度と大きさ等しく方向反対の速度 $-v_a$ をA, Bに与えれば，Aは静止し，Bは v_b と $-v_a$ との合成速度 v で運動する．この速度をBのAに対する相対速度といい，これはAから見たBの速度である．

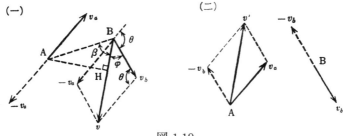

図 1.10

同様にして，図（二）において，$-v_b$ をA, Bに与えると合成速度 v' が得られる．これは，AのBに対する相対速度である．

相対速度 v と v' は平行で，その大きさ等しく方向反対であり，v_a と v_b のなす角度を θ とすれば，相対速度 v は，余弦法則から，

$$v = \sqrt{v_a^2 + v_b^2 - 2v_a \cdot v_b \cos\theta} \tag{1.27}$$

次に，両者が最も接近するのは，相対速度の方向にA点からの垂線AHの大きさで，その距離は，

$$\mathrm{AH} = \mathrm{AB}\sin\beta \tag{1.28}$$

したがってA, Bが最も接近するまでの所要時間は，

$$t = \frac{\mathrm{BH}}{v} = \frac{\mathrm{AB}\cos\beta}{v} \tag{1.29}$$

[例題] A船は針路N，速力 8 m/s，B船は針路N60°E，速力 5 m/s で航走するとき，B船のA船に対する相対速力と相対進路とを求めよ．
[解答] 両船の進路のなす交角 θ は 60° であるので，(1.27) 式より相対速力は，

$$\begin{aligned}
v &= \sqrt{v_a^2 + v_b^2 - 2v_a v_b \cos\theta} \\
&= \sqrt{(8\ \mathrm{m/s})^2 + (5\ \mathrm{m/s})^2 - 2 \times (8\ \mathrm{m/s}) \times (5\ \mathrm{m/s}) \times \cos 60°} \\
&= \sqrt{49}\ \mathrm{m/s} \\
&= \underline{7\ \mathrm{m/s}}\ （答）
\end{aligned}$$

相対進路は，$\angle v\mathrm{B}v_b = \varphi$ とすれば，余弦法則から，

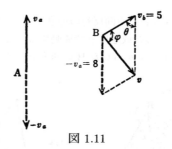

図 1.11

$$\cos\varphi = \frac{v^2 + v_b^2 - v_a^2}{2vv_b}$$
$$= \frac{(7 \text{ m/s})^2 + (5 \text{ m/s})^2 - (8 \text{ m/s})^2}{2 \times 7 \text{ m/s} \times 5 \text{ m/s}}$$
$$= \frac{10}{70} \fallingdotseq 0.1429$$
$$\therefore \varphi = 1.427 \text{ rad}$$

1.427 ラジアンを弧度に換算すると,81.8度(81度47分)である.すなわち,Bの運動方向は,N60°E であるから,相対進路は,

$$60° + 81.8° = 141.8°$$

となり,ゆえに S38.2°E (答)である.

12.3 風向,風速

航行中の船上の測器に感ずる風は,図1.12のように真の風と船の運動によって生ずる風との合成された風であり,従って船上の風向風速計の示針の示す値は,いわゆる見かけの風向(視風向),見かけの風速(視風速)である.見かけの風向,風速から真の風向,風速を求めるには,(1) 計算による方法,(2) ベクトル図による方法,(3) 風向風速計算盤による方法がある.

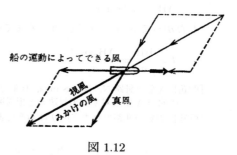

図 1.12

(1) 計算による方法

図 1.13 において，$\overrightarrow{TA}$ は船の速力と大きさ等しく方向反対のベクトルで，ベクトル $\overrightarrow{WT}$ は真風速を表わす．両者の合成速度 $\overrightarrow{WA}$ は相対速度であるから，船

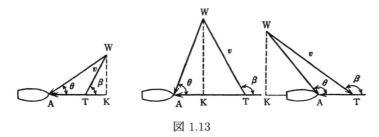

図 1.13

上で視風向 θ と視風速 $\overrightarrow{WA}$ を観測すれば，真風向 β と真風速 $\overrightarrow{WT}$ は図の三角形を解いて次のように求められる．

真風向　$\tan\beta = \dfrac{WK}{KT} = \dfrac{WA\sin\theta}{WA\cos\theta - TA}$ 　　(1.30)

真風速　$WT = \dfrac{WK}{\sin\beta} = WA\dfrac{\sin\theta}{\sin\beta}$ 　　(1.31)

θ は $180°$ より小であるから $\sin\theta$ は正で，$\cos\theta$ は θ が直角（$90°$）より小のとき正，大のとき負であるので $\tan\beta$ が負となれば β は直角より大である．なお真風向，真風速は △WAT を「トラバース表」または三角法により解くことができるのはもちろんである．

[例題 1]　ある船が針路 S20°W，速力 16 ノットで航走するとき，視風向 S50°W，視風速 9 m/s に観測した．真風向および真風速を求めよ．

[解答 1]　図 1.14 において，WA = 9 m/s, TA = 8 m/s, $\theta = 30°$．(1.30) 式より，

$$\begin{aligned}
\tan\beta &= \dfrac{WA\sin\theta}{WA\cos\theta - TA} \\
&= \dfrac{9\text{ m/s} \times \sin 30°}{9\text{ m/s} \times \cos 30° - 8\text{ m/s}} \\
&= \dfrac{9\text{ m/s} \times 0.5}{9\text{ m/s} \times 0.866 - 8\text{ m/s}} \\
&\fallingdotseq -21.845 \\
\therefore \beta &= -1.525 \text{ rad}
\end{aligned}$$

これより，図における β を弧度で表わすと，92.6 度（92 度 36 分）である．この船の針路は 200 度であるから，$200° + 92.6° = 292.6°$，すなわち，真風向は N 67.4°W（答）．

また，

$$\text{WT} = \text{WA}\frac{\sin\theta}{\sin\beta}$$
$$= 9\ \text{m/s} \times \frac{\sin 30°}{\sin 92.6°} = 9\ \text{m/s} \times \frac{0.5}{0.9984} \fallingdotseq \underline{4.5\ \text{m/s}}\ (答)$$

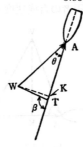

図 1.14

[別解] (I) 「トラバース表」から,WT の方向と長さを求めると,
　　N50°E　　18′　　11.57 N　　13.79 E
　　S20°W　　16′　　15.04 S　　5.47 W
　　　　CO.S 67.5°E　　｝ ← d. lat.····3.47 S　dep···8.32 E
　　　　dist. 9.0 ノット

すなわち,風向は吹いてくる方向で示すので符号を反転すると真風向 N67.5°W,真風速 9.0 ノット ($\fallingdotseq 4.5$ m/s)

[別解] (II) 図 1.15 において,余弦法則から,

$$\text{WT} = \sqrt{\text{WA}^2 + \text{TA}^2 - 2\text{WA} \cdot \text{TA}\cos\theta}$$
$$= \sqrt{(9\ \text{m/s})^2 + (8\ \text{m/s})^2 - 2 \times 9\ \text{m/s} \times 8\ \text{m/s} \times 0.866}$$
$$\fallingdotseq \sqrt{20.3}\ \text{m/s}$$
$$\fallingdotseq 4.505\ \text{m/s}$$

正弦法則から,

$$\frac{\text{WT}}{\sin\theta} = \frac{\text{WA}}{\sin\beta'}$$
$$\therefore \sin\beta' = \frac{\text{WA}}{\text{WT}}\sin\theta = \frac{9}{4.505} \times \sin 30° \fallingdotseq 0.9989$$

これより,

$$\beta' = 1.524\ \text{rad}$$

これを弧度で表わすと $\beta' = 87.3$ 度(87 度 20 分)となる.したがって,$200° - 87.3° = 112.7°$.よって,真風向は N67.3°W.

第 1 章 運動   17

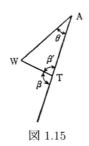

図 1.15

(2) ベクトル図法による方法

図 1.16 のように，円形グラフに方向目盛りを北から時計回りに，0 度から 360 度までの数字を目盛り，同心円の半径上に風速目盛りをノット単位で等間隔に適宜の尺度で目盛る．

いま，針路 90°，速力 10 ノットで航行中の船上で，視風向風速計によって得られた視風向が左舷に 50°，視風速 27 ノットであったとすると，視風向は N40°E となる．

円形グラフの中心から，風向 N40°E に風速 27 ノットの点を W とし，次に中心から針路 90° の方向に船速 10 ノットの点を T とすると，W，T を結べば WT の長さが真の風速で，これを風速目盛りにあてがい 22 ノットが得られ，また，$\overrightarrow{WT}$ の方向が真風向であるから，中心から WT に平行線を引いた角度目盛りが真の風向で，N19°E が得られる．

(3) 風向風速計算盤による方法

この計算盤は，図 1.17 のように半径が風速を表わす 5 ノット間隔の同心円と，5 度おきに方向を示す中心から放射状に引いた直線からなり，別に船速を風速と同じ尺度で 5 ノットおきに目盛った船速尺がある．方向を示す目盛りの上段の数字は右舷 0°–180°，左舷 0°–180° の目盛り，下段の数字は船首を 0° とする時計回りの 360° の目盛りである．

いま，針路 160°，速力 20 ノットで航行中の船上で，視風向が左舷 60°，視風速が 15 ノットであったとする．

盤上に左舷 60°，風速 15 ノットの点①をとり，ここに船速尺の 0 点を合わせて垂直下方におき，船速 20 ノットの点②をとり，風速目盛りで真風速 18 ノットが得られ，また，点②は船首からの角度（下段の目盛り）で 226° であるが，

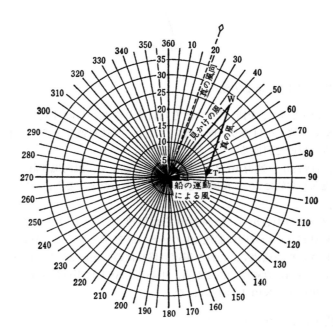

図 1.16

第 1 章 運動

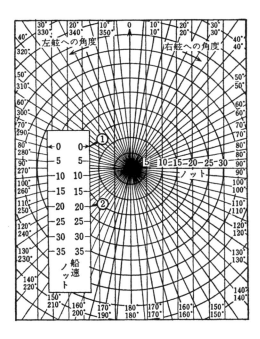

図 1.17

針路が160°であるから,226°+160°=386°=26°が真風向となる.すなわち真風向N26°E,真風速18ノットが得られる.

なお,風速と風力との関係は,表1.1に示す気象庁風力階級表(ビューフォート風力階級表)を基準にして決めている.

[例題2] 流速4 m/sの川を,流れに直角に3 m/sの速力で航走する船の真の速力はいくらか.また,川幅を60 mとすると,対岸に着くまでにどれだけ下流に流されるか.

[解答2] 図1.18において,vを真の速力,xを対岸につくまでに流される距離とすると,$v_1 = 3$ m/s, $v_2 = 4$ m/s であるから,

$$v = \sqrt{v_1^2 + v_2^2} = \sqrt{(3 \text{ m/s})^2 + (4 \text{ m/s})^2} = \sqrt{25 \text{ (m/s)}^2}$$
$$= 5 \text{ m/s (答)}$$

2つの三角形は相似形であるから,

$$3 \text{ m} : 60 \text{ m} = 4 \text{ m} : x$$

$$\therefore x = \frac{240 \text{ (m)}^2}{3 \text{ m}} = 80 \text{ m (答)}$$

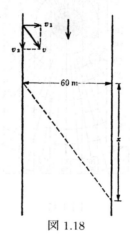

図 1.18

表 1.1: 気象庁 風力階級表(ビューフォート風力階級表)

− 海上関係抜粋 − 昭和39年1月1日より実施

風力階級	説明	相当風速		参考波高(メートル)
		ノット	メートル毎秒	
0	鏡のような海面	0–1	0–0.3	–
1	うろこのようなさざなみができるが波がしらにあわはない	1–4	0.3–1.6	0.1(0.1)

第1章 運動

風力階級	説明	相当風速		参考波高 (メートル)
		ノット	メートル毎秒	
2	小波の小さいもので，まだ短いがはっきりしてくる．波がしらはなめらかに見え，砕けていない．	4–7	1.6–3.4	0.2(0.3)
3	小波の大きいもの．波がしらが砕けはじめる．あわがガラスのように見える．ところどころ白波が現われることがある．	7–11	3.4–5.5	0.6(1)
4	波の小さいもので長くなる．白波がかなり多くなる．	11–17	5.5–8.0	1(1.5)
5	波の中くらいなもので，いっそうはっきりして長くなる．白波がたくさん現れる（しぶきを生ずることもある）．	17–22	8.0–10.8	2(2.5)
6	波の大きいものができはじめる．いたるところで白くあわ立った波がしらの範囲がいっそう広くなる（しぶきを生ずることが多い）．	22–28	10.8–13.9	3(4)
7	波はますます大きくなり，波がしらが砕けてできた白いあわは，すじを引いて風下に吹き流されはじめる．	28–34	13.9–17.2	4(5.5)
8	大波のやや小さいもので，長さが長くなる．波がしらの端は砕けて水けむりとなりはじめる．あわはめいりょうなすじを引いて風上に吹き流される．	34–41	17.2–20.8	5.5(7.5)
9	大波．あわは濃いすじを引いて風下に吹き流される．波がしらはのめり，くずれ落ち，逆巻きはじめる．しぶきのため視程がそこなわれることもある．	41–48	20.8–24.5	7(10)

風力階級	説明	相当風速		参考波高 (メートル)
		ノット	メートル毎秒	
10	波がしらが長くのしかかるような非常に高い大波．大きなかたまりとなったあわは，濃い白色のすじを引いて風下に吹き流される．海面は全体として白く見える．波のくずれかたは，はげしく衝撃的になる．視程はそこなわれる．	48–56	24.5–28.5	9(12.5)
11	山のように高い大波（中・小船舶は，一時波の陰に見えなくなることもある）．海面は風下に吹き流された長い白色のあわのかたまりで完全におおわれる．いたるところで角がしらの端が吹きとばされて水けむりとなる．視程はそこなわれる．	56–64	28.5–32.7	11.5(16)
12	大気はあわとしぶきが充満する．海面は吹きとぶしぶきのために完全に白くなる．視程は著しくそこなわれる．	>64	>32.7	>14(−)

（備考）参考波高の欄は，陸岸から遠く離れた外洋において生ずる波の高さのおおよその目安を与えるだけのものである．波高のみを観測し，逆に風力を推定するのに用いてはならない．内海あるいは陸岸近くで，沖に向かう風の場合には波高はこの表に示された数値よりも小さくなり，波はとがってくる．括弧内は，おおよその最大の波高を示す

第1章 運動

[練習問題]

【1】 6時間30分に78海里航走する船の速力を求めよ．

【2】 停止している船が，20秒後に7 m/sの速力になった．その加速度を求めよ．

【3】 速力12ノットの船が，減速して4ノットとなるまでに2分を要した．その間の進出距離を求めよ．

【4】 加速度 $1/20$ (m/s^2) の船を進出距離40 mにて停止させ得る速力の限界を求めよ．

【5】 速度10 m/sの自動車が，ブレーキによって2秒後に急停止した．その加速度とその間の通過距離を求めよ．

【6】 高さ11 mのマストからチッピングハンマーを落としたところ，何秒後に甲板に達するか．

【7】 鉛直上方に投げ上げられた物体が，3秒後に最高点に達したとき，初速度とその高さとを求めよ．

【8】 地上から鉛直上方に v_1 の速さで投げ上げた物体が，再び地上に落下するまでの時間とそのときの速さとを求めよ．

（ヒント） (1.7)式で $h=0$ とすると， $t\left(v_1 - \dfrac{1}{2}gt\right) = 0$

$\therefore t = 2v_1/g$．これを(1.6)式に代入して， $v_2 = v_1 - g\left(\dfrac{2v_1}{g}\right) = -v_1$

【9】 地上から鉛直上方に物体を投げ上げたとき，最高点に達するまでの時間と最高点から地上に落ちてくるまでの時間とが等しいことを証明せよ．

【10】 120 mの高さより物体Aを落とし，その4秒後に他の物体Bを同じ鉛直線上の地面より上方に40 m/sの速度で投げ上げたとき，この2物体の出会うまでの時間と高さとを求めよ．

【11】 直径150 cmの車が40 rpmで回転しているとき，その角速度と円周速度とを求めよ．

【12】 周期0.5秒の単弦運動をしつつ上下する水平板上に置かれた物体が板から跳ね上げられないための振幅を求めよ．

（ヒント） 単弦運動の加速度は $x=r$ のとき最大で $\omega^2 r$ であるから，限界では $\omega^2 r = g$，すなわち，$r = g/\omega^2$．

【13】 静止している長さ30 mの振り子に釣った物体に0.76 m/sの速度を与えて振動を起こさせる．このとき，物体の達する距離とそれまでの時間を求めよ．

（ヒント） 静止の中点 $x=0$ で距離は振幅 r に等しい． $t = T/4$ （時間は周期の $1/4$ に等しい）．

【14】 振幅33 cm，最大速度4 m/sの単弦運動において，中心より13 cmおよび30 cmの点における速度をそれぞれ求めよ．

【15】 周期が1.5秒の単振り子の糸の長さを求めよ．

【16】 風のない雨の日に10 m/sの速度で航走する船から外を見ると雨が，鉛直線と60度の角度で降っているようにみえた．地面に対して雨の落下する速さはいくらか．

【17】 静水に対し速力8ノットの船で，流速4ノットの川を直角に横切るには，船首をどの方向に向けたらよいか．

【18】 長さ ℓ の単振り子を，糸が鉛直方向と60度の角をなすまで引き上げて，これを静かに放す．おもりが固定点の真下にきたときの速さを求めよ．

【19】 A船はS80°Eへ10ノットの速力で航行しているB船を，N20°Eへ8海里に望む点より14ノットの速力でN70°Eへ航行中である．この場合AB両船が最も接近する距離と時間を求めよ．

【20】 速力10ノットにてN50°Eへ航行中の船で視風向S20°E，真風向S15°Wに観測した．真風速および視風速をそれぞれ求めよ．

【21】 A船の東5海里の所にB船があり，A船は針路090，速力8ノット，B船は針路N，速力6ノットで航走するとすれば，両船が最も接近するまでに要する時間は何分であって，そのときの両船間の距離は何海里になるか．

【22】 ある高さから物体Aを自由落下させてから3秒後に同じ高さから物体Bを初速 v_1 で落下させたところ，投下後30秒にしてBはAに追いついたという．Bの初速およびAに追いつくまでに落下した距離を求めよ．

第2章 力

　静止する物体に運動を与え，または運動する物体の速度を変化させる原因を力という．物体の運動は，並進運動，回転運動，あるいはそれらの組合わせからなりたっている．運動にはニュートンによって発見された3法則があり，これらは力学の基礎となるものである．

1. 運動の第1法則（慣性の法則）

　「物体に外から力が働かなければ，はじめに静止している物体はいつまでも静止し，動いている物体は等速直線運動を続ける」

　もしも，静止する物体が運動を始めたり，または運動する物体の速度が変ったりしたならば，それは必ずある力がその物体に作用したのである．すなわち，物体は力の作用を受けない限り，元の状態の変化を起こさないものであって，この性質を物体の慣性という．

2. 運動の第2法則（力と加速度）

　「物体に力が働いたとき生ずる加速度の方向は，力の方向と一致し，その大きさ α は，力の大きさ f に比例し，物体の質量 m に反比例する」

　図 2.1（一）において，物体に力が働くと加速度を生ずるが，加える力が大きいほど加速度は大きく，図 2.1（二）においては，同じ大きさの力を加えても，物体の質量が大きいほど生ずる加速度は小さいことを示している．

　物体の運動は質量の運動であって，質量 m と速度 v との積 mv をその物体の運動量という．

　いま，質量 m の物体が，力 f の作用を受けて，v_1 の速度が時間 t の後に v_2 に変ったとすれば，運動量の変化は $m(v_2 - v_1)$ で，力と時間との積 $f \cdot t$ に等しく，これを力積といい，物体の運動量を短時間に変えるには，大きな力を必要とし長時間で変えるには，小さな力ですむ．すなわち，運動量の変化の時間に対する比は $m(v_2 - v_1)/t$ であり，第2法則によれば，これが力 f に正比例する．ゆえに，

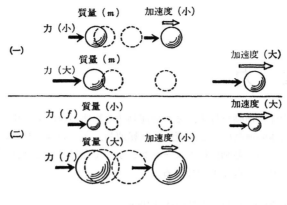

図 2.1

$$f \propto \frac{m(v_2 - v_1)}{t}$$

で，(1.2) 式より

$$f \propto m\alpha$$

$$\therefore f = km\alpha \tag{2.1}$$

上式で k は比例定数であり，この関係から，力の単位を次のように決める．
「1 キログラムの物体に働いて，1 メートル毎秒毎秒の加速度を与える力の大きさを 1 ニュートン（記号 N）とする」
$m = 1, \alpha = 1$ のとき $f = 1$ とすれば，$k = 1$ となり，(2.1) 式は，

$$f = m\alpha \tag{2.2}$$

さらに上式に (1.2) 式の α を代入すると，

$$f = \frac{mv_2 - mv_1}{t}$$

$$\therefore ft = mv_2 - mv_1 \tag{2.3}$$

となる．このように 1 を単位として総ての数量を測るような単位を絶対単位という．3 種の基本単位にそれぞれセンチメートル，グラム，秒をとった CGS 単位と，メートル，キログラム，秒をとった MKS 単位とがある．

(2.2) 式は運動の第 2 法則を絶対単位で表わした式で，物体に働く力が決まれば，その運動が定まるので，これを運動方程式という．

3. 運動の第 3 法則（作用と反作用）

「作用と反作用とは方向が反対で，大きさは等しい」

物体 A が他の物体 B に力 P を働かせるときは，同時に大きさが等しく方向反対な力を B が A に働かせる．

いま，A および B の質量をそれぞれ m_1, m_2，加速度をそれぞれ α_1, α_2 とすると運動の第 2 法則により，

$$m_1 \alpha_1 = -m_2 \alpha_2 \qquad (2.4)$$

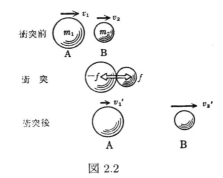

図 2.2

また，この運動が起こってから時間 t の後の速度を v_1, v_2 とすれば，

$$\alpha_1 = \frac{v_1}{t}, \ \alpha_2 = \frac{v_2}{t}$$

これを (2.4) 式に代入すれば，

$$m_1 v_1 = -m_2 v_2$$

たとえば，図 2.2 のように一直線上を運動している 2 つの物体 A, B が衝突すると，互いに力を及ぼしあって速度が変る．

いま，物体 A, B の質量を m_1, m_2，衝突前の速度を v_1, v_2，衝突している時間を t，衝突後の速度を v'_1, v'_2 とする．衝突のとき A が B に及ぼす力を f とすれば，B が A に及ぼす力は運動の第 3 法則によって $-f$ となるから，(2.3) 式により，

$$-ft = m_1 v'_1 - m_1 v_1$$
$$ft = m_2 v'_2 - m_2 v_2$$

これら 2 式より，$m_1 v'_1 - m_1 v_1 = -(m_2 v'_2 - m_2 v_2)$ であるから，次式がなりたつ．

$$m_1 v_1 + m_2 v_2 = m_1 v_1' + m_2 v_2'.$$

上式は衝突の前後で運動量の総和は変らないことを表わしており，これを運動量保存の法則という．

4. 質量と重量および重力単位

単位系を構成するとき，その基本単位となる物理量が時間および空間に対して独立であれば，この単位系を絶対単位系という．また，絶対単位系における単位を絶対単位という．一般には，長さ，質量および時間の単位を基本単位にとっている．これに対して，基本単位として長さ，重力，時間をとったものを重力単位系という．

地球上にある総ての物体は，地球の中心に向って g の加速度をもって運動する（引力）．質量 m の物体に働く地球の引力は mg であって，これを地球の重力といい，絶対単位 w で表わせば，

$$w = mg$$

この力は質量 m に地球重力の加速度 g が働いた結果である．

単位質量の物体に働く重力を力の単位として，これを力の重力単位といい，グラム重（記号 gf），キログラム重（記号 kgf）等がそれである．キログラム重が単位として小さく不便な場合は，トン重（記号 tf），キロトン重（記号 ktf）も併せて用いる．1 トン重は質量 1 トンの物体に働く重力の大きさを表わし，1 キロトン重は質量 1 キロトンの物体に働く重力の大きさを表わす．

キログラム重とニュートンとの間には，重力加速度を $9.8\ \mathrm{m/s^2}$ とすると，次の関係がある．

$$1\ \mathrm{kgf} = 1\ \mathrm{kg} \times 9.8\ \mathrm{m/s^2} = 9.8\ \mathrm{N}$$

また，トン重，キロトン重とニュートンとの間には，それぞれ次の関係がある

$$1\ \mathrm{tf} = 1000\ \mathrm{kg} \times 9.8\ \mathrm{m/s^2} = 9800\ \mathrm{N} = 9.8\ \mathrm{kN}$$
$$1\ \mathrm{ktf} = 1000\ \mathrm{tf} = 9800\ \mathrm{kN} = 9.8\ \mathrm{MN}$$

力の重力単位は，慣用的に「重」を省いて表わされることがあるので注意が必要である．たとえば，1 キログラム重のことを，単に「1 キログラム」と表わすことがある．

第 2 章 力

重力単位系では，重量をもとにして質量を定める．すなわち，重量が w の物体の質量は，

$$m = \frac{w}{g}$$

で定まり，単位は $\frac{\text{kgf}}{\text{m/s}^2}$ となる．したがって，この質量を用いて運動方程式を表わすと，

$$f = \frac{w}{g}\alpha \tag{2.5}$$

[例題 1] 質量 70 kg の物体に 98 N{10 kgf} の力が作用したときの加速度 α を求めよ．
[解答 1] $f = 98$ N, $m = 70$ kg, $g = 9.8$ m/s^2
として，(2.2) 式から，

$$\alpha = (98 \text{ N})/(70 \text{ kg}) = \underline{1.4 \text{ m/s}^2}(\text{答})$$

................................(重力単位系)................................

運動方程式は，(2.5) 式より

$$10 \text{ kgf} = \frac{70 \text{ kgf}}{9.8 \text{ m/s}^2} \cdot \alpha$$

となる．$\alpha = 10$ kgf $\times$ (9.8 m/s^2)/(70 kgf) $= \underline{1.4 \text{ m/s}^2}$ (答)

....

[例題 2] 質量 45 kg の静止している物体を動かして 2 秒後に，6 m/s の速度を与えるのに要する力を求めよ．
[解答 2] $m = 45$ kg, $\alpha = 3$ m/s^2 として，(2.2) 式から，

$$f = 45 \text{ kg} \times 3 \text{ m/s}^2 = \underline{135 \text{ N}}(\text{答})$$

................................(重力単位系)................................

$w = 45$ kgf, $g = 9.8$ m/s^2, $\alpha = 3$ m/s^2 として，(2.5) 式から，

$$f = \frac{45 \text{ kgf}}{9.8 \text{ m/s}^2} \times 3 \text{ m/s}^2 \fallingdotseq \underline{13.78 \text{ kgf}}(\text{答})$$

....

[例題 3] 7 m/s の速度で運動する質量 35 kg の物体に 49 N{5 kgf} の力でその運動を制するとすれば何秒後に静止するか．
[解答 3] 減速度（負の加速度）を α とすれば，(2.2) 式より，

$$49 \text{ N} = 35 \text{ kg} \cdot (-\alpha)$$

これより，$\alpha = -(49 \text{ N})/(35 \text{ kg}) = -1.4$ m/s^2．
初速度 $v_1 = 7$ m/s，終速度 $v_2 = 0$ m/s，その間の時間を t とすれば，(1.2) 式から

$$t = \frac{v_2 - v_1}{\alpha} = \frac{7 \text{ m/s}}{1.4 \text{ m/s}^2} = \underline{5 \text{ s}}(\text{答})$$

・・・・・・・・・・・・・・・・・・・・・・・・・・・・・（重力単位系）・・・・・・・・・・・・・・・・・・・・・・・・・・・・・

運動方程式は，(2.5) 式から，

$$5 \text{ kgf} = \frac{35 \text{ kgf}}{g}\alpha$$

これより，$\alpha = 1.4 \text{ m/s}^2$. 以下同様．

・・

5. 滑車の運動

単滑車 (single whip) において，図 2.3 のように，その両端に物体 A, B を釣り，それぞれ質量を $m_1, m_2 (m_1 > m_2)$，重力は $m_1 g, m_2 g$ で，摩擦がないものとすると A は下がり，B は上がる．このとき運動の法則によって，A と B との加速度 α の大きさ等しく，フォールの張力 T も相等しい．

いま，物体 A の下がる運動は $m_1 g - T$，B の上がる運動は $T - m_2 g$ の力によって起こるもので，それらの運動方程式は，それぞれ，

$$m_1 g - T = m_1 \alpha, \quad T - m_2 g = m_2 \alpha$$

この 2 式から T と α を求めれば，

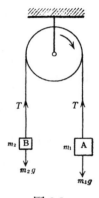

図 2.3

$$T = \frac{2m_1 m_2}{m_1 + m_2} \cdot g \tag{2.6}$$

$$\alpha = \frac{m_1 - m_2}{m_1 + m_2} \cdot g \tag{2.7}$$

なお，物体 A, B の重量を w_1, w_2 とすれば，$m_1 = w_1/g, m_2 = w_2/g$ となり，上式に代入すれば，

$$T = \frac{2w_1 w_2}{w_1 + w_2} \tag{2.8}$$

$$\alpha = \frac{w_1 - w_2}{w_1 + w_2} \cdot g \tag{2.9}$$

[例題 1] 単滑車の両端に 2 キロトンの重量 A および 3 キロトンの重量 B を釣るとき，フォールの張力および運動の加速度を求めよ．ただし摩擦はないものとする．

[解答 1] A の方が重量が小さいので，A は上がり，B は下がる．(2.6), (2.7) 式から，

第2章 力

$$T = \frac{2m_1 m_2}{m_1 + m_2} \cdot g = \frac{2 \times (2 \text{ kt}) \times (3 \text{ kt})}{(2 \text{ kt}) + (3 \text{ kt})} \times 9.8 \text{ m/s}^2$$
$$= 23.52 \text{ kt m/s}^2 = \underline{23.52 \text{ MN}}(答)$$
$$\alpha = \frac{m_1 - m_2}{m_1 + m_2} \cdot g = \frac{(2 \text{ kt}) - (3 \text{ kt})}{(2 \text{ kt}) + (3 \text{ kt})} \times 9.8 \text{ m/s}^2$$
$$= -\frac{9.8}{5} \text{ m/s}^2$$
$$= \underline{-1.96 \text{ m/s}^2}(答)$$

.... (重力単位系) ....

(2.8), (2.9) 式より,

$$T = \frac{2w_1 w_2}{w_1 + w_2} = \frac{2 \times 2 \text{ ktf} \times 3 \text{ ktf}}{2 \text{ ktf} + 3 \text{ ktf}} = \frac{12 \text{ (ktf)}^2}{5 \text{ (ktf)}} = \underline{2.4 \text{ ktf}} \text{ (答)}$$
$$\alpha = \frac{w_1 - w_2}{w_1 + w_2} \cdot g = \frac{2 \text{ ktf} - 3 \text{ ktf}}{2 \text{ ktf} + 3 \text{ ktf}} \times 9.8 \text{ m/s}^2 = \underline{-1.96 \text{ m/s}^2} \text{ (答)}$$

(負の符号は $w_1 < w_2$ を示す)

....

[例題 2] 例題1にて, 物体が 10 m の距離を運動するには, 何秒を要するか.
[解答 2] $\alpha = 1.96 \text{ m/s}^2$, 初速度 $v_1 = 0$ であるから, (1.4) 式より,

$$s = \alpha t^2 / 2$$
$$\therefore t = \sqrt{\frac{2s}{\alpha}} = \sqrt{\frac{2 \times 10 \text{ m}}{1.96 \text{ m/s}^2}} \fallingdotseq \underline{3.19 \text{ s}}(答)$$

[練習問題]

【1】 排水量 200 トンの船を，0.14 m/s² の加速度で進行させる船のえい航力を求めよ．

【2】 質量 4 kg の物体を距離 8 cm 動かしたとき，13 m/s の速度を与えるのに要する力を求めよ．

【3】 12 ノットで航走する排水量 400 トンの船が，次第に速度を減じ，200 m 航過した後静止した．このとき作用した力と時間を求めよ．

【4】 排水量 2000 キロトンの船が，2 ノットの速度で砂地に座礁し，3 秒間で停止した．衝突の間における平均力を求めよ．

【5】 視界 2 海里の霧中を，排水量 400 トンの船が，全速後進を令して，視界の半分にて停止するための適度の速力を求めよ．ただし，後進推力は，1.96 キロニュートン {0.2 トン重} である．

【6】 排水量 400 トンの漁船が，暗夜速力 12 ノットで沿岸航行中，船首前方に突然に，漁火を視認した．全速後進にて，3 分以内に停止させるための後進推力と本船の最短停止距離を求めよ．

【7】 速力 12 ノットで航行中の船が，減速して 6 ノットとなるまでの進出距離は 250 m であった．6 ノットとなるまでに要した時間を求めよ．

【8】 単滑車に糸をかけ，両端に 8 kg および 5 kg の物体を釣ったとき，5 秒間に移動する距離と 10 秒後の速度とを求めよ．

【9】 質量 m_1, m_2 の 2 つの物体を図 2.4 のように糸の両端に結ぶ装置において，糸の張力 T と加速度 α とを求める公式を導け．
　　（ヒント）m_2 に働く張力は T であるが，重量 $m_2 g$ は T に直角で，m_2 の運動に何の関係を及ぼさない．ゆえに，m_2 の運動は T だけによって起こる．すなわち，$T = m_2 \alpha$

【10】 図 2.5 のように，滑車に釣り下げられた質量 5 kg の物体が，板の縁より 4 m 離れた水平板上にある 15 kg の物体を動かす場合，その加速度および張力ならびに縁に達する時間を求めよ．ただし，摩擦はないものとする．

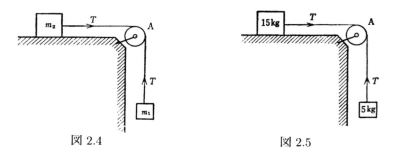

図 2.4　　　　　　　図 2.5

第3章　ベクトル

1. ベクトルとスカラー

　物体に力が働くとき，その力を図示するには，力の働いている点から力の方向に線分を引き，その長さを力の大きさに比例させ，先端に矢印をつけて表わす．図3.1のように，力の働いている点を作用点 (O) といい，その作用点を通って力の方向に引いた直線を作用線 (AB) という．

　力，移動，速度，加速度，運動量のように大きさと方向（向き）とが同時に表わされる量をベクトル (vector) という．これに対し，長さ，面積，体積，半径，質量，時間，温度，金額等のように，大きさだけで表わされる量をスカラー (scalar) という．

　図3.1において，力がOからPの方に向けるならばP端に矢印をつける．そのときは，直線OPは与えられた力のベクトルである．abは力OPの大きさを測る基本の尺度で，図面の大小に応じてあらかじめ適当な長さに定める．この尺度をベクトル尺という．

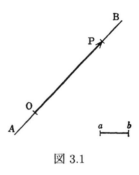

図3.1

　なお，ベクトルはOからPに向くならば，P端に矢印をつけてそれを $\overrightarrow{OP}$ と読み，PからOに向くならば，O端に矢印をつけてそれを $\overrightarrow{PO}$ と読む．

2. 角速度および角加速度のベクトル

　角速度および角加速度は，ある中心または直線軸のまわりに回転の状態にある量であるから，これをベクトルで表わすには，回転する面に直角にベクトルを立て回転軸と同じ向きに右まわりのねじを回したとき，ねじの進む方向の端に矢印をつけて表わす．図3.2における $\overrightarrow{OP}$ は，角速度または角加速度のベクトルである．

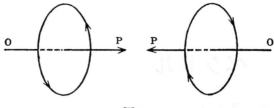

図 3.2

3. ベクトルの和

3.1 2つのベクトルの和

図 3.3 のように，ベクトル $\overrightarrow{ab}$ とベクトル $\overrightarrow{cd}$ との和を求めるには，任意の位置にベクトル $\overrightarrow{a_1b_1}$ をベクトル $\overrightarrow{ab}$ に等しく描き，次に b_1 端からベクトル $\overrightarrow{b_1d_1}$ をベクトル $\overrightarrow{cd}$ に等しく描けば，ベクトル $\overrightarrow{a_1d_1}$ が求めるベクトルであって，三角形 $a_1b_1d_1$ をベクトル三角形という．

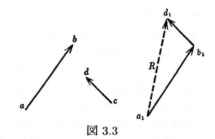

図 3.3

3.2 多数のベクトルの和

図 3.4 のように，4つのベクトルの和を求めるには，$\overrightarrow{a_1b_1}$ を $\overrightarrow{ab}$ に等しく，また b_1 端から $\overrightarrow{b_1d_1}$ を $\overrightarrow{cd}$ に等しく描けば，$\overrightarrow{a_1d_1}$ は $\overrightarrow{ab}$ および $\overrightarrow{cd}$ の和に等しいベクトルとなる．順次そのような要領で描けば，$\overrightarrow{a_1h_1}$ は $\overrightarrow{ab}$, $\overrightarrow{cd}$, $\overrightarrow{ef}$ および $\overrightarrow{gh}$ の和に等しいベクトルとなる．

ゆえに，多数のベクトルの和を求めるには，矢が先き先きに向くように与えられたベクトルを順次に結べば，ベクトルの始点から終点に向き，この2点を結ぶ直線は，それらのベクトルの和に等しいベクトルである．

ここで，$a_1b_1d_1f_1h_1$ のような多角形をベクトル多角形といい，このような図を一般にベクトル図という．

第3章 ベクトル

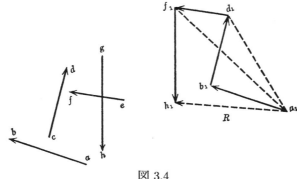

図 3.4

4. ベクトルの差

図 3.5 のように，ベクトル $\overrightarrow{ab}$ からベクトル $\overrightarrow{cd}$ を減ずることは，ベクトル $\overrightarrow{ab}$ にベクトル $\overrightarrow{dc}$ を加えることと同じであり，任意の位置に $\overrightarrow{a_1b_1}$ をベクトル $\overrightarrow{ab}$ に等しく描き，次に a_1 端からベクトル $\overrightarrow{a_1d_1}$ を $\overrightarrow{cd}$ に等しく描けば，ベクトル $\overrightarrow{d_1b_1}$ が求めるベクトルである．同様に，$\overrightarrow{cd}$ から $\overrightarrow{ab}$ を減ずれば $\overrightarrow{b_1d_1}$ が求めるベクトルである．ゆえにベクトルの差，すなわち，図のベクトル A よりベクトル B を減ずるには，A, B を1点から輻射するように描くとき，B の矢より A の矢に向き，その両端を結ぶ直線 R が求めるベクトルである．

5. ベクトルの合成と分解

5.1 ベクトルの合成

ベクトルの合成は，それらのベクトルの和を求めることと同じである．すなわち，ある物体が同時に多数の力を受けた場合には，それらの力のベクトルの和に等しい1力を受けたのと同じ結果であって，その1力を合力といい，各力をその分力という．

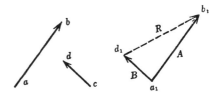

図 3.5

図 3.6 において，ある物体が，ベクトル $\overrightarrow{ab}$ で表わされる速度とベクトル $\overrightarrow{cd}$ で表わされる速度とを同時に有する

とすれば，R は両ベクトル V_1 と V_2 の和である．このとき，R を V_1 と V_2 の合ベクトルといい，R に対して V_1, V_2 を分ベクトルという．

ゆえに，この物体の運動は結果においてベクトル $\overrightarrow{a_1 d_1}$ で表わされる 1 速度を有するのと同じである．したがって，$\overrightarrow{a_1 d_1}$ は合速度であり，$\overrightarrow{a_1 b_1}, \overrightarrow{b_1 d_1}$ または $\overrightarrow{ab}, \overrightarrow{cd}$ はその分速度である．

たとえば，V_1 と V_2 との角を α，R と V_1 との角を θ とすれば，V_1, V_2, R の大きさの間には次のような式がなりたち，計算によって求めることができる．

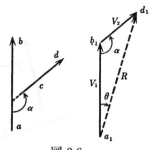

図 3.6

$$R = \sqrt{V_1^2 + V_2^2 - 2V_1 V_2 \cos\alpha} \quad (3.1)$$
$$\sin\theta = \frac{V_2}{R}\sin\alpha \quad (3.2)$$

5.2 ベクトルの分解

1つのベクトルは，任意の数のベクトルに分解される．たとえば，図 3.7 において，ベクトル $\overrightarrow{ab}$ は，任意の方向の 2 つのベクトル $\overrightarrow{ac}, \overrightarrow{cb}$ に分解され，または，3 つのベクトル $\overrightarrow{ad}, \overrightarrow{de}$ および $\overrightarrow{eb}$ に分解される．分解されたベクトルは分ベクトルであり，分ベクトルの和は与えられたベクトルに等しい．

このように合ベクトルを 3 つ以上に分解するには，合ベクトルを 1 辺とする多角形を作ればよい．したがってベクトルの合成では 1 つの合ベクトルが得られるのに反し，分ベクトルを求める方法は無数に存在する．なお，複数のベクトルを合成して得られる合ベクトルはただ 1 つである．

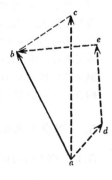

図 3.7

5.3 直角 2 方向への分解および合成

1 点 O に作用する多くのベクトルが 1 平面内（平面力）にあるときは，O を原点として直交 2 軸 O_x, O_y をとり，これらのベクトルの O_x 方向の分ベクトルの代数和を $\overline{Or_1}$ とし，O_y 方向の分ベクトルの代数和を $\overline{r_1 r}$ とすれば，$\overrightarrow{Or}$（または R）は求める合ベクトルである．図 3.8 において，与えられた各

第3章 ベクトル

ベクトル F_1, F_2, F_3, F_4, F_5 および合力 R が，Ox の正の方向となす角を順次 $\alpha_1, \alpha_2, \alpha_3, \alpha_4, \alpha_5$ および θ とすれば，各ベクトルの x 軸方向の分力と y 軸方向の分力の大きさはそれぞれ次のように分解できる．

$$\overline{Oa_1} = F_1 \cos \alpha_1, \quad \overline{a_1 a} = F_1 \sin \alpha_1$$
$$\overline{Ob_1} = F_2 \cos \alpha_2, \quad \overline{b_1 b} = F_2 \sin \alpha_2$$
$$\overline{Oc_1} = F_3 \cos \alpha_3, \quad \overline{c_1 c} = F_3 \sin \alpha_3$$
$$\overline{Od_1} = F_4 \cos \alpha_4, \quad \overline{d_1 d} = F_4 \sin \alpha_4$$
$$\overline{Oe_1} = F_5 \cos \alpha_5, \quad \overline{e_1 e} = F_5 \sin \alpha_5$$
$$\therefore \overline{Or_1} = F_1 \cos \alpha_1 + F_2 \cos \alpha_2 + \cdots + F_5 \cos \alpha_5 \tag{3.3}$$
$$\overline{r_1 r} = F_1 \sin \alpha_1 + F_2 \sin \alpha_2 + \cdots + F_5 \sin \alpha_5 \tag{3.4}$$

合ベクトル $\overrightarrow{Or}$（または R）の大きさと方向は次式から計算される．

$$R = \sqrt{\overline{Or_1}^2 + \overline{r_1 r}^2} \tag{3.5}$$
$$\tan \theta = \frac{\overline{r_1 r}}{\overline{Or_1}} \tag{3.6}$$

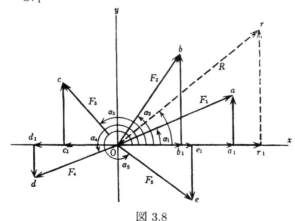

図 3.8

[例題] ある物体が図 3.9 のように，異なった方向に大きさ 10 m/s の 4 つの速度を同時に受けた場合，その合速度を求めよ．

[解答] 尺度と分度器とで，図 3.10 のように，a から始まり e で終わるようなベクトル五角形を描く．こうして得られる $\overline{ae}$ が求める合速度であって，その大きさ R は，$\overline{ae}$ の長さにより，また方向は $\overline{ae}$ の角 θ によって求める．

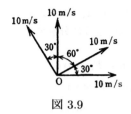

図 3.9

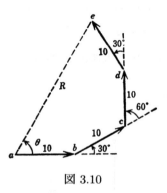

図 3.10

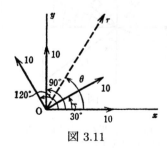

図 3.11

第 3 章 ベクトル

[別解] 直角 2 方向への分解によって求めるには，O_x, O_y を図 3.11 のようにとる．O_x 方向の合速度の大きさは (3.3) 式より，

$$\overline{Or_1} = F_1 \cos\alpha_1 + F_2 \cos\alpha_2 + F_3 \cos\alpha_3 + F_4 \cos\alpha_4$$
$$= 10\cos 0 + 10\cos 30° + 10\cos 90° + 10\cos 120°$$
$$= 10 + 10\frac{\sqrt{3}}{2} - 10 \times \frac{1}{2}$$
$$= 10 + 5\sqrt{3} - 5$$
$$= 13.66 \text{ m/s}$$

O_y 方向の合速度の大きさは (3.4) 式より，

$$\overline{r_1 r} = F_1 \sin\alpha + F_2 \sin\alpha_2 + F_3 \sin\alpha_3 + F_4 \sin\alpha_4$$
$$= 10 \times \frac{1}{2} + 10 + 10 \times \frac{\sqrt{3}}{2}$$
$$= 23.66 \text{ m/s}$$

ゆえに，合速度の大きさ R および方向 θ は，(3.5), (3.6) 式よりそれぞれ

$$R = \sqrt{\overline{Or}^2 + \overline{r_1 r}^2} = \sqrt{(13.66 \text{ m/s})^2 + (23.66 \text{ m/s})^2}$$
$$= 27.3 \text{ m/s}$$
$$\tan\theta = \frac{\overline{r_1 r}}{\overline{Or_1}} = \frac{23.66}{13.66} = 1.732$$
$$\therefore \underline{\theta = 60°}$$

6. 斜面

6.1 斜面の運動

図 3.12 において，AC を AB と θ の角をなす斜面とすれば，AC 上にある物体 M に働く重力加速度 g は AB に直角で下方に向く．

いま，g のベクトルを $\overrightarrow{Ma}$ とし，その分力 $\overrightarrow{Mb}$ は物体が斜面 AC に沿って降下する加速度を表わし，$\overrightarrow{ba}$ は AC に直角であるから，この加速度は，M の運動には何の関係もない．

したがって，斜面 AC に沿って上下する物体の運動は，$\overline{Mb}(= g\sin\theta)$ を加速度とする運動で，(1.2)–(1.5) の諸公式の α を $g\sin\theta$ としたもので表わされる．

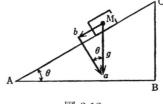

図 3.12

6.2 斜面滑車の運動

図 3.13 のように，斜面 ABC の頂点 C にある単滑車にて，その両端に物体 E, F を釣る．物体 E は自然に垂下し，F は斜面に沿って運動するものとすれば，運動の法則によって，それぞれの張力 T と加速度 α は等しい．

いま，物体 E, F の質量をそれぞれ $m_1, m_2\ (m_1 > m_2 \sin\theta)$ とすれば，その運動方程式は，

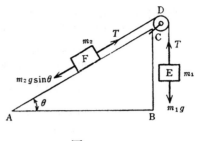

図 3.13

$$m_1 g - T = m_1 \alpha, \quad T - m_2 g \sin\theta = m_2 \alpha$$

となり，この 2 式から，

$$T = \frac{m_1 m_2 (1 + \sin\theta)}{m_1 + m_2} \cdot g \tag{3.7}$$

$$\alpha = \frac{m_1 - m_2 \sin\theta}{m_1 + m_2} \cdot g \tag{3.8}$$

以上の式は E が下がり，F が上がると仮定したので，それは $m_1 > m_2 \sin\theta$ の場合で，もし，$m_1 < m_2 \sin\theta$ ならば，(3.8) 式の α は負となり，逆に E が上がり，F が下がることになる．また，もし $m_1 = m_2 \sin\theta$ なら $\alpha = 0$ となり，この場合は滑車は静止するかまたは等速運動をする．

なお，(3.7), (3.8) 式は，$\theta = 90°$ ならば (2.6), (2.7) 式に一致し，$\theta = 0$ ならば，第 2 章の（練習問題）【9】に一致することがわかる．

次に $m_1 = w_1/g, m_2 = w_2/g$ を上の 2 式に代入すれば

$$T = \frac{w_1 w_2 (1 + \sin\theta)}{w_1 + w_2} \tag{3.9}$$

$$\alpha = \frac{w_1 - w_2 \sin\theta}{w_1 + w_2} \cdot g$$

7. 放物線

図 3.14 のように，空間中のある位置 O から物体を水平方向に速度 v_1 で投げたとすれば，この物体は OPA の曲線を描いて落下する．

いま，投げられてから時間 t の後の物体の位置を P とし，そのときの速度を v，その水平分速度を v_x，垂直分速度を v_y とすると，水平方向には力の働きがないから，この物体の水平方向の運動は等速運動で，

第3章 ベクトル

$$v_x = v_1$$

垂直方向の運動は重力による加速運動で，初速度は0であるから(1.6)式より，

$$v_y = gt \qquad (3.10)$$

$$\therefore v = \sqrt{v_x^2 + v_y^2} = \sqrt{v_1^2 + g^2 t^2} \qquad (3.11)$$

速度vは，Pにおいて曲線OPAの接線であるから，水平方向に対するvの傾斜角をφとすれば，

$$\tan\varphi = \frac{v_y}{v_x} = \frac{gt}{v_1}$$

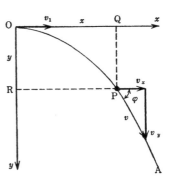

図 3.14

曲線OPAはP点の軌跡で，yがx^2に正比例して増すような曲線であって，このような曲線を放物線(parabola)という．次に，O_x, O_yの2直線からのPの距離を，それぞれQP, RPとすればこれらは等速運動の移動で，(1.1), (1.7)式から，それぞれ，

$$\left.\begin{array}{c} x = v_1 t \\ t = \dfrac{x}{v_1} \end{array}\right\} \qquad (3.12)$$

$$y = \frac{1}{2} g t^2 = \frac{g}{2 v_1^2} x^2 \qquad (3.13)$$

なお，(3.12)式のtを(3.10)式に代入すれば，

$$v_y = \frac{g}{v_1} x$$

すなわち，垂直分速度v_yは水平距離xに正比例する．

図3.15は$x = 0, 1, 2, \cdots$に対してyがその2乗，すなわち，$y = 0, 1, 4, \cdots$に比例するように描いた放物線の実形を示す．

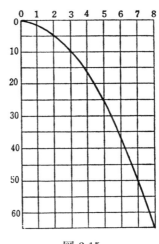

図 3.15

図 3.16 のように，ある位置 O から物体を斜めに v の速度で投げ上げた場合，その水平分速度を v_x，垂直分速度を v_y とすると，物体は水平方向には等速直線運動を続け，鉛直方向には投げ上げ運動をする．

したがって，t 秒後までに物体が O_x 方向へ進んだ距離 x と O_y 方向へ進んだ距離 y は，次式となる．

$$\left. \begin{array}{l} x = v_x \cdot t \\ t = \dfrac{x}{v_x} \end{array} \right\} \tag{3.14}$$

$$y = v_y t - \frac{1}{2}g t^2 = \frac{v_y}{v_x} x - \frac{g}{2 v_x^2} x^2 \tag{3.15}$$

また，水平方向の距離 x と垂直方向の距離 y について次式ともなる．図 3.16 において，$v_y = v \sin\theta$ なので，(3.15) 式より，

$$y = v \sin\theta \cdot t - \frac{1}{2} g t^2$$

上式より，水平距離 x を求めるために $y = 0$ とすると次のようになる．

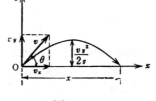

図 3.16

$$0 = t \left(v \sin\theta - \frac{1}{2} g t \right)$$

$$\therefore t = \frac{2 v \sin\theta}{g}$$

上式を (3.14) 式に代入すると，$v_x = v \cos\theta$ なので，

$$x = v_x \cdot t = \frac{v \cos\theta \cdot 2 v \sin\theta}{g}$$

$$\therefore x = \frac{v^2 \sin 2\theta}{g}$$

なお，(3.15) 式は次のような式に変形することができる．

第 3 章 ベクトル

$$y = v_y t - \frac{1}{2}gt^2$$
$$= \frac{v_y^2}{2g} - \frac{v_y^2}{2g} + v_y t - \frac{1}{2}gt^2$$
$$= \frac{v_y^2}{2g} - \frac{g}{2}\left(\frac{v_y^2}{g^2} - \frac{2v_y t}{g} + t^2\right)$$
$$\therefore y = \frac{v_y^2}{2g} - \frac{g}{2}\left(\frac{v_y}{g} - t\right)^2 \tag{3.16}$$

この式から，$t = v_y/g$ のとき，y は最大の値 $v_y^2/2g$ となる．つまり物体は，初速度 v で斜めに投げ上げてから，時間 v_y/g 後に最高点 $v_y^2/2g$ の高さまで達する．

その他，物体を投げ下す場合もこれらと同様に総て放物線である．

[例題] 水平な地面よりの高さ 78.4 m の位置から，ある物体を初速 29.4 m/s で水平に投げたとき，その物体が地上に達するまでの時間と水平距離および地上に達する瞬間の速度を求めよ．

[解答] $v_1 = 29.4$ m/s, $y = 78.4$ m であるから (3.13) 式より，

$$t^2 = \frac{2y}{g} = \frac{2 \times 78.4 \text{ m}}{9.8 \text{ m/s}^2} = 16 \text{ s}^2$$
$$\therefore t = \underline{4 \text{ s}} \text{（答）}\cdots 地上に達するまでの時間$$
$$x^2 = \frac{2v_1^2 y}{g} = \frac{2 \times (29.4 \text{ m/s})^2 \times 78.4 \text{ m}}{9.8 \text{ m/s}^2} = 13\,829.76 \text{ m}^2$$
$$x = \underline{117.6 \text{ m}} \text{（答）}\cdots 地上に達した水平距離$$

次に地上に達したときの垂直分速度 v_y は (3.10) 式より，

$$v_y = gt = 9.8 \text{ m/s}^2 \times 4 \text{ s} = 39.2 \text{ m/s}$$

よって (3.11) 式より，

$$v = \sqrt{v_x^2 + v_y^2} = \sqrt{(29.4 \text{ m/s})^2 + (39.2 \text{ m/s}^2)}$$
$$= \underline{49 \text{ m/s}}\text{（答）} \cdots 地上点の速度$$

8. 速度の変化と加速度

加速度については，(1.2) 式で述べたとおりであるが，図 3.17 において，$\overrightarrow{ab}$ を速度 v_1 のベクトル，$\overrightarrow{ac}$ を速度 v_2 のベクトルとすれば，速度の変化 $(v_2 - v_1)$ のベクトルは，$\overrightarrow{bc}$ である．ゆえに，$\overrightarrow{bc}/t$ がこの場合の加速度であって，それはベクトル $\overrightarrow{bc}$ で表わされる方向および向きである（ベクトルの差の項参照）．

[例題] 東方 6 m/s の速度が北東 15 m/s の速度に変った場合の速度変化を求めよ．

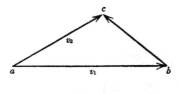

図 3.17

[解答] $v_1 = \overrightarrow{ab} = 6$ m/s, $v_2 = \overrightarrow{ac} = 15$ m/s であるので，図 3.18 の $\overrightarrow{bc}$ が求める速度の変化である．ゆえに，三角法により，

$$\overline{bc} = \sqrt{v_1^2 + v_2^2 + 2v_1 v_2 \cos \angle \mathrm{bac}}$$
$$= \sqrt{(6 \text{ m/s})^2 + (15 \text{ m/s})^2 - 2 \times (6 \text{ m/s}) \times (15 \text{ m/s}) \times \cos 90°}$$
$$= 11.6 \text{ m/s} (答)$$
$$\overline{bc} \sin \theta = \overline{ac} \sin \frac{\pi}{4}$$
$$\sin \theta = \frac{\overline{ac}}{\overline{bc}} \sin \frac{\pi}{4} = \frac{15}{11.6} \times \frac{1}{\sqrt{2}} = 0.914.$$
$$\therefore \theta = 1.153 \text{ rad}$$

θ を角度で表わすと，$\theta = 66°04'$ である．
すなわち，<u>速さの変化は 11.6 m/s，その方向は N23°56′ E で向きは b から c に向く</u>．

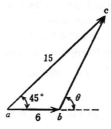

図 3.18

第 3 章 ベクトル

[練習問題]

【1】 1 点 O に働く平面力 F_1, F_2, F_3, F_4 がそれぞれ 50 N, 80 N, 60 N, 40 N であって，各力が O_x 軸（横軸）の正の方向となす角 $\alpha_1, \alpha_2, \alpha_3, \alpha_4$ がそれぞれ 30°, 60°, 120°, 225° であるとき，これらの合力の大きさおよび方向を求めよ．

【2】 1 点に加わる 2 力が N30°E の方向と E の方向にいずれも 80 ニュートンのとき，合力の大きさおよび方向を求めよ．

【3】 長さ 20 m，頂点の高さ 3.7 m の斜面の頂点より斜面に沿って物体を降下したとき，底面に達するまでの時間とそのときの速度とを求めよ．

【4】 長さ 30 m の斜面の頂点よりこれに沿って物体を降下させると 6.4 秒で地面に達した．傾斜角を求めよ．

【5】 水平面から斜め上 30 度の方向に初速 20 m/s で heaving line を放したとき，最高点に達するまでの時間と高さおよび達すべき最大水平距離と時間を求めよ．
　（ヒント）水平面に達するまでの時間は $y=0$ とした場合の t，あるいは最高点に達するまでの時間の 2 倍である．

【6】 水平距離 230 m 離れた遭難船へ 40 度の角度で救命索発射器にて，連絡するときの初速および遭難船に達するまでの時間を求めよ．

第4章 仕事およびエネルギ

1. 仕事

物体に力 f が働いたため，その物体がその力の方向に s だけ変位したならば，その力 f は仕事をしたといい，力とその方向の変位との積で仕事の量を表わす．

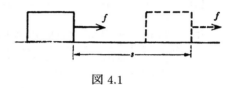

図 4.1

図 4.1 のように，力と変位とが同じ方向の場合に仕事 W は，

$$W = fs \tag{4.1}$$

この力 f と変位 s は，いずれもベクトルであるから，仕事はベクトルとベクトルの積でスカラーである（スカラーとスカラーとの積はスカラーであり，スカラーとベクトルとの積はベクトルである）．

したがって，力と変位とは必ずしも方向が一致しないことがある．一般に図 4.2 のように f と s とが方向を異にしている場合に仕事 W は，

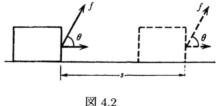

$$W = fs\cos\theta$$

図 4.2

ゆえに，仕事は力とその方向の変位との積または変位とその方向の分力との積に等しい．

質量 1 キログラムの物体に 1 ニュートンの力を作用させて，距離 1 メートル動かしたときの仕事の大きさを，1 ジュール（記号 J）という．これは絶対単位である．

重力単位では，1 キログラム重の力を作用させて 1 メートル動かしたときの仕事の大きさを，1 キログラム重メートル（記号 kgf·m）という．

絶対単位と重力単位との関係は，

$$1 \text{ kgf} \cdot \text{m} = 9.8 \text{ N} \cdot \text{m}$$
$$= 9.8 \text{ J}$$

[例題] 図 4.3 のように，物体を斜面に沿って，ある高さ C 点に上げる仕事は，底面より垂直にその高さに上げる仕事に等しいことを証明せよ．また，傾斜角 30 度，斜面の長さ 50 m の頂点まで 10 kg の物体を上げる仕事を求めよ．

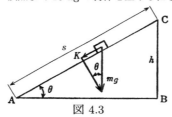

図 4.3

[解答] $K = mg \sin\theta$ なので，斜面に沿って物体を A から C まで上げる仕事は，

$$W = fs = K \cdot \overline{\text{AC}} = mg\sin\theta \cdot \overline{\text{AC}}$$
$$\overline{\text{AC}} \sin\theta = \overline{\text{BC}} \quad \therefore s \cdot \sin\theta = h$$
$$\therefore W = mg \sin\theta \cdot s = mgh$$

次に，垂直に底面 B から C まで上げる仕事は mgh であって，上式に等しい．すなわち，物体を，ある位置から，ある他の位置まで上げる仕事は，それを上げる方向や道程に関係なく常に一定で，垂直にそこまで上げる仕事に等しい．

$$\text{仕事 } W = fs = mg \sin\theta \cdot s$$
$$= \left(10 \text{ kg} \times 9.8 \text{ m/s}^2 \times \frac{1}{2}\right) \times 50 \text{ m} = \underline{2450 \text{ J}} \text{(答)}$$

.... (重力単位系) ....

$$\text{仕事 } W = fs = mg \sin\theta \cdot s$$
$$= \left(10 \text{ kgf} \times \frac{1}{2}\right) \times 50 \text{ m} = \underline{250 \text{ kgf} \cdot \text{m}} \text{(答)}$$

2. 仕事率

単位時間内になされた仕事量を，仕事率 (power factor) または動力といい，仕事の遅速を表わす．このときの仕事量 W，仕事率 P，物体の速さ v，時間 t とすれば，力と変位とが同じ方向のときは，(4.1) 式より，

$$P = \frac{W}{t} = \frac{fs}{t} = fv \tag{4.2}$$

また，力と変位とが異なる方向のときは，

$$P = \frac{W}{t} = \frac{fs}{t} \cos\theta = fv \cdot \cos\theta$$

すなわち，仕事率は力とその方向における運動の速度との積に等しい．

仕事率の単位としてはワット（記号 W）が用いられる．毎秒 1 ジュールの仕事をするときの仕事率が 1 ワットである．すなわち，

1 W = 1 J/s

重力単位では，仕事率の単位として，キログラム重メートル毎秒（記号 kgf·m/s）が用いられる．また，馬力（記号 PS）も用いられる．

これらの単位間の関係は，

1 kgf·m/s = 9.8 W

1 kW = 1000 W = $\frac{1000}{9.8}$ kgf·m/s = 102.24 kgf·m/s

1 PS = 75 kgf·m/s = 75 × 9.8 W = 735 W

[例題 1] 500 kg の漁獲物を魚倉より 4 m 上方に釣り上げるのに，等速度で 5 秒間を要するホイストの仕事率を求めよ．

[解答 1] $P = fv = 4900 \text{ N} \times \frac{4 \text{ m}}{5 \text{ s}} = 3920 \text{ W} = \underline{3.92 \text{ kW}}$（答）

・・・・・・・・・・・・・・・・・・・・・・・・・・（重力単位系）・・・・・・・・・・・・・・・・・・・・・・・・・・

$$P = fv = 500 \text{ kgf} \times \frac{4 \text{ m}}{5 \text{ s}} = \underline{400 \text{ kgf·m/s}} \text{(答)}$$

1 PS = 75 kgf·m/s であるので，これを馬力で表示すると，

$$\frac{400 \text{ kgf·m/s}}{(75 \text{ kgf·m/s})/\text{PS}} \fallingdotseq \underline{5.33 \text{ PS}}\text{(答)}$$

・・・

[例題 2] 前例のホイストを運転する電動機は何 kW を要するか．ただし，ホイストの抵抗は動力の 30% とする．

[解答 2] 例題 1 により漁獲物の釣り上げられる動力は 3.92 kW である．ゆえに，それを運転するホイストの動力を D とすれば，

$$D - \frac{30}{100}D = 3.92 \text{ kW}$$

$$D(1 - 0.3) = 3.92$$

$$\therefore D = \frac{3.92}{0.7} = \underline{5.6 \text{ kW}}\text{(答)}$$

・・・・・・・・・・・・・・・・・・・・・・・・（重力単位系）・・・・・・・・・・・・・・・・・・・・・・・・

1 PS=735 W であるから，1 kW ≒ 1.36 PS にあたる．ゆえに電動機は，5.6×1.36 ≒

第 4 章 仕事およびエネルギ

7.6 PS(答)

[例題 3] 水面下 1.5 m の船側に直径 20 cm の円形破孔を生じた場合，どれだけの仕事率のポンプを用いれば，船内への浸入海水を排水することができるか．ただし，浸入部からポンプまでの水平距離を 10 m，流量係数を 0.6，海水の密度を 1.025 g/cm³ { 比重 1.025 } とする．

[解答 3] 流量係数を C，円形破孔の面積を A，水面までの高さを h とすれば，1 秒間の浸水量は（トリチェリの定理の項参照）

$$Q = C \cdot A\sqrt{2gh}$$
$$= 0.6 \times 314 \text{ cm}^2 \times \sqrt{2 \times (980 \text{ cm/s}^2) \times 150 \text{ cm}}$$
$$= 188.4 \text{ cm}^2 \times \sqrt{294\,000 \text{ (cm/s)}^2}$$
$$= 102.2 \times 10^3 \text{ cm}^3/\text{s}$$

ゆえに，1 秒間の海水の浸入量は，

$$W = Q \cdot \rho$$
$$= (102.2 \times 10^3 \text{ cm}^3/\text{s}) \times (1.025 \text{ g/cm}^3)$$
$$= 104\,755 \text{ g/s} = 104.755 \text{ kg/s}$$

この海水重量のする仕事量がポンプの仕事量に等しいとすれば，海水の浸水量は最低この仕事率のポンプでもって排水が可能である．

$$10 \text{ m} \times 104.755 \text{ kg/s} \times 9.8 \text{ m/s}^2 = 10\,266 \text{ (kg} \cdot \text{m/s}^2) \text{ (m/s)}$$
$$= 10\,266 \text{ N} \cdot \text{m/s}$$
$$= \underline{10\,266 \text{ W}}(答)$$

................................（重力単位系）................................

この海水重量のする仕事量がポンプの仕事量に等しいとすれば，海水の浸水量は最低この馬力のポンプでもって排水が可能である．

$$104.755 \text{ kgf} \times 10 \text{ m} = 75 \text{ (kgf} \cdot \text{m/PS}) \times P$$
$$\therefore P = \frac{1047.55 \text{ kgf} \cdot \text{m}}{75 \text{ kgf} \cdot \text{m/PS}} = \underline{13.9673 \text{ PS}}(答)$$

3. エネルギ

自然現象では，ある形態から他の形態に変り，あるいはある物体から他の物体に移るまでに一定の仕事をすることができる．このように物体が仕事をする能力を有し，あるいは現に仕事をしているのは，ある特殊の要素を有するためで，この要素をエネルギという．

エネルギには，熱エネルギ，光エネルギ，音エネルギ，電気エネルギ，磁気エネルギ，化学エネルギ，原子エネルギ，機械エネルギ等日常生活に関係の多い種々の形態がある．しかし，力学において最も重要なエネルギは位置エネルギと

運動エネルギであり，この両者を総称して力学的エネルギ (mechanical energy) または機械的エネルギといい，仕事の単位がそのまま用いられる．

3.1 位置エネルギ

高い所にある水は，これを低い所に導いて，水車や水タービンを回転させて，仕事をすることができる．したがって高い所にある水は，仕事をする能力を有している．このように物体が位置の違いによってもつエネルギを位置エネルギ (potential energy) という．

図 4.4 のように質量 m の物体を B から高さ h だけ持ち上げるには，この物体の重量 $f = mg$ と平衡を保ちながら，鉛直上方に $f = mg$ の力を

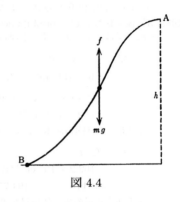

図 4.4

作用させて mgh だけの仕事が必要であり，A に持ち上げたこの物体が，この位置にあるときは，元の位置 B にもどるまでに mgh の仕事をすることができる．すなわち，質量 m の物体が高さ h の所にあるときにもつ位置エネルギを U とすれば

$$U = mgh$$

このような仕事をさせるエネルギは重力に原因し，かつ，2 点の位置のみに関係し，その径路にはまったく無関係である．重力のように，物体に位置のエネルギを与える力を保存力といい，万有引力，静電力，磁力等みな保存力である．

[例題] 地上 10 m の高さにある質量 1 kg の物体のもつ位置エネルギを求めよ．
[解答] $U = mgh = 1 \text{ kg} \times 9.8 \text{ m/s}^2 \times 10 \text{ m} = 9.8 \text{ N} \times 10 \text{ m} = \underline{98 \text{ J}}$(答)

3.2 運動エネルギ

物体が運動状態にあるときに有するエネルギを運動エネルギ (kinetic energy) といい，その量は静止するまでに，他に対してなし得る仕事量で表わす．

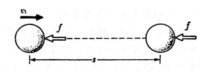

図 4.5

第4章 仕事およびエネルギ

図 4.5 のように,いま,v_1 の速度で運動している質量 m の物体が,運動と反対方向に力 f を受けるとする.これにより距離 s だけ移動して静止したとすれば,この物体が静止するまでにした仕事は $W = fs$ である.このときの加速度を $-\alpha$,(1.5) 式の $v_2 = 0, v_1 = v$ となるので,

$$v^2 = 2\alpha s$$

また,(2.2) 式から,

$$\alpha = \frac{f}{m}$$
$$\therefore v^2 = \frac{2fs}{m}$$

したがって,運動エネルギを E_k とすれば,

$$E_k = fs = \frac{1}{2}mv^2 = \frac{w}{2g}v^2 \tag{4.3}$$

また,上記の物体に外力 f が,物体の運動方向に作用して距離 s だけ移動し,速度が v_1 から v_2 に変化した場合の E_k の増減は,(1.5) 式より

$$v_2^2 - v_1^2 = 2\alpha s$$

であるから,外力 f が物体にした仕事は上の場合と同様に,

$$W = fs = \frac{1}{2}mv_2^2 - \frac{1}{2}mv_1^2$$

となり,一定の大きさの力が物体にした仕事は,その間における運動のエネルギの変化に等しい.この場合,もし $v_2 > v_1$ であれば,増速の分だけ E_k は増加し,$v_2 < v_1$ であれば,E_k の減少しただけ,外力に何らかの仕事をしたわけである.

3.3 エネルギ保存の法則

図 4.6 において,質量 m の物体が地上 h_1 の点 A に静止しているとき,物体が有する位置エネルギは mgh_1 である.

この物体が自由落下して,地面に達したときの速さを v_2 とすれば,そのときの位置エネルギは 0,運動エネルギは $mv_2^2/2$ である.自由落下においては,初

速度 $v_1 = 0$ で，そのときの速さ v_2 は，$v_2^2 = 2gh_1$ であるから，地面における運動エネルギ E_{kc} は，

$$E_{kc} = \frac{1}{2}mv_2^2 = \frac{1}{2}m \cdot 2gh_1 = mgh_1 \tag{4.4}$$

となり，はじめの位置エネルギに等しくなる．

次に，図 4.7 のように，物体が自由落下途中任意の地上 h_2 の点 B にあるときには，位置エネルギは mgh_2 である．

そのときの速さ v_2 は，$v_2^2 = 2g(h_1 - h_2)$ であるから，落下途中の B 点における運動エネルギ E_{kB} は，

$$E_{kB} = \frac{1}{2}mv_2^2 = \frac{1}{2}m \cdot 2g(h_1 - h_2) = mgh_1 - mgh_2$$

である．したがって，上式より B 点における位置エネルギと運動エネルギの和は，

$$mgh_2 + \frac{1}{2}mv_2^2 = mgh_1 (一定)$$

この式は，物体がはじめにもっていた位置エネルギに等しい．このことがなりたつのは，物体に働いていて仕事をする力が重力だけで，摩擦力等が働かない場合である．

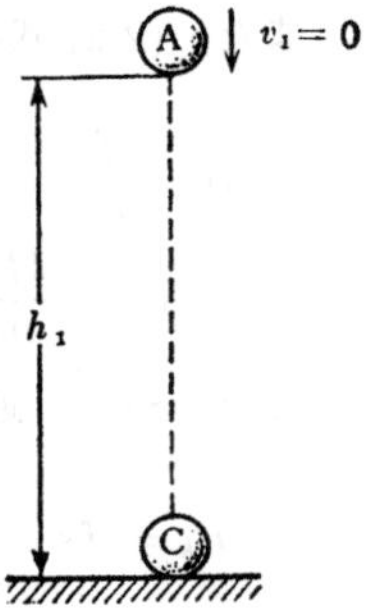

図 4.6

位置エネルギ，運動エネルギおよび仕事はその状態によって種々その形態を変え，あるときは，位置エネルギとなり，他のときは，運動エネルギとなり，また時には仕事となるけれども，物体の有する位置エネルギと運動エネルギとの和は摩擦や流体の抵抗を受けないかぎり，一定に保たれる．これを力学的エネルギ保存の法則という．

[例題] 図 4.8 のように，長さ ℓ の単振り子を，糸が鉛直方向と $60°$ の角をなすまで引き上げて，これを静かに放したとき，おもりが固定点の真下にきたときの速さを求めよ．

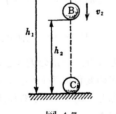

図 4.7

[解答] 固定点の真下 B における速さを v，おもりの質量を m，重力加速度を g とすれば，エネルギ保存の法則 (4.4) 式より，

$$\frac{1}{2}mv^2 = mgh = mg(\ell - \ell\cos 60°)$$

$$= mg\ell\left(1 - \frac{1}{2}\right) = \frac{1}{2}mg\ell$$

$$\therefore v = \sqrt{g\ell} (答)$$

第4章 仕事およびエネルギ

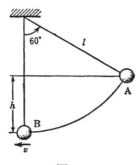

図 4.8

[練習問題]

【1】 0.5 トンの重量を 8 秒間に等速度で 5 m の高さに揚げるホイストの動力を求めよ．

【2】 毎時 5 トンの水を，15 m の高さに揚げる動力を，キロワットと馬力を単位として求めよ．

【3】 0.5 トンの錨を深さ 25 m の海底より 6 分間で揚錨するには何人を要するか，ただし 1 人の仕事率を 49 W とする．

【4】 26 m/s の等速度で運動する質量 180 kg の物体は質量 23 kg の物体を何 m の高さに揚げ得るか．

【5】 25 m/s の速度で運動する 5 kg の物体にどれだけのエネルギを与えれば，28 m/s となるか．

【6】 質量 2 kg の物体が 78.4 J{8 kgf・m} のエネルギを有するときの速度を求めよ．

【7】 毎分 9 m で降下する 1 トンの荷重が，ブレーキにより，毎分 3 m になった．ウィンチのブレーキによって失われたエネルギを求めよ．

【8】 水平面から角 θ 傾いた斜面上を距離 S だけ滑り落ちたときの物体の速さを求めよ．

【9】 質量 60 グラムの物体が落ちはじめてから 5 秒後に得る運動エネルギを求めよ．

【10】 高さ 10 m の窓から 10 グラムの物体を静かに落下させた．その物体の 0.5 秒後の状態における下記事項を求めよ．
　(1) 高さ　(2) 落下速度　(3) 運動エネルギ　(4) 位置エネルギ

【11】 排水量 500 トンの船が，3 ノットで航行中後進全速としたら，30 秒で行脚がなくなった．仕事量を求めよ．

【12】 排水量 500 トンの船が 6 m/s で航行中，リーフに乗り揚げ 20 秒にて行脚が停止した．このときの平均抵抗力を求めよ．

第5章　回転運動

1. 力のモーメント

図 5.1 において，力 f のベクトルを $\vec{ab}$ とし，ある点 O からこれに垂線 OP を引き，その長さを r とすれば，fr を点 O に対する力 f のモーメント (moment of force) という．垂線の脚 r はスカラー，力 f はベクトルであるから，その積

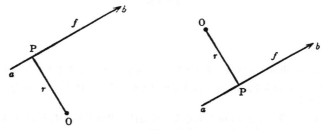

図 5.1

fr はベクトルであって，それは，力 f が O に回転運動を与える作用の大きさを表わし，右回り，左回りは図に示した方法によって区別する．単位は仕事の単位と同じであるので，仕事の単位をジュールとすれば，モーメントの単位もまたジュールである．重力単位ではキログラム重メートル（記号 kgf·m），グラム重メートル（gf·cm）であるが，力と長さの単位を逆にして，m·kgf，cm·gf としてもよい．

2. 回転による仕事

図 5.2 において，一定の力 f が一定の距離 r で軸 O に回転を与えるときは，O に対する力 f のモーメントは fr である．

このモーメントのために回転し，力 f は f_1 に動き，点 P は P_1 に移動したとすれば，そのとき f の仕事は $f \times PP_1$ である．

このように，いま一定の力 f が一定の半径 r の円周に沿って働いたまま，点 P が順次 $P_1, P_2, P_3 \cdots$ を経て Q に達したとすれば，その間の力 f の仕事 W は，

第 5 章 回転運動

$$W = f \times \mathrm{PP_1} + f_1 \times \mathrm{P_1P_2} + f_2 \times \mathrm{P_2P_3} + \cdots$$
$$= f\left(\overline{\mathrm{PP_1}} + \overline{\mathrm{P_1P_2}} + \overline{\mathrm{P_2P_3}} + \cdots\right)$$
$$= f \times (\text{弧 PQ の長さ})$$

P から Q までの中心角を θ ラジアンとすれば (1.14) 式より弧 PQ の長さは θr であるので，

$$W = f\theta r$$

この式の fr は，軸 O に回転を与える力のモーメントで，これを回転モーメントあるいはトルク (torque) という．これを M とすれば，

$$W = M\theta$$

ゆえに，この回転に要した時間を t とすれば W/t が仕事率 P であり，また (1.9) 式より，

$$P = \frac{M\theta}{t} = M\omega$$

また，(1.17), (1.18) 式より，次の関係がなりたつ．

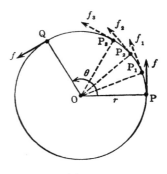

図 5.2

$$\omega = \frac{2\pi N}{t}$$
$$\therefore P = \frac{2\pi N \cdot M}{t} \tag{5.1}$$

[例題 1] 220 kW により毎分 1200 回転する発電機のトルクを求めよ．
[解答 1] (5.1) 式より，

$$220 \times 1000 \text{ W} = \frac{2 \times 3.14 \times 1200 \cdot M}{60 \text{ s}}$$

これを解いて，$M = \underline{1751.59 \text{ J}}$（答）．
......................................（重力単位系）......................................
仕事率の重力単位 PS は，

$$1 \text{ PS} = 75 \text{ kgf} \cdot \text{m} = 735 \text{ W}, \quad 1 \text{ kW} \fallingdotseq 1.36 \text{ PS}$$

これらより，

$$M = \frac{(1.36 \times 220 \times 75 \text{ kgf} \cdot \text{m/s}) \cdot 60 \text{ s}}{2 \times 3.14 \times 1200} = \underline{178.66 \text{ kgf} \cdot \text{m}}\text{（答）}$$

[例題2] 船のプロペラに働くトルクは，24 676 J{2518 m·kgf} である．毎分 370 回転する主機関の仕事率を求めよ．

[解答2] (5.1) 式より，

$$\frac{2\pi N \cdot M}{t} = \frac{2 \times 3.14 \times 370 \times 24\,676 \text{ J}}{60 \text{ s}} = \underline{955\,619 \text{ W}} \text{(答)}$$

.............................(重力単位系).............................

$$\frac{2\pi N \cdot M}{75t} = \frac{2 \times 3.14 \times 370 \times 2518 \text{ kgf} \cdot \text{m}}{75 \times 60 \text{ s}} \fallingdotseq \underline{1300 \text{ PS}} \text{(答)}$$

3. 偶力

図 5.3 のように，物体に力 f が，それぞれ作用したとき，図（一）は移動，図（二）は静止であるが，図（三）のように大きさ (f) が等しく方向が相反する 2 つの平行力がその作用点間の距離 a を隔てて作用すれば，この物体は fa の力のモーメントで矢印のように回転する．

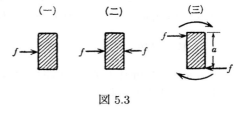

図 5.3

このように，物体の移動，静止および回転は，総て物体に働く力の関係によるもので，図（三）のように同一直線上にない大きさが等しく方向が相反して平行に作用する 2 力を偶力 (couple of torque) という．

偶力をなす 2 力の作用点間の距離 a を偶力の腕といい，力と腕の積 fa を偶力のモーメントまたはトルクという．

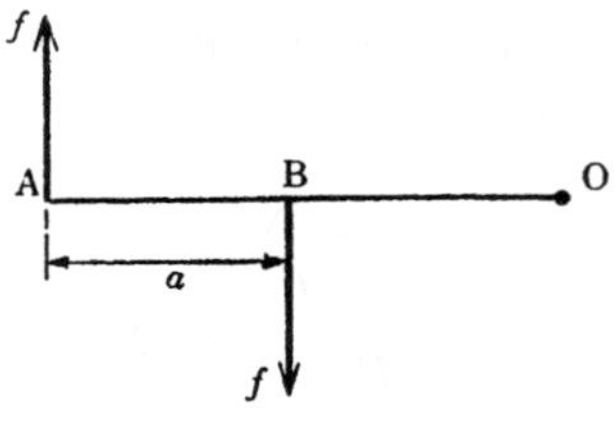

図 5.4

いま，図 5.4 のように，偶力がある点 O に回転運動を与える力のモーメントは，

$$f \times \overline{\text{OA}} - f \times \overline{\text{OB}} = f(\overline{\text{OA}} - \overline{\text{OB}}) = f \times \overline{\text{AB}} = fa$$

すなわち，偶力による物体の回転は，偶力のモーメント fa によって生じ回転の中心 O の位置には関係しない．

4. 力と偶力との合成

第5章 回転運動

図5.5のように，物体Aの中心Oからaの距離に力fが作用する場合，fと同量の方向相反する2力f_1, f_2をfに平行してOに働かしたと仮定すれば，f_2とfによってfaの偶力のモーメントでもって，矢印の方向に回転しつつfに等しいf_1でその力の方向に移動する．もし物体Aが図のように軸受の場合には，f_1が軸受を圧する力となる．すなわち，物体の運動はこのように移動と回転運動が主で一般の運動は両者の合成である．移動は孤立の力によって生じ，回転運動は偶力によって生ずる（船舶運用学の基礎 p.209 舵効参照）．

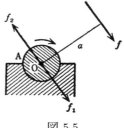

図 5.5

5. 慣性モーメント

図5.6のように，質量Mの物体が点Oを中心として，一定の角速度ωで回転すれば，この物体の運動エネルギは，この物体を組成する各分子の運動エネルギの総和である．

いま，図5.6において，各質点の質量を$m_1, m_2, m_3, \cdots$とし，Oを中心として回転する速度を順次$v_1, v_2, v_3, \cdots$とすれば，各分子の運動エネルギは(4.3)式によって，それぞれ$m_1 v_1^2/2, m_2 v_2^2/2, m_3 v_3^2/2, \cdots$である．ゆえに，この物体全体の運動エネルギ$E_k$は，

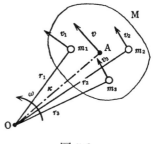

図 5.6

$$E_k = \frac{1}{2}m_1 v_1^2 + \frac{1}{2}m_2 v_2^2 + \frac{1}{2}m_3 v_3^2 + \cdots$$

次に，各質点のOからの距離を$r_1, r_2, r_3, \cdots$とし，(1.15)式の$v = \omega r$を上式に代入すれば，

$$\begin{aligned} E_k &= \frac{m_1 \omega^2 r_1^2}{2} + \frac{m_2 \omega^2 r_2^2}{2} + \frac{m_3 \omega^2 r_3^2}{2} + \cdots \\ &= \frac{\omega^2}{2}(m_1 r_1^2 + m_1 r_2^2 + m_3 r_3^2 + \cdots) \end{aligned}$$

上式の括弧内は，物体を組成する各分子の質量と回転半径の2乗との積の総和で，これを中心Oに対するこの物体の慣性モーメント (moment of inertia) という．

したがって，慣性モーメント I は，次式で与えられる．

$$I = m_1 r_1^2 + m_2 r_2^2 + m_3 r_3^2 + \cdots \quad (5.2)$$

ゆえに上の2式より，質量 M の物体の運動エネルギは，次式となる．

$$E_k = \frac{I\omega^2}{2}$$

なお，この物体全体が回転半径 k の点 A に集中して (図 5.6)，E_k と同じ運動エネルギを有するものと仮定し，そのような点 A の速度を v とすれば，(1.15) 式，(4.3) 式より，

$$E_k = \frac{1}{2} M v^2 = \frac{M\omega^2 k^2}{2}$$

である．

上の2式は等しいので，

$$\frac{I\omega^2}{2} = \frac{M\omega^2 k^2}{2}$$

$$\therefore k = \sqrt{\frac{I}{M}} = \sqrt{\frac{gI}{W}} \quad (5.3)$$

この k は，物体が1点に集中して同じ運動エネルギを有するものと仮定したその点の半径であって，それを物体の回転半径という．

船舶における回転半径 (radius of gyration) k は，船体がある1点に集中して同じ運動エネルギを有するものと仮定したその点の半径であって，横揺の場合は図 5.7 のように，船体の船首尾線から両舷にある総ての構成材を溶かして1点に集中した1個の塊とし，それが船首尾線の軸から距離 k にあると仮定するとき，その k が回転半径である．

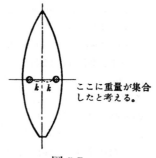

ここに重量が集合したと考える。

図 5.7

ゆえに，(5.3) 式より，

$$I = Mk^2 = \frac{Wk^2}{g} \quad (2\text{次モーメント}) \quad (5.4)$$

第5章 回転運動

なお，上式における水線面の船首尾線を軸とする慣性モーメント I については，次のとおりである．

$$I = nLB^3 \tag{5.5}$$
$$I = nA_\omega h^2 \tag{5.6}$$

ただし，

L：船の長さ
B：船の幅
A_w：水線面積
h：図示のとおり
n：形状に基づく係数

図形，面積あるいは船舶等を取扱う場合の慣性モーメントの形状に基づく係数 n の値は，図 5.8 に示すとおりである（船舶運用学の基礎「荒天時の操船」参照）．

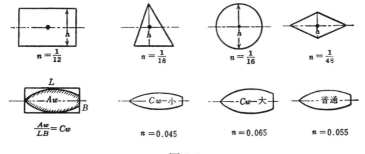

図 5.8

6. 遠心力

物体は質量を有するから，それが加速度の働きを受ければ，その方向に力の働きを受ける．ゆえに，物体が円弧に沿って回転運動をすれば，回転の中心に向って (1.11), (1.16) 式の $\alpha = v^2/r = \omega^2 r$ のような向心加速度の働きを受けるから，この加速度に相当する力を受け，その力は常に回転の中心に向って働く．ゆえにその力を向心力という（求心力ともいう，角速度の項参照）．

物体が円弧上を運動するのは，運動の第 1 法則（向心力がなければ方向，向き一定な直線運動である）に従い向心力が物体を運動の中心に引きつけているからで，円運動する物体は常に向心力に対抗して中心から遠ざかろうとする慣性力が作用している．この慣性力を遠心力 (centrifugal force) という．この遠心力は向心力と大きさ等しく向きが反対である．

遠心力および向心力は，いずれも向心加速度によって生じるものであるから，(1.11), (1.16), (2.2), (2.5) の諸式から遠心力（向心力）F_c は，

$$F_c = m\alpha = m\omega^2 r = m\frac{v^2}{r} = \frac{w}{g}\omega^2 r \tag{5.7}$$

上式を (1.11), (1.16) 式と対照すれば，遠心力は物体の重量 w の α/g 倍にあたる．

船舶の定常旋回における外方傾斜は，この遠心力に基づくもので，これと復原力等がつりあって起こる現象である（船舶運用学の基礎「舵の作用」参照）．

[例題] 船舶を接舷する際，陸岸に係留索をとるために質量 600 g のヒービングライン (heaving line) を半径の長さ 4 m として毎分 50 回転の速さで振廻したとき，おもりの最上点と最下点におけるラインの張力を求めよ（垂直面）．

[解答] (1.17), (1.18), (5.7) の各式より，

$$\omega = 2\pi n = 2\pi \frac{N}{t} = 2 \times 3.14 \text{ rad} \times \frac{50}{60 \text{ s}} \fallingdotseq 5.23 \text{ rad/s}$$

$$F_c = m\omega^2 r = 0.6 \text{ kg} \times (5.23 \text{ rad/s})^2 \times 4 \text{ m} = 65.65 \text{ N}$$

最上点の張力 = 遠心力 − 重量 = 65.65 N − 5.88 N = <u>59.77 N</u>（答）
最下点の張力 = 遠心力 + 重量 = 65.65 N + 5.88 N = <u>71.53 N</u>（答）

............................（重力単位系）............................

(1.17), (1.18), (5.7) の各式より，

$$\omega = 2\pi n = 2\pi \frac{N}{t} = 2 \times 3.14 \text{ rad} \times \frac{50}{60 \text{ s}} \fallingdotseq 5.23 \text{ rad/s}$$

$$F_c = \frac{w}{g}\omega^2 r = \frac{600 \text{ gf}}{9.8 \text{ m/s}^2} \times (5.23 \text{ rad/s})^2 \times 4 \text{ m} \fallingdotseq 6699 \text{ gf}$$

最上点の張力 = 遠心力 − 重量 = 6699 gf − 600 gf = <u>6099 gf</u>（答）
最下点の張力 = 遠心力 + 重量 = 6699 gf + 600 gf = <u>7299 gf</u>（答）

第5章 回転運動

[練習問題]

- 【1】 1463.14 J{149.3 kgf·m} のトルクによって毎分 1200 回転する補機の仕事率を求めよ．
- 【2】 排水量 600 トンの船の GM は 45 cm である．この船が 10 度傾斜したときの復原力を求めよ．
- 【3】 排水量 600 トン，GM 0.3 の船が 98 キロニュートン {10 トン重} の風圧を水面上 3 m の点に受けて 15 度の傾斜をしたときの傾斜偶力の腕の長さを求めよ．
- 【4】 毎分 6000 回転している質量 25 kg，回転半径 10 cm のジャイロの角速度および回転運動エネルギを求めよ．
- 【5】 質量 500 グラム，回転半径 10 cm のコマが毎秒 8 回転しているとき，これを止めるのに要するエネルギを求めよ．
- 【6】 長さ L，幅 B の箱船が等喫水で浮かんでいるとき，水線面の浮面心 F を通る縦軸のまわりの慣性モーメントを求めよ．
- 【7】 清水タンクの長さ 6 m，幅 8 m でタンク中央に船首尾線に平行な縦隔壁が設けられている．縦軸の慣性モーメントを求めよ．
- 【8】 半径 200 m の旋回圏を排水量 600 トンの船が 1 周 4 分の速さで旋回しているときの遠心力を求めよ．
- 【9】 7.5 kW の動力により毎分 1200 回転する船の圧縮機のトルクを求めよ．

第6章　力のつりあい

1.　力の合成と分解

　1点に2つ以上の力が同時に作用するとき、それと同じ効果をもつ1つの力を求めることを力の合成という．また、逆に、1つの力が作用するとき、これと同じ効果をもつ任意の方向の2つ以上の力を求めることを、力の分解という．力はベクトルであるから、ベクトルの合成、分解と同様に力の三角形法、四辺形法、多角形法によって、力の合成、分解ができる．また、直角方向への解析的方法によっても力の合成、分解ができる（ベクトルの項参照）．

1.1　力のつりあい

　合力は、1つの物体に2つ以上の力が同時に作用するとき、それらの各分力と同じ効果を現わす結合した結果である．

　たとえば、図 6.1（一）のように、各4力が1物体に同時に作用すれば、それらの合力は、図（二）のようなベクトル図 $abcde$ を描くことによりベクトル $\vec{ae}$ で表わされ、ベクトル $\vec{ab}, \vec{bc}, \vec{cd}, \vec{de}$ の4分力が同時に作用した結果は、ベクトル $\vec{ae}$ で表わされる1合力が作用するのとまったく同じである．

　したがって、始点 a と終点 e とが一点に合致してベクトル $\vec{ae}$ が0となれば合力が0であって、それは力が作用しないと同じ結果で、その場合それらの力はつりあいにあるという．

　多数の力が作用して、つりあいにあるならば、ベクトル図は力と等数の辺を有する多角形となる．これらの三角形、四角形等を力の三角形、力の四角形といい、これを一般には力の多角形という．

　つりあいにある力の合力は0であるから、そのような力を受けた物体は、運動の法則に従って静止するかまたは等速運動をする．もし合力が0でなければつりあいでなく、物体はその合力によって表わされる加速度で運動をすることになる．

　多数の力がつりあいにあれば、そのうち任意の1力は他の各力の合力と大きさ等しく方向が反対である．

第 6 章 力のつりあい

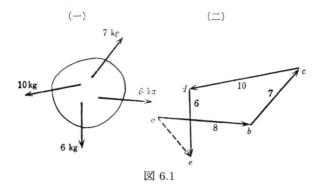

図 6.1

1.2 つりあわせ力

多数の力があって，その合力が 0 でなければ，その合力に相当する運動をするが，もしその合力と大きさ等しく方向反対な力を余分にその力の作用線上に作用させれば，合力は 0 となるから，つりあいの状態となってくる．

このように，つりあいにない力を，つりあすために余分にそこに付け加える力をつりあわせ力といい，それは合力と大きさ等しく方向反対な力である．

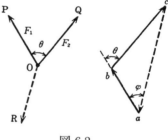

図 6.2

ゆえに，多数の力があってそれがつりあいにあれば，任意の 1 力は他の各力のつりあわせ力である．

[例題] 図 6.2 のように，1 点 O に作用する 2 力 P, Q のつりあわせ力を求めよ．

[解答] P, Q のベクトルを $\vec{ab}, \vec{bc}$ とする力の三角形 abc で，ベクトル $\vec{ac}$ は P と Q の合力，$\vec{ca}$ はつりあわせ力のベクトルである．

ゆえに，P と Q とのなす角 θ がわかれば，つりあわせ力 R の力の三要素（大きさ，方向，作用線）が求められる．また，(3.1), (3.2) 式より次式にて求められる．

$$R = \sqrt{F_1^2 + F_2^2 + 2F_1 F_2 \cos\theta}$$

$$\frac{R}{\sin\theta} = \frac{F_2}{\sin\varphi} = \frac{F_1}{\sin(\theta - \varphi)} \quad (\text{答})$$

2. 3力のつりあい

図 6.3 のように，1 点 O に作用する 3 力 P, Q, T がつりあいの状態にあれば，それらのベクトル p, q, t は三角形を作る．

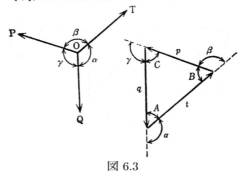

図 6.3

いま，この三角形の辺 p, q, t の対角をそれぞれ A, B, C とすれば正弦法則により，

$$\frac{p}{\sin A} = \frac{q}{\sin B} = \frac{t}{\sin C}$$

また，3 力 P, Q, T 間の中心角をそれぞれ α, β, γ とすれば，

$$\frac{P}{\sin \alpha} = \frac{Q}{\sin \beta} = \frac{T}{\sin \gamma} \tag{6.1}$$

なお，直角 2 方向への解析的方法によっても求めることができる．すなわち，ベクトルの項の解法に従い，O で直交する任意の 2 方向 O_x, O_y の方向に分解された代数和によるもので (3.5) 式によって，

$$R = \sqrt{\overline{Or_1}^2 + \overline{r_1 r}^2}$$

それら 3 力がつりあいにあれば合力 $R = 0$ であるから上式が満足されるためには，

$$\left.\begin{array}{l}\overline{Or_1} = 0 \\ \overline{r_1 r} = 0\end{array}\right\} \tag{6.2}$$

すなわち，多数の力がつりあいにあれば，直角に交わる任意の 2 方向に分解された分力の代数和は，いずれも 0 である．

第6章 力のつりあい

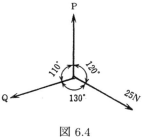

図 6.4

[例題1] 図 6.4 のように，3 力がつりあっているとき，2 力 P, Q の大きさを求めよ．

[解答1] (6.1) 式より

$$\frac{P}{\sin 130°} = \frac{Q}{\sin 120°} = \frac{25 \text{ N}}{\sin 110°}$$

$$\frac{P}{\sin 50°} = \frac{Q}{\sin 60°} = \frac{25 \text{ N}}{\sin 70°}$$

$$\frac{P}{0.766} = \frac{Q}{0.866} = \frac{25 \text{ N}}{0.9397}$$

$$\therefore P = \frac{0.766 \times 25 \text{ N}}{0.9397} \fallingdotseq \underline{20.38 \text{ N}} \text{（答）}$$

$$Q = \frac{0.866 \times 25 \text{ N}}{0.9397} \fallingdotseq \underline{23.04 \text{ N}} \text{（答）}$$

[別解] 図 6.5 のように 3 力の交点を原点 O として，OQ の方向を O_x，これに直角な方向を O_y とすれば，(3.3), (3.4) 式により，

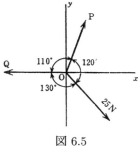

図 6.5

$$\overline{Or_1} = 25\ \text{N} \cos 50° + \text{P} \cos 70° - \text{Q}$$
$$= 25\ \text{N} \times 0.6428 + 0.342\ \text{P} - \text{Q}$$
$$= 16.07\ \text{N} + 0.342\ \text{P} - \text{Q}$$
$$\overline{r_1 r} = \text{P} \sin 70° - 25\ \text{N} \times \sin 50°$$
$$= 0.9397\ \text{P} - 25\ \text{N} \times 0.766$$
$$= 0.9397\ \text{P} - 19.15\ \text{N}$$

ゆえに, (6.2) 式から

$$16.07\ \text{N} + 0.342\ \text{P} - \text{Q} = 0 \tag{1}$$
$$0.9397\ \text{P} - 19.15\ \text{N} = 0 \tag{2}$$

(2) 式より,

$$\text{P} = \frac{19.15\ \text{N}}{0.9397} = \underline{20.38\ \text{N}} \tag{3}$$

(3) 式を (1) 式にすると,

$$\text{Q} = 16.07\ \text{N} + 0.342 \times 20.38\ \text{N} = \underline{23.04\ \text{N}}$$

[例題 2] 水平に張ってあるロープをスパンとして, その中点に重量物をつるすとき, ロープが強く張っている程切れやすい理由を述べよ.

[解答 2] 図 6.6 のように, ロープのなす角を 2α, 張力を T, T の合力 $CC' = W$ とすると,

$$CD = CC'/2 = T \cos \alpha$$
$$\therefore T = \frac{1}{2} W \times \frac{1}{\cos \alpha}$$

ゆえに, 上式より, ロープが強く張ると α が大となり, 分母 $\cos \alpha$ は小となる. したがって張力 T は大きくなるので切れやすい.

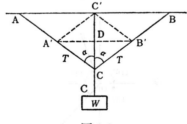

図 6.6

[例題 3] 図 6.7 に示すように, 両端を 2 点 A, B に結んだ一条の 1 点 C に 14.7 メガニュートン {1.5 キロトン重} の力を加えたところ, AC, BC は, それぞれ水平と 20° および 60° の角度をなした. 索 AC および BC にかかる張力を求めよ.

[解答 3] 図 6.8 に示すように,

第6章 力のつりあい

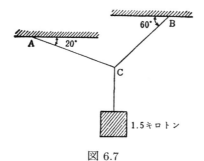

図 6.7

$\alpha = \angle ECW = \angle FWC = 180° - (90° + 20°) = 70°$
$\beta = \angle EWC = \angle WCF = 180° - (90° + 60°) = 30°$
$\gamma = \angle WEC = \angle WFC = 180° - (70° + 30°) = 80°$

△CEW において，(6.1) 式より，

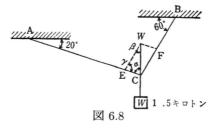

図 6.8

$$\frac{FC}{\sin\alpha} = \frac{EC}{\sin\beta} = \frac{CW}{\sin\gamma}$$

$$\therefore EC = CW \times \frac{\sin\beta}{\sin\gamma} = 14.7 \text{ MN} \times \frac{\sin 30°}{\sin 80°} \fallingdotseq \underline{7.47 \text{ MN}}\text{（答）}$$

$$FC = CW \times \frac{\sin\alpha}{\sin\gamma} = 14.7 \text{ MN} \times \frac{\sin 70°}{\sin 80°} \fallingdotseq \underline{14.02 \text{ MN}}\text{（答）}$$

[例題 4] 図 6.9 のように，2 本の等長のカーゴデリックを倉口上に均等に張り出し，倉口中央においた 3 トンの重量物を鉛直上方に巻き揚げる．このとき，2 本のカーゴホールのなす角 θ が 70° になったときのカーゴホールにかかる張力を求めよ（小数点以下 2 位まで）．また，この場合カーゴホールに直径 24 mm のワイヤロープを用いたときは，その安全使用力上 θ の最大限度は何度何分か．ただし，滑車の摩擦，カーゴホールの重量等は考慮しないものとし，ワイヤロープの強度を算出する場合の係数 K を 2.5 とする．

[解答 4]　(1) 張力を求める．図 6.10 において，△ACD における正弦法則 (6.1) より，

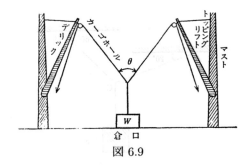

図 6.9

$\alpha = 70°/2 = 35°$, $\beta = \alpha = 35°$（二等辺三角形）
$\gamma = 180° - (35° + 35°) = 110°$, CD $= 3$ tf $= 29.4$ kN

$$\frac{AC}{\sin\beta} = \frac{CD}{\sin\gamma}$$

$$\therefore AC = BC = CD \times \frac{\sin\beta}{\sin\gamma} = 29.4 \text{ kN} \times \frac{\sin 35°}{\sin 110°}$$

$$= 29.4 \text{ kN} \times \frac{\sin 35°}{\sin 70°} = 29.4 \text{ kN} \times \frac{0.5736}{0.9397} = \underline{17.95 \text{ kN}}（答）$$

································（重力単位系）································

$$\frac{AC}{\sin\beta} = \frac{CD}{\sin\gamma}$$

$$\therefore AC = BC = CD \times \frac{\sin\beta}{\sin\gamma} = 3 \text{ tf} \times \frac{\sin 35°}{\sin 110°}$$

$$= 3 \text{ tf} \times \frac{\sin 35°}{\sin 70°} = 3 \text{ tf} \times \frac{0.5736}{0.9397} = \underline{1.83 \text{ tf}}（答）$$

··

(2) 最大角 θ を求める（船舶運用学の基礎 p.122 参照）．
　ワイヤロープの安全使用力 W は，

$$W = \frac{1}{6}K\left(\frac{D}{8}\right)$$

$$= \frac{1}{6} \times 2.5 \times \left(\frac{24}{8}\right)^2 = \frac{22.5}{6} = 3.75 \text{ tf} = 36.75 \text{ kN}$$

　3トンの重量が鉛直上方に巻き揚げられ，ワイヤロープの安全使用力と張力が等しくなるときの角度 θ を求めると図6.11の△ACDにおいて，正弦法則 (6.1) より，

第 6 章 力のつりあい

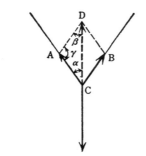

図 6.10

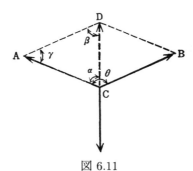

図 6.11

$$\frac{AC}{\sin \beta} = \frac{CD}{\sin(180° - \theta)}$$

AC = ワイヤロープの安全使用力

$\alpha = \beta = \theta/2$

$$\frac{36.75}{\sin \dfrac{\theta}{2}} = \frac{29.4}{\sin \theta} \tag{1}$$

$\sin 2A = \sin(A + A) = \sin A \cos A + \cos A \sin A$

$\therefore \sin 2A = 2 \sin A \cos A$

ここで，2A=θ とすると，A = θ/2

$$\sin \theta = 2 \sin \frac{\theta}{2} \cos \frac{\theta}{2} \tag{2}$$

(1) 式に (2) 式を代入すると，

$$\frac{36.75}{\sin\frac{\theta}{2}} = \frac{29.40}{2\sin\frac{\theta}{2}\cos\frac{\theta}{2}}$$

$$2\cos\frac{\theta}{2} = \frac{29.4}{36.75}$$

$$\cos\frac{\theta}{2} = \frac{29.4}{36.75 \times 2} = 0.4$$

$$\therefore \frac{\theta}{2} = 66°25'$$

$\theta = 132°50'$ 以下の角度で使用しなければならない(答)

3. デリックにおける力のつりあい

船舶において,デリック (derrick) の力に関する問題を解くときは,3力のつりあいとして求めることができる.

3.1 重量物を単につるした場合

この場合は,静止,同一平面でブーム等の重量を無視したものとする.
いま,図 6.12 において,

m : マスト (mast) の長さ
b : ブーム (boom) の長さ
ℓ : トッピングリフト (topping lift) の長さ
$\overline{CD} = \overline{EF} = W = $ 重量
$\overline{CE} = $ ブームの圧縮力（推圧力）
$\overline{CF} = \overline{DE} = $ トッピングリフトの張力
$\overline{CF} = \overline{BI}$
$\overline{BH} = $ ステー (stay) の圧縮力
$\overline{BJ} = $ マストの圧縮力

したがって,貨物の重量 $\overline{CD}(=W)$,ブームの加わる圧縮力 $\overline{CE}$,トッピングリフトに加わる張力 $\overline{CF}$ の3力はつりあいである.
△ABC と △EFC は相似形であるから,

$$\frac{\overline{CD}}{m} = \frac{\overline{CF}}{\ell} = \frac{\overline{CE}}{b}$$

第6章 力のつりあい

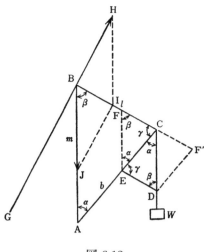

図 6.12

また，△EFC において，正弦法則（sin 比例）より，

$$\frac{\overline{CD}}{\sin\gamma} = \frac{\overline{CF}}{\sin\alpha} = \frac{\overline{CE}}{\sin\beta}$$

ゆえに，上の2式よりブームに加わる圧縮力 $\overline{CE}$ およびトッピングリフトの張力 $\overline{CF}$ は，

$$\overline{CE} = W \times \frac{b}{m} = W \times \frac{\sin\beta}{\sin\gamma} \quad (6.3)$$

すなわち，ブームに加わる圧縮力は，ブームの長さによって変化し，ブームの角度には関係がない．したがって，安全上長いブーム程強力な（直径大）ものを必要とする．

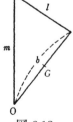

図 6.13

$$\overline{CF} = W \times \frac{\ell}{m} = W \times \frac{\sin\alpha}{\sin\gamma} \quad (6.4)$$

すなわち，ブームの角度 α が増加し，トッピングリフト ℓ が長くなる程トッピングリフトおよびステーの張力が増大し，それらの切断の危険が生じるので，

特に重量物の積卸しには，ブームの角度 α を小さくすると荷役作業が安全である．

なお，ブームの重量 w を考慮すれば，図 6.13 において，G をブームの重心とし，ブームの重心比例による w が，ブームの先端からつられているものとして W へ加えて計算する．

この場合，ブームに加わる圧縮力は (6.3) 式と同じであるが，トッピングリフトの張力 CF は，

$$\overline{\mathrm{CF}} = \left(W + \omega \frac{\overline{\mathrm{OG}}}{b}\right) \times \frac{\ell}{m} = \left(W + \omega \frac{\overline{\mathrm{OG}}}{b}\right) \times \frac{\sin\alpha}{\sin\gamma} \quad (6.5)$$

[例題] 図 6.14 のように，長さ 10 m のデリックブームの先端から 8 トンの荷物をつるした場合に，それぞれ下記を求めよ．ただし，トッピングリフトとデリックのなす角は 90°，ステーとマストのなす角は 30°，デリック下端と重量物との水平距離は 5 m で，デリック，マストおよびステーは同一平面にあり，ブームの重量は無視するものとする．

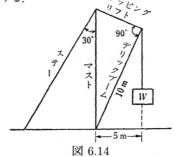

図 6.14

(1) ブームに加わる圧縮力
(2) トッピングリフトの張力
(3) ステーの張力
(4) マストの加わる圧縮力

[解答] 図 6.15 において，
∠ACB = ∠CKA = 90°, $\overline{\mathrm{AC}}$ = 10 m, $\overline{\mathrm{AK}}$ = 5 m, ∠ACK = ∠BAC = 30° である．

(1) ブームに加わる圧縮力
△ABC と △CDE は相似形であるので，次の関係がなりたつ．

第6章 力のつりあい

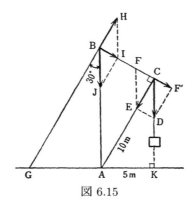

図 6.15

$$\overline{CD} : \overline{CE} = \overline{BA} : \overline{CA}$$
$$W : \overline{CE} = 2 : \sqrt{3}$$
$$\therefore \overline{CE} = W \times \frac{\sqrt{3}}{2} = (8 \text{ t} \times 9.8 \text{ m/s}^2) \times \frac{\sqrt{3}}{2}$$
$$= 78.4 \text{ kN} \times \frac{\sqrt{3}}{2} = \underline{67.9 \text{ kN}}(答)$$

............................（重力単位系）............................

$$\overline{CE} = W \times \frac{\sqrt{3}}{2} = 8 \text{ tf} \times \frac{\sqrt{3}}{2} \fallingdotseq \underline{6.93 \text{ tf}}(答)$$

(2) トッピングリフトの張力

$$\overline{CD} : \overline{CF} = \overline{BA} : \overline{CB}$$
$$W : \overline{CF} = 2 : 1$$
$$\therefore \overline{CF} = \frac{1}{2}W = \frac{1}{2} \times 78.4 \text{ kN} = \underline{39.2 \text{ kN}}(答)$$

............................（重力単位系）............................

$$\therefore \overline{CF} = \frac{1}{2}W = \frac{1}{2} \times 8 \text{ tf} = \underline{4 \text{ tf}}(答)$$

(3) ステーの張力

$$\overline{BH} : \overline{BI} = \overline{CA} : \overline{CB} \ (BI = CF)$$
$$\overline{BH} : 39.2 \text{ kN} = \sqrt{3} : 1$$
$$\therefore \overline{BH} = 39.2 \text{ kN} \times \sqrt{3} \fallingdotseq \underline{67.9 \text{ kN}}(答)$$

（図より，マストに加わる圧縮力と等しい力である）

............................（重力単位系）............................

$$\therefore \overline{\mathrm{BH}} = 4 \text{ tf} \times \sqrt{3} \fallingdotseq \underline{6.93 \text{ tf}} (答)$$

(4) マストに加わる圧縮力

$$\overline{\mathrm{BJ}} : \overline{\mathrm{BI}} = \overline{\mathrm{BA}} : \overline{\mathrm{BC}}$$
$$\overline{\mathrm{BJ}} : 39.2 \text{ kN} = 2 : 1$$
$$\therefore \overline{\mathrm{BJ}} = 39.2 \text{ kN} \times 2 = \underline{78.4 \text{ kN}} (答)$$

.... (重力単位系) ....

$$\therefore \overline{\mathrm{BJ}} = 4 \times 2 = \underline{8 \text{ tf}} (答)$$

3.2 カーゴホールをブームに沿わせて巻く場合

この場合は,ブームの圧縮力と同方向にカーゴホールの引手 P の力が加わるので,ブームの圧縮力は前項の静止の場合より P だけ増加するがトッピングリフト張力 CF には影響しない.いま,図 6.16 において,

$\overline{\mathrm{CD}} = \overline{\mathrm{NH}} = W = $ 重量

$\overline{\mathrm{CN}} = P = $ 引く力

$\overline{\mathrm{CH}} = P$ と W の合成力で,この力が滑車 C に加わる.

$\overline{\mathrm{CK}} = $ ブームに加わる圧縮力

$\overline{\mathrm{CF}} = \overline{\mathrm{KH}} = $ トッピングリフトの張力

したがって,P と W の合力 $\overline{\mathrm{CH}}$ を,さらにトッピングリフトとブームの方向へ分解した $\overline{\mathrm{CK}}$, $\overline{\mathrm{CF}}(=\overline{\mathrm{KH}})$ が求める力である.

△ABC と △NHK は相似形であるから,

$$\frac{\overline{\mathrm{CD}}}{m} = \frac{\overline{\mathrm{KH}}}{\ell} = \frac{\overline{\mathrm{KN}}}{b}$$

また,△NHK において,正弦法則 (sin 比例) より,

$$\frac{\overline{\mathrm{CD}}}{\sin \gamma} = \frac{\overline{\mathrm{KH}}}{\sin \alpha} = \frac{\overline{\mathrm{KN}}}{\sin \beta}$$

ゆえに,上の 2 式よりトッピングリフトの張力 $\overline{\mathrm{CF}}$

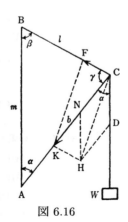

図 6.16

第 6 章 力のつりあい

は，次のような式となる．

$$\overline{\mathrm{CF}} = W \times \frac{\ell}{m} = W \times \frac{\sin \alpha}{\sin \gamma}. \tag{6.6}$$

すなわち，静止の場合の (6.4), (6.5) 式と同様である．
また，

$$\overline{\mathrm{KN}} = W \times \frac{b}{m} = W \times \frac{\sin \beta}{\sin \gamma}$$

ゆえに，ブームに加わる圧縮力 $\overline{\mathrm{CK}} = \overline{\mathrm{CN}} + \overline{\mathrm{KN}}$ のため $\overline{\mathrm{CN}} = P$ と上式から，

$$\overline{\mathrm{CK}} = P + W \times \frac{b}{m} = P + W \times \frac{\sin \beta}{\sin \gamma} \tag{6.7}$$

ここで，P はテークルの摩擦を無視したときは，

$$P = \frac{W}{N}$$

テークルの摩擦のあるとき，すなわち，実倍力を用いる場合は，

$$P = \frac{W(10 + m)}{10n}$$

となり，このことは，次の P と W の合成力 $\overline{\mathrm{CH}}$ を求める場合にも適用される（船舶運用学の基礎 p. 132 参照）．

すなわち，滑車 C に加わる合成力 $\overline{\mathrm{CH}}$ は，

$$\overline{\mathrm{CH}} = \sqrt{P^2 + W^2 + 2PW \cos \alpha} \tag{6.8}$$

で与えられる．

[例題] マストの長さ 8 m，ブームの長さ 10 m，マスト下端と重量物との水平距離が 5 m となるような荷役装置において，5 トンの荷物をつったとき，および 4 倍力のツーホールドパーチャス (twofold purchase) を用いて，ブームに沿って巻いたときの各場合におけるトッピングリフトおよびブームに加わる力ならびに合成力を求めよ．ただし，同一平面で重量は考えない．

[解答] 図 6.17 において，AB と CD は平行なのでピタゴラスの定理により，

$$\cos \alpha = \frac{\mathrm{CD}}{\mathrm{AC}} = \frac{\sqrt{10^2 - 5^2}}{10} \fallingdotseq 0.866$$

次に余弦定理 (3.1) より，

$$\ell = \sqrt{m^2 + b^2 - 2mb \cos \alpha}$$
$$= \sqrt{(8 \text{ m})^2 + (10 \text{ m})^2 - 2 \times 8 \text{ m} \times 10 \text{ m} \times 0.866} \fallingdotseq 5.044 \text{ m}$$

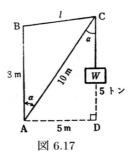

図 6.17

(1) 単に荷物をつった場合：

$$\text{トッピングリフトの張力} = W \times \frac{\ell}{m}$$
$$= 5 \text{ t} \times 9.8 \text{ m/s}^2 \times \frac{5.044}{8} \fallingdotseq \underline{30.9 \text{ kN}} \text{(答)}$$

$$\text{ブームに加わる圧縮力} = W \times \frac{b}{m}$$
$$= 5 \text{ t} \times 9.8 \text{ m/s}^2 \times \frac{10}{8} = \underline{61.25 \text{ kN}} \text{(答)}$$

............................（重力単位系）............................

$$\text{トッピングリフトの張力} = W \times \frac{\ell}{m}$$
$$= 5 \text{ tf} \times \frac{5.044}{8} \fallingdotseq \underline{3.15 \text{ tf}} \text{(答)}$$

$$\text{ブームに加わる圧縮力} = W \times \frac{b}{m}$$
$$= 5 \text{ tf} \times \frac{10}{8} = \underline{6.25 \text{ tf}} \text{(答)}$$

....

(2) ブームに沿って巻いた場合：
　この場合，トッピングリフトの張力は単につった場合と同一であるので，(6.4), (6.6) 式に従い <u>30.9 kN</u> である(答)．
次に，4 倍力のツーホールドパーチェスの $m=4, n=4$ として実倍力公式より，

$$P = \frac{W(10+m)}{10n} = 49 \text{ kN} \times \frac{10+4}{10 \times 4} = 17.15 \text{ kN}$$

ゆえに，(6.7) 式より，

$$\text{ブームに加わる圧縮力} = P + W \times \frac{b}{m}$$
$$= 17.15 \text{ kN} + 49 \text{ kN} \times \frac{10}{8} = \underline{78.4 \text{ kN}} \text{(答)}$$

(6.8) 式より滑車 C に加わる合成力は，

第 6 章 力のつりあい

$$\text{合成力} = \sqrt{P^2 + W^2 + 2PW\cos\alpha}$$
$$= \sqrt{17.15^2 + 49^2 + 2 \times 17.15 \times 49 \times 0.866}$$
$$= \underline{64.4 \text{ kN}}(答)$$

............................(重力単位系)............................

この場合,トッピングリフトの張力は単につった場合と同一であるので,(6.4),(6.6) 式に従い <u>3.15 tf</u> である(答).

次に,4 倍力のツーホールドパーチェスの $m = 4, n = 4$ として実倍力公式より,

$$P = \frac{W(10+m)}{10n} = 5 \text{ tf} \times \frac{10+4}{10 \times 4} = 1.75 \text{ tf}$$

ゆえに,(6.7) 式より,

$$\text{ブームに加わる圧縮力} = P + W \times \frac{b}{m}$$
$$= 1.75 \text{ tf} + 5 \times \frac{10}{8} = \underline{8 \text{ tf}}(答)$$

(6.8) 式より滑車 C に加わる合成力は,

$$\text{合成力} = \sqrt{P^2 + W^2 + 2PW\cos\alpha}$$
$$= \sqrt{(1.75 \text{ tf})^2 + (5 \text{ tf})^2 + 2 \times 1.75 \text{ tf} \times 5 \text{ tf} \times 0.866}$$
$$= \underline{6.57 \text{ tf}}(答)$$

....

3.3 カーゴホールをトッピングリフトに沿わせて巻く場合

この場合は,トッピングリフトの張力の方向と引手の力 P の方向とが相反するので,トッピングリフトの張力は,前項の静止の場合より P だけ減少し,ブームの圧縮力 $\overline{CE}$ には影響しない.

いま,図 6.18 において,

$\overline{CD} = \overline{EF} = \overline{HK} = W = $ 重量

$\overline{CK} = P = $ 引く力

$\overline{CH} = P$ と W の合成力で滑車 C に加わる力

$\overline{CE} = $ ブームに加わる圧縮力

$\overline{EH} = \overline{FK} = \overline{CG} = $ トッピングリフトの張力

したがって,P と W の合成力 $\overline{CH}$ を,さらに,トッピングリフトとブームの方向へ分解した $\overline{CE}$,$\overline{CG} (= \text{EH})$ が求める力である.

△ABC,△EFC,△CDE は相似形であるから,

$$\frac{\overline{CD}}{m} = \frac{\overline{CF}}{\ell} = \frac{\overline{CE}}{b}$$

また，△EFC において，sin 比例より，

$$\frac{W}{\sin \gamma} = \frac{\overline{CF}}{\sin \alpha} = \frac{\overline{CE}}{\sin \beta}$$

ゆえに，上の2式より，ブームに加わる圧縮力 $\overline{CE}$ は，

$$\overline{CE} = W \times \frac{b}{m} = W \times \frac{\sin \beta}{\sin \gamma} \quad (6.9)$$

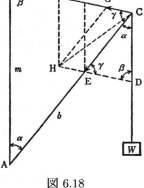

図 6.18

すなわち，静止の場合の (6.3) 式と同様である．

また，

$$\overline{CF} = W \times \frac{\ell}{m} = W \times \frac{\sin \alpha}{\sin \gamma}$$

ゆえに，トッピングリフトの張力 $\overline{EH} = \overline{CK} - \overline{CF}$ であるから $\overline{CK} = P$ と上式から，トッピングリフトの張力 $\overline{EH}$ は

$$\overline{EH} = P - W \times \frac{\ell}{m} = P - W \times \frac{\sin \alpha}{\sin \gamma} \quad (6.10)$$

この式における P は，(6.7) 式と同様な値である．またブームの重量を考慮する場合は (6.5) 式のように $\left(W + \omega \frac{\overline{OG}}{b}\right)$ でもって計算する．

なお，$\overline{EH}$ の正，負は，単に力の大きさを示す．すなわち，合成力がブームの内方か外方かを示すものである．

次に P と W の合成力，すなわち，滑車 C に加わる力 $\overline{CH}$ は，

$$\overline{CH} = \sqrt{P^2 + W^2 - 2PW \cos \beta}$$
$$= \sqrt{P^2 + W^2 + 2PW \cos(\alpha + \gamma)} \quad (6.11)$$

[例題] マストの長さ 10 m，ブームの長さ 8 m，トッピングリフトの長さ 6 m の荷役装置において，荷重 6 トンをデリック頂端からトッピングリフトに沿ってカーゴホールを導いて巻き揚げる場合の圧縮力およびトッピングリフトの張力を求めよ．ただし単滑車とし摩擦を無視する．

第6章 力のつりあい

[解答]

$$\text{デリックの圧縮力} = W \times \frac{b}{m}$$
$$= 60 \text{ tf} \times 9.8 \text{ m/s}^2 \times \frac{8}{10} = 58.8 \text{ kN} \times \frac{8}{10} = \underline{47.04 \text{ kN}}(答)$$

$$\text{トッピングリフトの張力} = P - W \times \frac{\ell}{m}$$
$$= 58.8 \text{ kN} - 58.8 \text{ kN} \times \frac{6}{10} = \underline{23.52 \text{ kN}}(答)$$

............................（重力単位系）............................

$$\text{デリックの圧縮力} = W \times \frac{b}{m} = 6 \text{ tf} \times \frac{8}{10} = \underline{4.8 \text{ tf}}(答)$$

$$\text{トッピングリフトの張力} = P - W \times \frac{\ell}{m}$$
$$= 6 \text{ tf} - 6 \text{ tf} \times \frac{6}{10} = \underline{2.4 \text{ tf}}(答)$$

....

3.4 加速度により揚げまたは卸す場合

荷重を揚げまたは卸す場合に (2.5) 式の $f = w\alpha/g$ より，この力 f が重力加速度に作用するので，次式がカーゴワイヤにかかる力となる．

揚げるとき，$W + \dfrac{W}{g}\alpha$

卸すとき，$W - \dfrac{W}{g}\alpha$

[例題] 0.4 トンの荷重を，毎秒 20 cm の加速度で巻き揚げる場合と卸す場合のカーゴワイヤにかかる力を求めよ．

[解答]

$$\text{揚げるときの力} = W + \frac{W}{g}\alpha$$
$$= 0.4 \text{ tf} \times 9.8 \text{ m/s}^2 + \frac{0.4 \text{ tf} \times 9.8 \text{ m/s}^2}{9.8 \text{ m/s}^2} \times 0.2 \text{ m/s}^2$$
$$= 3.92 \text{ kN} + \frac{3.92 \text{ kN}}{9.8 \text{ m/s}^2} \times 0.2 \text{ m/s}^2 \fallingdotseq \underline{4 \text{ kN}}(答)$$

$$\text{卸すときの力} = W - \frac{W}{g}\alpha$$
$$= 3.92 \text{ kN} - \frac{3.92 \text{ kN}}{9.8 \text{ m/s}^2} \times 0.2 \text{ m/s}^2 \fallingdotseq \underline{3.84 \text{ kN}}(答)$$

............................（重力単位系）............................

$$揚げるときの力 = W + \frac{W}{g}\alpha$$
$$= 0.4 \text{ tf} + \frac{0.4 \text{ tf}}{9.8 \text{ m/s}^2} \times 0.2 \text{ m/s}^2$$
$$\fallingdotseq \underline{0.408 \text{ tf}}(答)$$

$$卸すときの力 = W - \frac{W}{g}\alpha$$
$$= 0.4 \text{ tf} - \frac{0.4 \text{ tf}}{9.8 \text{ m/s}^2} \times 0.2 \text{ m/s}^2$$
$$\fallingdotseq \underline{0.392 \text{ tf}}(答)$$

4. モーメントのつりあい

物体の運動は，移動，回転運動または両者の合成である．移動は力によって生じ，回転運動は力のモーメントによって生ずる．

いま，図 6.19 のように，多数の力 $P_1, P_2, P_3 \cdots$ が 1 物体に作用する場合，任意の 1 点 O に対するそれらの力のモーメントをそれぞれ $M_1, M_2, M_3 \cdots$ とすれば，これらのモーメントは O に右回りか，あるいは左回りの回転を与える．

ゆえに，この物体が回転しないためには，力のモーメントがつりあいにあることで次式で与えられる．

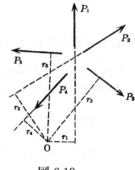

図 6.19

$$M_1 + M_2 + M_3 + \cdots = 0$$

また，任意の点 O から，それらの 5 力の方向に引いた垂線の脚の長さを順次 r_1, r_2, r_3, r_4, r_5 とすれば，

$$P_1 r_1 - P_2 r_2 - P_3 r_3 + P_4 r_4 + P_5 r_5 = 0$$

いま，これらの 5 力がつりあいにあるとき，そのうち任意の 1 力 P_5 は他の 4 力 P_1, P_2, P_3, P_4 のつりあわせ力で，

$$M_1 + M_2 + M_3 + M_4 = -M_5$$

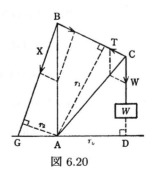

図 6.20

上式の左辺は4力のモーメントの代数和であり，右辺の M_5 はこの4力のつりあわせ力 P_5 のモーメントである．

すなわち，任意の点に対する多数の力のモーメントの代数和はそれらの合力のモーメントに等しい．

図 6.20 のデリックにおいて，荷重 W，トッピングリフトの張力 T，ステーの張力 X の方向にマストの下端 A から垂線をおろし，その脚の長さを順次 r_0, r_1, r_2 とすれば，それぞれの力のモーメントはつりあっているので，次式がなりたつ．

$$W \times r_0 = T \times r_1 = X \times r_2$$

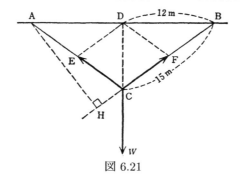

図 6.21

[例題 1] 長さ 30 m，直径 24 mm のワイヤロープを，24 m 離れた同じ高さのマストに結ぶとする．このとき，ワイヤロープの中点に荷重するときに安全にかけられる重量はいくらか．ただし，ワイヤロープの安全使用力を重力単位系で $(D/8)^2/2$ とする（D はワイヤロープの直径）．

[解答 1] また，

$$\left. \begin{array}{l} \overline{AC} = \overline{BC} = 15 \text{ m} \\ \overline{AD} = \overline{BD} = 12 \text{ m} \\ \overline{DC} = \sqrt{BC^2 - BD^2} = \sqrt{(15 \text{ m})^2 - (12 \text{ m})^2} = 9 \text{ m} \end{array} \right\} \quad (1)$$

CF の延長線と A 点から，その線に引いた垂線との交点を H とすると，△ABH と △CBD は相似形であるから，

$$\frac{\overline{AH}}{\overline{AB}} = \frac{\overline{CD}}{\overline{CB}}$$

$$\therefore \overline{AH} = \frac{\overline{AB} \times \overline{CD}}{\overline{CB}} = \frac{24 \text{ m} \times 9 \text{ m}}{15 \text{ m}} = 14.4 \text{ m}$$

$$CE = CF = \frac{(24/8)^2}{2} = 4.5 \text{ tf} = 44.1 \text{ kN}$$

CE の延長線 A を原点とするモーメントは，

$$\overline{\mathrm{CF}} \times \overline{\mathrm{AH}} = W \times \overline{\mathrm{AD}}$$

$$\therefore W = \frac{\overline{\mathrm{CF}} \times \overline{\mathrm{AH}}}{\overline{\mathrm{AD}}} = \frac{44.1 \text{ kN} \times 14.4 \text{ m}}{12 \text{ m}} = \underline{52.92 \text{ kN}}(\text{答})$$

……………………………（重力単位系）……………………………

$$\therefore W = \frac{\overline{\mathrm{CF}} \times \overline{\mathrm{AH}}}{\overline{\mathrm{AD}}} = \frac{4.5 \text{ tf} \times 14.4 \text{ m}}{12 \text{ m}} = \underline{5.4 \text{ tf}}(\text{答})$$

[**例題 2**] ブーム ($b = 12$ m, $w = 1$ t) とマスト ($m = 12$ m) とのなす角が 50° の荷役装置において，2トンの荷物をつるとき，トッピングリフトの張力，ブームに加わる圧縮力およびグースネックに加わる力の大きさと方向を求めよ．

[**解答 2**] 図 6.22 において，

T：トッピングリストの張力
R：グースネックに加わる力
Q：ブームに加わる圧縮力

とすれば，図 6.23 のように 3 力 $W + w, T, R$ は，つりあっているので，次式がなりたつ．

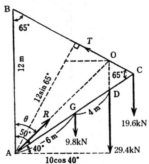

図 6.22

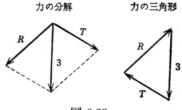

図 6.23

水平方向（x 軸方向）の力のつりあい：

$$R \sin \theta = T \cos 25° \tag{1}$$

第 6 章 力のつりあい

垂直方向（y 軸方向）の力のつりあい：
$$R\cos\theta = (3\text{ t} \times 9.8\text{ m/s}^2) - T\sin 25° \tag{2}$$
A 点のまわりの力のモーメントのつりあい：
$$(3\text{ t} \times 9.8\text{ m/s}^2) \times 10\text{ m} \times \cos 40° = T \times 12\text{ m} \times \sin 65° \tag{3}$$
$$\therefore T = \frac{29.4\text{ kN} \times 10\text{ m} \times \cos 40°}{12\text{ m} \times \sin 65°}$$
$$\fallingdotseq \underline{20.68\text{ kN}}(\text{答}) \cdots \text{トッピングリフトの張力}$$
また，(1) 式を (2) 式で割ると，
$$\tan\theta = \frac{T\cos 25°}{29.4\text{ kN} - T\sin 25°}$$
$$= \frac{20.68\text{ kN} \times \cos 25°}{29.4\text{ kN} - 20.68\text{ kN} \times \sin 25°} \fallingdotseq 0.9070$$
$$\therefore \theta = \underline{42°12'}(\text{答}) \cdots \text{グースネックに加わる力の方向}$$
(1) 式より，
$$R = \frac{T\cos 25°}{\sin\theta} = \frac{20.68\text{ kN} \times \cos 25°}{\sin 42°12'}$$
$$\fallingdotseq \underline{27.8\text{ kN}}(\text{答}) \cdots \text{グースネックの力}$$
次に，図 6.24 においてサイン比例より，
$$\frac{Q}{\sin 42°12'} = \frac{27.8\text{ kN}}{\sin 130°}$$
$$\therefore Q = 27.8\text{ kN} \times \frac{\sin 42°12'}{\sin 130°} \fallingdotseq \underline{24.4\text{ kN}}(\text{答}) \cdots \text{ブームの圧縮力}$$

$\cdots\cdots\cdots\cdots\cdots\cdots\cdots\cdots\cdots\cdots\cdots$（重力単位系）$\cdots\cdots\cdots\cdots\cdots\cdots\cdots\cdots\cdots\cdots\cdots$

水平方向（x 軸方向）の力のつりあい：
$$R\sin\theta = T\cos 25° \tag{1}$$
垂直方向（y 軸方向）の力のつりあい：
$$R\cos\theta = 3\text{ tf} - T\sin 25° \tag{2}$$
A 点のまわりの力のモーメントのつりあい：
$$3\text{ tf} \times 10\text{ m} \times \cos 40° = T \times 12\text{ m} \times \sin 65° \tag{3}$$
$$\therefore T = \frac{3\text{ tf} \times 10\text{ m} \times \cos 40°}{12\text{ m} \times \sin 65°}$$
$$\fallingdotseq \underline{2.11\text{ tf}}(\text{答}) \cdots \text{トッピングリフトの張力}$$
また，(1) 式を (2) 式で割ると，
$$\tan\theta = \frac{T\cos 25°}{3\text{ tf} - T\sin 25°} = \frac{2.11\text{ tf} \times \cos 25°}{3\text{ tf} - 2.11\text{ tf} \times \sin 25°}$$
$$\fallingdotseq 0.9070$$
$$\therefore \theta = \underline{42°12'}(\text{答}) \cdots \text{グースネックに加わる力の方向}$$
(1) 式より，

$$R = \frac{T\cos 25°}{\sin \theta} = \frac{2.11 \text{ tf} \times \cos 25°}{\sin 42°12'}$$
$$≒ \underline{2.85 \text{ tf}}(答) \cdots グースネックの力$$

次に，図 6.24 においてサイン比例より，

$$\frac{Q}{\sin 42°21'} = \frac{2.85 \text{ tf}}{\sin 130°}$$
$$\therefore Q = 2.85 \text{ tf} \times \frac{\sin 42°12'}{\sin 130°}$$
$$≒ \underline{2.50 \text{ tf}}(答) \cdots ブームの圧縮力$$

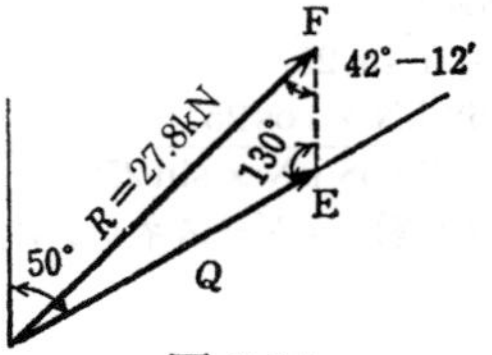

図 6.24

5. 斜面のつりあい

図 6.25 において，水平面 AB と θ の角をなす AC のなめらかな斜面上に，重量 W の物体をのせ，斜面と γ の角をなす方向に力を加えてこれを支える場合，物体に働く力 F と鉛直下方に向かう重量 W および斜面 AC に垂直な抗力 N の3力が，つりあっていることになるので，サイン比例の (6.1) 式より，

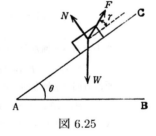

図 6.25

$$\frac{F}{\sin (180° - \theta)} = \frac{W}{\sin (90° - \gamma)}$$
$$\therefore F = \frac{W \sin \theta}{\cos \gamma}$$

特別の場合として，水平方向の力で支えるとき，たとえば，図 6.26 のように汽車，電車などが曲線路上を走るときは，遠心力 F_c が外方の水平に働き，それと地面の抗力 N および重量 W の3力が，つりあいを保つ．

したがって，水平方向と垂直方向に分解すれば，(6.2) 式から，

$$F_c - N\sin\theta = 0$$
$$W - N\cos\theta = 0$$
$$\frac{\cos\theta}{\sin\theta} = \frac{F_c}{W} = \tan\theta$$
$$\therefore F_c = W\tan\theta$$

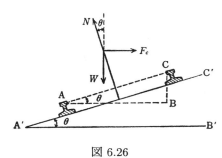

図 6.26

いま，曲線路の半径を r とし，列車の速度を v とすれば (5.7) 式から遠心力 F_c は，

$$F_c = \frac{W}{g}\frac{v^2}{r}$$

上の 2 式から，

$$\tan\theta = \frac{v^2}{gr}$$

また，△ABC において

$$\tan\theta = \frac{\overline{BC}}{\overline{AB}}$$
$$\frac{v^2}{gr} = \frac{\overline{BC}}{\overline{AB}}$$
$$\therefore \overline{BC} = \frac{v^2}{gr} \times \overline{AB} \tag{6.12}$$

実際には θ はきわめて小角であるから，$\overline{AB}$ は $\overline{AC}$（ゲージ）に等しいとして差支えないので，次のような式でもよい．この式から列車の速度と曲線路の状況を考慮して斜面の状態を保ち，この個所での安全を確保している．

$$\overline{BC} = \frac{v^2}{gr} \times \overline{AC}$$

6. 平行力のつりあい

6.1 同一方向のとき

物体に作用する力が，総て平行で，それらがつりあいにあるならば，力の多角形は折り重なって1直線となる．

図 6.27 において，F_1, F_2, R の3力はつりあいにあり，これらの方向は平行で力の多角形は1直線に折り重なる．ゆえに，次式となる．

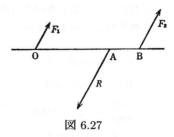

図 6.27

$$R = F_1 + F_2$$

まず，B点で力のモーメントをとれば，

$$\overline{AB} \times R = \overline{OB} \times F_1$$

次に，O点で力のモーメントをとれば，

$$\overline{OA} \times R = \overline{OB} \times F_2$$

上の3式より，

$$\left. \begin{array}{l} F_1 = \dfrac{\overline{AB} \times R}{\overline{OB}} = \dfrac{\overline{AB} \times (F_1 + F_2)}{\overline{OB}} \\[2ex] F_2 = \dfrac{\overline{OA} \times R}{\overline{OB}} = \dfrac{\overline{OA} \times (F_1 + F_2)}{\overline{OB}} \end{array} \right\}$$

6.2 反対方向のとき

図 6.28 において，F_1 と F_2 が方向反対のとき，

$$R = F_1 - F_2 \quad (F_1 > F_2).$$

まず，B点で力のモーメントをとれば，

$$\overline{AB} \times R = \overline{OB} \times F_1$$

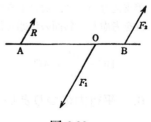

図 6.28

次に，O点で力のモーメントをとれば，

第 6 章 力のつりあい

$$\overline{OA} \times R = \overline{OB} \times F_2$$

上式より

$$\left.\begin{array}{l} F_1 = \dfrac{\overline{AB} \times R}{\overline{OB}} = \dfrac{\overline{AB} \times (F_1 - F_2)}{\overline{OB}} \\[2mm] F_2 = \dfrac{\overline{OA} \times R}{\overline{OB}} = \dfrac{\overline{OA} \times (F_1 - F_2)}{\overline{OB}} \end{array}\right\} \quad (6.13)$$

[練習問題]

【1】 水平な天井のA, B2点より, 長さ3m, および2mのロープの下端を結び, そこに質量25 kgの物体をつるしたとき, ロープの張力を求めよ. ただしABの距離は4mである.

【2】 ある1点にSへ8N, NEへ15N, S30°Eへ18Nの3力と, 他の1力がつりあいにあるとき, 他の1力の大きさと方向を求めよ.

【3】 長さ25mのロープを, 水平なA, Bの2点に結び, B点よりロープの長さ10mの箇所に2トンをつるしたところ, B点において水平面より30°の角度となった. ロープにかかる各力を求めよ.

【4】 図6.29のように, 5トンの重量を喧嘩巻きしたときのAC, BCに加わる張力を求めよ. ただし$\sin 75° = 0.966$.

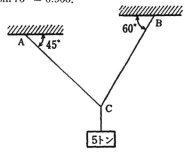

図6.29

【5】 図6.30に示すように, 両端を2点A, Bに結んだ1本のロープの1点Cに2トンの重量を下げたところ, AC, BCは, それぞれ水平方向と25°および50°の角度をなした. ロープACおよびBCにかかる張力を求めよ.

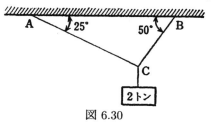

図6.30

【6】 長さ12mのブームがトッピングリフトとのなす角90°で, 10トンをつるしたときトッピングリフトに加わる張力を求めよ. ただし重量物はブームの下端から水平距離6mのところにあり, ブームの重量は無視する.

【7】 ヤードと30°の角をなすリフトでヤードを水平にするとき, リフトバンドに1.5トンの重量物をつるすとしたらリフトの張力はいくらか.

第6章 力のつりあい　　　　　　　　　　　　　　　　　　　　　　　　　89

【8】 デリックの長さ12 m, テークルは下端から水平距離7 mのところにかかり, トッピングリフトとデリックとのなす角が80°でテークルに1.5トンをつるしたとき, トッピングリフトの張力を求めよ.

【9】 長さ70 m, 周2インチのワイヤロープの両端を水平距離50 m離れた同じ高さのデリックヘッドA, Bに結び, A点から30 mの点Cに貨物をつるとき, ワイヤロープの切断しない範囲の最大重量を求めよ.

【10】 49キロニュートン{5トン重}の風圧を正船首に受けて双錨泊をなす場合, 両舷錨のなす角度が下記のとき, 単錨鎖の係駐力を求めよ.

(1) 平行のとき (2) 60°のとき (3) 90°のとき
(4) 120°のとき

(船舶運用学の基礎 p.188 参照)

【11】 デリックブームの端に重量物をかけつるした場合, ブームに加わる力はブームとマストとの間の角には関係なく, ブームの長さによって変化し, また重量物の積卸しにはブームの角度を小さくして用いるのが安全である理由を述べよ.

【12】 マストの長さ12 m, トッピングリフトの長さ7 m, ブームの長さ15 mの荷役装置に5トンの重量をデリック頂端からつるす. このとき, トッピングリフトの張力およびブームの圧縮力を求めよ.

【13】 前問において, ブームの質量を1.5トンとすれば, トッピングリフトの張力およびブームの圧縮力を求めよ.

【14】 ブームの長さ12 mで, テークルはブームの下端から水平距離6 mのところにかかり, トッピングリフトとブームとのなす角が60°であるとき, 10トンをつるした場合, トッピングリフトの張力を求めよ.

【15】 デリックを水平に対し60°の方向に上げ, その頂端から10トンの荷物をつるし. トッピングリフトとデリックとのなす角は90°で長さ12 mのマスト(トッピングリフト取付点)から30°の方向にガイを取り付ければ, このガイの張力はいくらか. ただしこれらは同一平面にある.

【16】 図6.31のように, テークルに荷重をかけた場合のトッピングリフトの張力およびブームに加わる圧縮力を求めよ(対数表を使用のこと).

【17】 長さ12 mのブームを振り出し, その頂端からブームに沿って5トンの重量を巻き揚げるとき, 頂端の滑車に働く力を求めよ. ただし, 単滑車を用い, 摩擦を無視する. なお, 頂端は船体中心線から水平距離6 mとする.

【18】 図6.32において, 10トンの荷物をつってトッピングリフトにガンテークルを使用したとき, Bの滑車をとおして支える力を求めよ. ただし, 摩擦は荷重の1割とする.

【19】 図6.33に示すように, マストと30°の角度をなすようにデリックを固定し, Aガンテークルを用い, カーゴデリックをデリックに沿わせ, Bブロックからウインチまで水平に導いた装置で質量2トンの貨物をつりあげた場合に, ウインチおよびBブロックに加わる応力を概算せよ. ただし, カーゴフォール等貨物以外の重量は考慮しないで滑車のシーブ1個につき貨物重量の1/10の抵抗があるものとする.

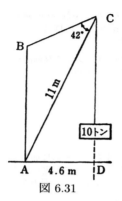

図 6.31

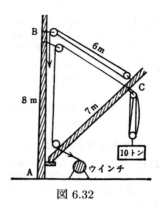

図 6.32

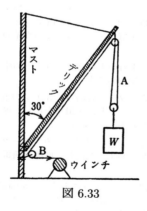

図 6.33

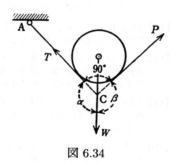

図 6.34

第 6 章 力のつりあい

- **【20】** 図 6.34 のように，W の荷重をつった滑車にロープをかけてそれを支え，ロープの 1 端 A を天井に結び，他端を力 P で引き，C 点においてロープのなす角が 90° で静止状態の場合に W と P との関係を求めよ．
- **【21】** ゲージ (gauge) 1.5 m，半径 600 m のカーブのレール上を汽車が 20 m/s の速度で走るためには，外レールを内レールより何 mm 高くすれば安全か．
- **【22】** ゲージ 1.118 m，内外レール高さ 38 mm にして半径 300 m の曲線路上を安全に走る最大時速を求めよ．
- **【23】** 長さ 6 m の棒の 1 端 A に荷重 W をおき，他端 B に 2 kg の荷重をおいて，その中間で支えたとき，この棒は水平を保ち，次に支点を 3 m 移動させ B に 20 kg をおいたところ，この棒は再び水平を保った．荷重 W と支点の圧力の反力を求めよ．ただし，棒の重さは無視する．
- **【24】** 長さ 4 m の棒を地上に垂直に立て，その頂点にロープを結び，水平面と 45° の角をなす方向に 588 N {60 kgf} の力で引いた．このとき，他のロープを地上 1.5 m の高さで棒に結び，それを水平方向に引き，棒を直立のままにするため，このロープに作用する張力を求めよ．
- **【25】** 船の長さ 300 m，浮面心が船体中央より後方 12 m の船において 5 トンの重量を船首前端の後方 10 m に移動したときと同様のトリムを与えるには船体中央より前方 13 m の所にどれだけ重量を移動したらよいか．
- **【26】** 図 6.35 のように，AC および BD 2 本の索を浮標にとって，船首尾を係留している船がある．いま，この船が矢符の方向から 122.5 キロニュートン {12.5 トン重} の風圧を受けた場合，係留索 AC および BD に加わる張力を求めよ．ただし，風向および係留索が船首尾線とのなす角はそれぞれ 75°, 20°, 25° とする．

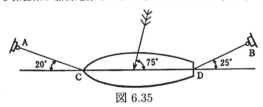

図 6.35

- **【27】** 図 6.36 のように，AC および BD の 2 本の索を浮標にとって船首尾を係留している船が，矢符の方向から 11.76 メガニュートン {1200 キロトン重} の風圧を受けた場合の係留索 AC および BD に加わる張力を求めよ．ただし，風向および係留索が船首尾線となす角は，それぞれ 80°, 35° および 25° である．

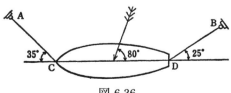

図 6.36

第7章 摩擦

1. 摩擦力

2つの物体が互いに相接触してすれあっている場合に，接触面に沿って相互の運動に抵抗する力を生ずる．この抵抗力を摩擦力 (friction force) という．固体間の摩擦には，以下のような区別がある．

1.1 静止摩擦力

物体をある面に沿って運動させようとするとき，その運動に抵抗する力が生じ，小さな力では運動をさせられない．これは物体と面との間に，運動させようとする力と反対方向の抵抗力が働いて，つりあっているからである．このように，物体が静止しているときに起こる抵抗力を静止摩擦力という．

物体が静止している間は，働く力を大きくすると，この摩擦力も次第に大きくなるが，一定の限度になると物体は動きだす．この限度すなわち，動きだす直前の静止摩擦力を最大摩擦力といい，これを一般に摩擦力という．

たとえば，図 7.1 のように，水平面にある重量 W の物体を力 F で動かそうとする場合に，接触面 AB に沿って R の摩擦力が F と反対に働いてその運動を妨げる．F が次第に大となれば R もまたそれにつれて次第に大となるが，F がある大きさになれば R はそれ以上大きくならないから，そこで初めて物体は運動を始める．そのときの静止摩擦力 R が最大摩擦力である．

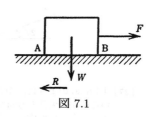

図 7.1

実験によると「最大摩擦力 R は，物体が面に及ぼす全圧力（接触面 AB に直角に働く力 W）N に比例し，接触面の面積の大小には関係しない」

すなわち，

$$R = \mu N \tag{7.1}$$

この比例定数 μ を静止摩擦係数といい，接触面が滑面か粗面かの性質によって決まる定数である．

第7章 摩擦

μN は最大摩擦力であるから，F が μN より小さい間は，物体は運動を起こさない．F が μN に等しくなった瞬間よりはじめて物体は運動を始める．ゆえに F が μN よりも大ならば，物体に作用する力は $F - \mu N$ で，物体の加速度は，この力によって起こる．

各種接触面間の摩擦係数値は，表 7.1 のとおりである．

[例題] 水平な氷面上に 10 m/s の速度で投げた石の静止するまでの距離と時間を求めよ．ただし，$\mu = 0.1$ である．

[解答] 石の質量を m とすれば (2.2), (7.1) 式より，

$$R = \mu mg = 0.1\ mg$$
$$m\alpha = 0.1\ mg$$
$$\therefore \alpha = 0.1\ g = 0.1 \times 9.8\ \text{m/s}^2 = 0.98\ \text{m/s}^2$$

(1.2), (1.5) 式より，$v_2 = 0$ m/s として，

$$t = \frac{v_1}{\alpha} = \frac{10\ \text{m/s}}{0.98\ \text{m/s}^2} \fallingdotseq \underline{10.20\ \text{s}} (答)$$

$$s = \frac{v_1^2}{2\alpha} = \frac{(10\ \text{m/s})^2}{2 \times 0.98\ \text{m/s}^2} \fallingdotseq \underline{51.02\ \text{m}} (答)$$

.... （重力単位系） ....

石の重量を W とすれば (2.5), (7.1) 式より，

$$R = 0.1W$$
$$f = \frac{W}{g}\alpha = 0.1\ W$$
$$\therefore \alpha = 0.1g = 0.1 \times 9.8\ \text{m/s}^2 = 0.98\ \text{m/s}^2$$

以下同様．

....

表 7.1

接触する材料の種類	接触面の状況	摩擦係数	
		静摩擦	動摩擦
木と木	乾燥する	0.3–0.7	0.20–0.48
木と金属	乾燥する	0.6	0.20–0.62
木と革	乾燥する	0.62	0.3–0.5
金属と金属	乾燥する	0.15–0.24	0.15–0.24
金属と金属	時々注油する	0.11–0.16	0.07–0.08
金属と金属	絶えず注油する	-	0.04–0.06
金属と革	乾燥する	0.62	0.56
金属と革	湿潤する	0.80	0.36

1.2　動摩擦力

ある面に沿って運動している物体は，やがて静止する．これは運動中も物体に常に摩擦力が働いているからであって，この力を動摩擦力という．

動摩擦力 R' も N に比例し，面の性質が同じならば，物体の接触面の面積の大小や速度には関係しない．

すなわち，

$$R' = \mu' N$$

この比例定数 μ' を動摩擦係数といい，同質の接触面では，一般に静止摩擦係数よりも小さい ($\mu' < \mu$)．

静止摩擦力と動摩擦力を含めて，物体が面に沿ってすべり合うときに働く摩擦力を，すべり摩擦力という．

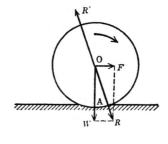

図 7.2

1.3　ころがり摩擦力

ある面の上を球や円筒のような物体をころがすときに働く摩擦力を，ころがり摩擦力といい，すべり摩擦力に比べはるかに小さい．

たとえば，図 7.2 のように，円材や輪等をころがす場合，重さ W のため水平面を圧す．これを F の力で面に水平に動かすと W と F との合力は R で，反作用 R' がころがり摩擦となる．

すなわち，物体が回転する瞬時の回転軸 A に対し R' のモーメントは F のモーメント（矢符回転）とは反対で，回転運動を妨げるように働く．

このころがり摩擦を利用して，重量物を移動するのに，ころや車を使う（船の引揚）．

また，ボールベアリングは，すべり摩擦をころがり摩擦に変えるためでボールが小さければ，すべりは小さくできる．

1.4　摩擦の利用

摩擦があれば，物体を動かすのに大きな力が必要であり，また，機械が円滑に動かない等の不便があるが反面，人が斜面に立つとき，釘を打ったとき，ボルトとナットで締め付けるとき，物を持つとき，船が航行するとき，ブレーキ等摩擦があるため，都合のよい場合がたくさんある．

2. 滑車の摩擦

滑車の摩擦の大半はシーブとピンのすべり摩擦である.

いま, 図 7.3 のように, シーブの半径 D, ピンの半径 d とすれば, 荷重 W を力 P で引くとき, ピンに加わる力は $P+W$ であるので矢符のような回転運動に抵抗する力は $\mu(P+W)$ となる.

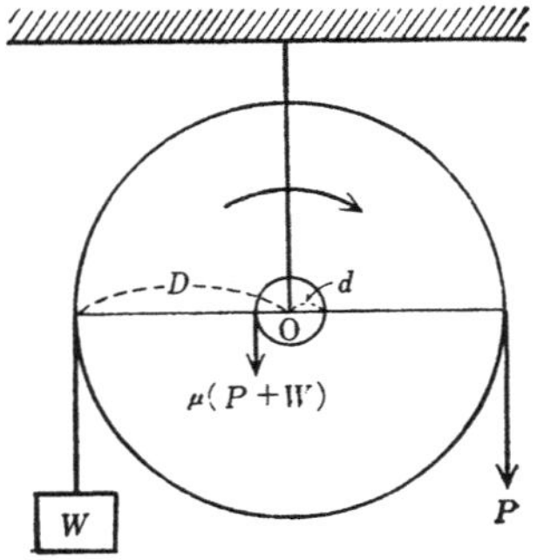

ゆえに, ピンの中心 O に関するモーメントのつりあいを考えると次式がなりたつ.

$$P \times D = W \times D + \mu(P+W)d$$
$$PD = WD + \mu Pd + \mu Wd$$
$$PD - \mu Pd = WD + \mu Wd$$
$$P(D - \mu d) = W(D + \mu d)$$
$$\frac{P}{W} = \frac{D + \mu d}{D - \mu d} = \frac{D - \mu d + 2\mu d}{D - \mu d} = 1 + \frac{2\mu d}{D - \mu d}$$

図 7.3

μd は D に比べて小さいから, 上式は次のようになる.

$$\frac{P}{W} \fallingdotseq 1 + \frac{2\mu d}{D}$$

上式の右辺を抵抗係数または摩擦抵抗といい, ϵ とおく.

$$\therefore P = \left(1 + \frac{2\mu d}{D}\right) W = \epsilon W \tag{7.2}$$

ただし, 実験により, 一般に抵抗係数は次のような値とされている.

  ワイヤロープを用いるとき $\cdots$ $\epsilon = 1.05$
  ファイバロープを用いるとき $\cdots$ $\epsilon = 1.1$

上記のことを, ラフテークルについて考察するに, いま, 図 7.4 において, 荷重 W 側の滑車のフォールエンドに加わる張力を f とすれば, (7.2) 式より,

$$P = f\epsilon^3 \quad \cdots \quad \text{シーブ数 3 個}$$
$$P = f\epsilon^m \quad \cdots \quad \text{シーブ数 } m \text{ 個}$$

次につりあいを考えると，W は動滑車を通る各フォールの張力の和とつりあっているので，動滑車のフォール数が 3 個の場合は

$$W = f + f\epsilon + f\epsilon^2 = f(1 + \epsilon + \epsilon^2)$$

動滑車のフォール数が n 個の場合は

$$\begin{aligned}W &= f + f\epsilon + f\epsilon^2 + \cdots + f\epsilon^{n-1} \\ &= f(1 + \epsilon + \epsilon^2 + \cdots + \epsilon^{n-1}) \\ &= f\frac{\epsilon^n - 1}{\epsilon - 1}\end{aligned}$$

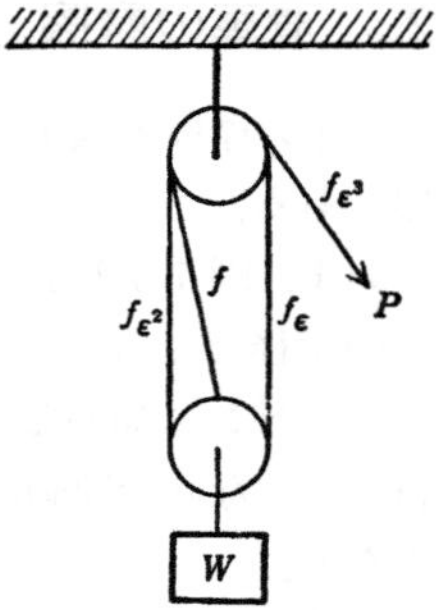

ゆえに，上の 2 式より，

$$\frac{W}{P} = \frac{\epsilon^n - 1}{\epsilon^m(\epsilon - 1)}$$

図 7.4

この式はテークルの実倍力公式である（船舶運用学の基礎 p.132 参照）．

[例題] 定員を満載した 20/7 トンの救命艇を図 7.5 の略図に示すように，ツーフォールドパーチェスのテークルを用いて安全に降下するために必要なマニラロープの太さを求めよ．ただし，前後のテークルには救命艇の重量が平均にかかるものとする．また摩擦を無視したときはどうか比較せよ．

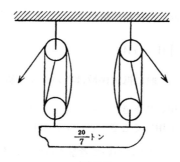

図 7.5

[解答]　(1) シーブ 1 個につき荷重の 1 割の摩擦とした場合

第 7 章 摩擦

$$W = \left(\frac{20}{7} \times 9.8\right) \text{ kN} \times \frac{1}{2} = 14 \text{ kN}$$

$$\frac{W}{P} = \frac{10\,n}{10+m}$$

$$\therefore P = \frac{W(10+m)}{10\,n} = 14 \text{ kN} \times \frac{10+4}{10 \times 4} = 4.9 \text{ kN}$$

ロープの安全使用力 $= \dfrac{(D/8)^2}{3 \times 6} = \dfrac{D^2}{64 \times 18}$ tf

引く力 P とマニラロープの安全使用力を同じとして

$$\frac{D^2}{64 \times 18} \times 9.8 \text{ kN} = 4.9 \text{ kN}$$

$$D^2 = 576 \text{ mm}^2$$

$$\therefore \underline{D = 24\text{mm 直径}}(\text{答})$$

............................（重力単位系）............................

$$W = \frac{20}{7} \text{ tf} \times \frac{1}{2} = \frac{10}{7} \text{ tf}$$

$$\frac{W}{P} = \frac{10\,n}{10+m}$$

$$\therefore P = \frac{W(10+m)}{10\,n} = \frac{10}{7} \text{ tf} \times \frac{(10+4)}{10 \times 4}$$

$$= \frac{140}{280} \text{ tf} = 0.5 \text{ tf}$$

ロープの安全使用力 $= \dfrac{(D/8)^2}{3 \times 6} = \dfrac{D^2}{64 \times 18}$

引く力 P とマニラロープの安全使用力を同じとして，

$$\frac{D^2}{64 \times 18} = 0.5$$

$$D^2 = 576 \text{ mm}^2$$

$$\therefore \underline{D = 24 \text{ mm 直径}}(\text{答})$$

....

(2) 摩擦を無視した場合,

$$N = \frac{W}{P} = 4$$

$$\therefore P = \frac{W}{4}$$

$$14 \times \frac{1}{4} = \frac{D^2}{64 \times 18} \times 9.8$$

$$\therefore D^2 = \frac{14 \times 64 \times 18}{4 \times 9.8} = 411.43 \text{ mm}^2$$

$$\therefore \underline{D \fallingdotseq 20.3 \text{ mm 直径}}(\text{答})$$

第 7 章 摩擦

................................(重力単位系)................................

$$N = \frac{W}{P} = 4$$

$$\therefore P = \frac{W}{4}$$

$$\frac{10}{7} \times \frac{1}{4} = \frac{D^2}{64 \times 18}$$

$$\therefore D^2 = \frac{10 \times 64 \times 18}{28} \fallingdotseq 411.43 \text{ mm}^2$$

$$\therefore \underline{D \fallingdotseq 20.3 \text{ mm 直径}} \text{(答)}$$

(3) 抵抗係数を用いた場合,

$$\frac{W}{P} = \frac{\epsilon^n - 1}{\epsilon^m(\epsilon - 1)}$$

$$\therefore P = \frac{W\epsilon^m(\epsilon - 1)}{\epsilon^n - 1} = \frac{W \times 1.1^4(1.1 - 1)}{1.1^4 - 1} = \frac{W \times 1.464 \times 0.1}{0.464}$$

$$= \frac{0.1464}{0.464} \times 14 \text{ kN} = 4.42 \text{ kN}$$

次に引く力 P とマニラロープの安全使用力を同じとすると,

$$4.42 = \frac{D^2}{64 \times 18} \times 9.8$$

$$D^2 = 0.45 \times 64 \times 18 = 518.4 \text{ mm}^2$$

$$\therefore \underline{D \fallingdotseq 22.8 \text{mm 直径}} \text{(答)}$$

................................(重力単位系)................................

$$\frac{W}{P} = \frac{\epsilon^n - 1}{\epsilon^m(\epsilon - 1)}$$

$$\therefore P = \frac{W\epsilon^m(\epsilon - 1)}{\epsilon^n - 1} = \frac{W \times 1.1^4(1.1 - 1)}{1.1^4 - 1}$$

$$= \frac{W \times 1.464 \times 0.1}{0.464}$$

$$= \frac{0.1464}{0.464} \times \frac{10}{7} \text{ tf} = \frac{1.464}{3.248} = 0.45 \text{ tf}$$

次に引く力 P とマニラロープの安全使用力を同じとすると,

$$0.45 = \frac{D^2}{64 \times 18}$$

$$D^2 = 0.45 \times 64 \times 18 = 518.4 \text{ mm}^2$$

$$\therefore \underline{D \fallingdotseq 22.8 \text{ mm 直径}} \text{(答)}$$

3. 摩擦角

図 7.6 において,斜面 AC は A の蝶番によって傾斜角が種々に変えられるものとする.

初め AC を水平にして,その上に質量 m の物体をのせ,C 端を静かに上げると傾斜角が次第に大きくなり,それがある角度 θ になると物体はついに滑りだす.

いま,mg の分力 $\overline{bc}$ は斜面に沿って物体を滑り落とそうとする力 F であるので,

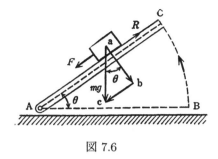

図 7.6

$$F = mg \sin \theta$$

また,mg の分力 $\overline{ab}$ が摩擦に関係し,(7.1) 式より,

$$R = \mu N = \mu mg \cos \theta$$

この物体が斜面を滑り始めるとき,F は摩擦 R に等しいから,上の 2 式から,

$$mg \sin \theta = \mu mg \cos \theta$$
$$\therefore \mu = \tan \theta$$

すなわち,物体が滑り始めるときの傾斜角がわかれば,静止摩擦係数を求めることができる.また,そのときの傾斜角 θ を摩擦角という.

物体が運動するには,それに抵抗する摩擦力に打ち勝つことが必要である.

いま,摩擦力 R に打ち勝って,物体が距離 S の移動をするならば,(4.1) 式より摩擦のために RS の仕事がなされたことになる.

すなわち,摩擦のために,これだけのエネルギが損失されたわけで,この仕事あるいはエネルギは摩擦熱となって放散し,または摩擦電気となって逸散し失われる.

4. 摩擦のための損失エネルギ

たとえば，図 7.7 において，軸 S が軸受 B によって支えられ矢符のように回転するならば，摩擦力 R が軸と軸受との接触面間に働いて，軸の回転を妨げようとする．いま，図のように，軸の半径を r，その回転数を N とすれば，軸と軸受との摩れ合う速度は $2\pi rN/60$ である．

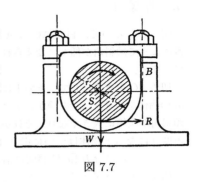

図 7.7

ゆえに，摩擦力を R とすれば，摩擦のために毎秒失われるエネルギすなわち，損失動力は，(4.2) 式より，

$$R\frac{2\pi rN}{60}$$

となる．

また，軸が軸受に及ぼす全圧力を W とすれば，(7.1) 式より，

$$R = \mu W$$

これを上式に代入すれば，軸受の摩擦によって失われるエネルギは，すなわち，

$$損失動力 = \frac{\mu W 2\pi rN}{60}$$

となる．

第7章 摩擦

[練習問題]

【1】水平な板の上におかれた質量15 kgの物体を動かすのに，59.4 ニュートン {6.06 キログラム重} の水平力が必要である．この板を傾斜させたとき，この物体が滑り始める傾斜角を求めよ．

【2】30°の傾きをなす斜面の上に質量10 kgの物体がある．これを斜面に沿って引き上げ，または引き下げるのに必要な力をそれぞれ求めよ．ただし，摩擦係数を 3/4 とする．

【3】水平面との傾斜角45°の斜面におかれた質量500 kgの物体にワイヤロープを結び，それを斜面に平行に，すらせ巻きにて安全に引き上げるために必要なワイヤロープの太さを求めよ．ただし，$\mu = 0.5$, $K = 0.2$ とする．

【4】100 グラムの物体を斜面上にのせ，糸にてつなぎ，糸の1端を斜面上に固定し，斜面の傾斜角を次第に増大して60度を超えると糸が切れたという．下記の場合について，この糸が物体をかけつるすときの重さを求めよ．

(1) 物体と斜面と間に摩擦がないとき
(2) 最大摩擦力が物体との間の圧力の半分であるとき

【5】質量 9500 kg の物体を120 メートル毎分の速度で水平面上を動かす動力を求めよ．ただし，摩擦係数は 0.3 とする．

【6】質量10 トンの物体が半径10 cmの軸によって支えられ毎分10回転をしている．摩擦係数を 0.1 として摩擦のための損失馬力を求めよ．

【7】図 7.8 のようなラフ・アポン・ラフテークルを使用して，24 トンの重量物を揚げるとき，下記の場合について P_A および P をそれぞれ求めよ．

(1) 滑車の摩擦を無視した場合
(2) シーブ1個につき $\dfrac{W}{10}$ の摩擦のある場合
(3) 抵抗係数を 1.10 とした場合

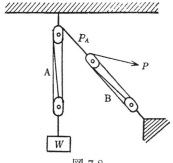

図 7.8

第8章　排水量

1. 浮力

アルキメデス (Archimedes) の原理は,「液体内にある物体の重量は,それが排除した液体の重量だけ軽くなる」あるいは「浮いた物体の重量は,それが排除した液体の重量に等しい」というものである.

物体の排除した液体の質量は,その物体が排除した容積とその液体の密度との積である.

重力単位系においては,物体の排除した液体の重量を求めるのに比重が用いられる.比重は以下で定義される.

$$\text{比重} = \frac{\text{水と同体積の物体の質量}}{4°C \text{の水の質量}}$$

なお,4°C の水は 1000 kg/m³(1 g/cm³) である.

液体が物体に作用するこのような上向きの力を,物体の受ける浮力 (buoyancy) という.浮力の作用点は,その物体の水中部の容積の中心で,これを浮心(浮力中心)という.

いま,物体の排水容積を V,液体の密度を ρ とする.このとき,物体に排除された液体の質量は,$V \cdot \rho$ となるので,アルキメデスの原理により,物体は $V \cdot \rho \cdot g$ の浮力を受ける.

ゆえに,上述のことは次の関係式となる.

$$W = V \cdot \rho \cdot g \qquad (8.1)$$

ただし

W:物体の空気中の重量
V:物体の排水容積
ρ:液体の密度

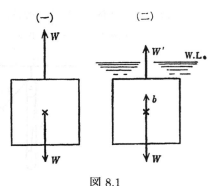

図 8.1

第8章 排水量

物体の重量 W と排除された液体の重量 $V \cdot \rho \cdot g$ の関係により，次の3つの場合がある．

1.1 $W > V \cdot \rho \cdot g$（沈下）

錨のように，液体（海水，清水等）より密度の大きい物体の重量は，物体が水中に全没したときに受ける浮力よりも大きい．したがって，物体は沈下する．水中での物体は上向きの浮力を受けるので空気中の重量よりもその分だけ軽くなる．

いま，ベクトルにより力のつりあいを考えると，図 8.1（一）のように，物体の重量 W を空気中で支えるには W の力が必要であり，（二）のように，物体が水中に全没した場合は上向きに浮力 b が働くので，支える力 W' はそれだけ軽くなる．

たとえば，容積 $5\,\mathrm{m}^3$，密度 $8000\,\mathrm{kg/m}^3$ ｛比重 8｝の物体を密度 $\rho_1 = 1025\,\mathrm{kg/m}^3$ ｛比重 1.025｝の海中に全没させると，それぞれ下記のようになる．

(1) 物体の空中重量

$$W = V \cdot \rho_1 \cdot g = \left(5\,\mathrm{m}^3 \times 8000\,\mathrm{kg/m}^3\right) \times 9.8\,\mathrm{m/s}^2$$
$$= 392\,\mathrm{kN}$$

(2) 物体の受ける浮力

$$b = V \cdot \rho_1 \cdot g = \left(5\,\mathrm{m}^3 \times 1025\,\mathrm{kg/m}^3\right) \times 9.8\,\mathrm{m/s}^2$$
$$= 50.23\,\mathrm{kN}$$

(3) 物体の水中重量

$$W' = W - b = 392\,\mathrm{kN} - 50.23\,\mathrm{kN} = 341.8\,\mathrm{kN}$$

............................（重力単位系）............................

(1) 物体の空中重量

$$W = V \cdot \gamma_1 = 5 \times 8 = 40\,\mathrm{tf}$$

(2) 物体の受ける浮力

$$b = V \cdot \gamma_1 = 5 \times 1.025 = 5.125\,\mathrm{tf}$$

(3) 物体の水中重量

$$W' = W - b = 40\,\mathrm{tf} - 5.125\,\mathrm{tf} = 34.875\,\mathrm{tf}$$

[例題] 質量 3.6 トンの錨を海中に全没させた場合に，錨の重量はいくらになるか．ただし，錨の密度を 7500 kg/m³ { 比重 7.5 }，海水密度を 1025 kg/m³ { 比重 1.025 } とする．

[解答] (1) 錨の容積 V を求める．

$$V = \frac{3.6 \times 10^3 \text{ kg}}{7500 \text{ kg/m}^3} = 0.48 \text{ m}^3$$

(2) 浮力 b を求める．

$$b = V \cdot \rho_1 \cdot g$$
$$= 0.48 \text{ m}^3 \times 1025 \text{ kg/m}^3 \times 9.8 \text{m/s}^2 = 4821.6 \text{ N} = 4.82 \text{ kN}$$

(3) 海中に全没した錨の重量を求める．

$$W' = W - b = 3.6 \text{ kN} \times 9.8 \text{ kN} - 4.82 \text{ kN} = \underline{30.46 \text{ kN}}（答）$$

................................（重力単位系）................................

(1) 錨の容積 V を求める．

$$V = \frac{3.6 \times 10^3 \text{ kg}}{7500 \text{ kg/m}^3} = 0.48 \text{ m}^3$$

(2) 浮力 b を求める．

$$b = V \cdot \gamma_1$$
$$= 0.492 \text{ tf}$$

(3) 海中に全没した錨の重量を求める．

$$W' = W - b = 3.6 \text{ tf} - 0.492 \text{ tf} = \underline{3.108 \text{ tf}}（答）$$

図 8.2

1.2　$W = V \cdot \rho \cdot g$（静止）

物体の重力と浮力が等しいので，物体は水中の任意の位置でつりあって静止する．

1.3　$W < V \cdot \rho \cdot g$（浮上）

氷，木材等のように液体の密度より小さい物体の重量は，水中では，その浮力より小さいから浮上するが，やはり上向きの浮力を受けるので，物体の一部は水面上に出る．したがって，物体の空気中の全重量とその浮力とが等しいときで，物体は水面上で浮んでいる．

すなわち，図 8.3（一）において，物体の空気中の重量よりも浮力の方が大きいので，物体は水面

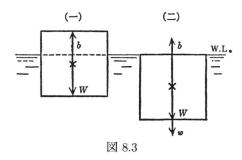

図 8.3

上に浮び，その浮んだ状態で重量 W と浮力 b とが大きさ等しく方向反対でつりあっている．また，このような浮体（水に浮ぶ物体のこと）を全没させるには W より b の方が大きいのでそれにつりあう重量を付加するとよい．すなわち，$b = W + w$ となる．

[例題 1] 密度 900 kg/m³{比重 0.9} の氷山が海上に浮かび，海面上の体積が 1300 m³ である．この氷山の海面下の体積を求めよ．ただし，海水密度を 1030 kg/m³{比重 1.03} とする．

[解答 1] 氷山の海面下の体積を V，浮力を b，氷山の空気中の全重量を W とすれば図 8.4 より，氷山の全重量は浮力に等しいから $(W = b)$，

$$W = (V + 1300 \text{ m}^3) \times 900 \text{ kg/m}^3 \times g$$
$$b = 1030 \text{ kg/m}^3 \times V \times g$$
$$(V + 1300 \text{ m}^3) \times 900 \text{ kg/m}^3 \times g = 1030 \text{ kg/m}^3 \times V \times g$$
$$\therefore V = \frac{1300 \text{ m}^3}{(1030 \text{ kg/m}^3)/(900 \text{ kg/m}^3) - 1} = \underline{9000 \text{ m}^3}\text{（答）}$$

................................（重力単位系）................................

$$W = (V + 1300) \times 0.9$$
$$b = V \times 1.03$$
$$(V + 1300) \times 0.9 = V \times 1.03$$
$$1300 \times 0.9 = (1.03 - 0.9)V$$
$$\therefore V = \frac{1300 \times 0.9}{1.03 - 0.9} = \underline{9000 \text{ m}^3} \text{ (答)}$$

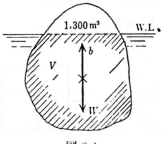

図 8.4

[例題 2] 密度 500 kg/m³ { 比重 0.5 }, 体積 10 m³ の物体を海水に入れて全体を浸すのに要する力を求めよ (図 8.5).

[解答 2] 物体全体を海水に浸したときに受ける浮力 b から, 物体自体の重量 W を差し引いたものが, 求める力 w である.

$$w = b - W$$
$$= 10 \text{ m}^3 \times 1025 \text{ kg/m}^3 \times 9.8 \text{ m/s}^2 - 5000 \text{ kg} \times 9.8 \text{ m/s}^2$$
$$= 100\,450 \text{ N} - 49\,000 \text{ N} = 51\,450 \text{ N} = \underline{51.45 \text{ kN}}$$

.... (重力単位系) ....

$$w = b - W$$
$$= 10 \times 1.025 - 10 \times 0.5$$
$$= 5.25 \text{ tf} \times 1025 \text{ kg/m}^3 \times 9.8 \text{ m/s}^2 - 5000 \text{ kg} \times 9.8 \text{ m/s}^2$$
$$= 100\,450 \text{ N} - 49\,000 \text{ N} = 51\,450 \text{ N} = \underline{51.45 \text{ kN}}$$

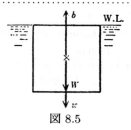

図 8.5

2. 浮心

浮心 (center of buoyancy) とは排水部の中心のことで普通 B で表わし，その位置は排水容積の形状に関係している．

船体が外力（風波等その他の外力）の影響で傾斜すれば，船体の重心や排水容積は変化しないが，排水容積の形状が変化するから，浮心 B は移動する．

また，同一状態の船が密度の異なる液体に浮ぶ場合には，排水容積が増減するから浮心も上下する．

これら浮心の上下および前後位置は排水量等曲線図に表示されている．キール上面点 K からの高さ $\overline{\mathrm{KB}}$ を浮心高 (vertical center of buoyancy) といい，船体中央 ⊗ よりの前後位置を縦浮心 (longitudinal center of buoyancy) という．

なお，喫水線から浮心までの距離を求める計算式として次式がある．

①モーリッシュ氏の近似式 (Morrish's approximate formula)

$$\mathrm{OB} = \frac{1}{3}\left(\frac{d}{2} + \frac{V}{A_w}\right) = \frac{d}{3}\left(\frac{1}{2} + \frac{C_b}{C_w}\right)$$

②早瀬式

$$\mathrm{OB} = \frac{C_b}{C_w + C_b} \times d$$

ただし，

V : 喫水線下の排水容積

A_w : 水線面積

d : キール上面からの平均喫水

C_b : 方形係数

C_w : 水線面積係数

OB : 喫水線から浮心までの垂直距離

モーリッシュ式では誤差約 2.5 % 以内で，浮心位置は実際よりやや高めであり，早瀬式では誤差約 1.5 % 以内で実際よりやや低めに算出される．また，一般船型における概略値は $\mathrm{OB} \fallingdotseq (8/20 \sim 9/20)d$ とされている．

[例題] ある船の長さ 128 m，幅 18 m，深さ 9.5 m で満載喫水 8.0 m の状態における基線上の浮心高さを求めよ．ただし，$C_b = 0.72, C_w = 0.83$ である．

[解答]

$$\text{OB} = \frac{d}{3}\left(\frac{1}{2} + \frac{C_b}{C_w}\right)$$
$$= \left(\frac{8}{3}\text{ m}\right)\left(\frac{1}{2} + \frac{0.72}{0.83}\right) = \left(\frac{8}{3}\text{ m}\right)\left(\frac{0.83 + 0.72 \times 2}{2 \times 0.83}\right)$$
$$= \left(\frac{8}{3}\text{ m}\right) \times \frac{2.27}{1.66} \fallingdotseq 3.65\text{ m}$$
$$\therefore \text{KB} = \text{KO} - \text{OB}$$
$$= 8\text{ m} - 3.65\text{ m} = \underline{4.35\text{ m}}(答) \cdots モーリッシュ$$

$$\text{OB} = \frac{C_b}{C_w + C_b} \times d$$
$$= \frac{0.72}{0.83 + 0.72} \times 8\text{ m} = \frac{5.76}{1.55}\text{ m} \fallingdotseq 3.72$$
$$\therefore \text{KB} = \text{KO} - \text{OB}$$
$$= 8\text{ m} - 3.72\text{ m} = \underline{4.28\text{ m}}(答) \cdots 早瀬式$$

3. 排水量

　船舶は一般に海上に浮いているもの（浮体）で，その重量はその船の受ける浮力に等しいから，船体の空気中の全重量はその船によって排除された海水の重量すなわち，船体の水面下に没している部分の容積（排水容積）と同体積の海水の重量に等しい．これを船舶では排水量 (displacement) または排水トン数 (D. T.：displacement tonnage) という．排水量の単位は力の単位であるので，国際単位系においてはニュートンであるが，慣用的には重力単位で表わしたトン重，またはトンが用いられる．したがって，ここでもトンを用いることとする．計算においてトンを用いる場合は，密度ではなく比重を用いることが多い．
　この排水トン数とは普通一般には満載喫水で浮かんでいるときの排水量をいうが，特に造船学上の諸計算や力学的に考える場合等は任意の喫水に対しても用いられ，次式にて算出される．

$$W = V \cdot \gamma = L \cdot B \cdot d \cdot C_b \cdot \gamma \tag{8.2}$$

　ただし，

第 8 章 排水量

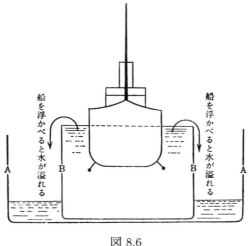

図 8.6

W : 排水トン数 (k-t, キロトン)
V : 排水容積 (m^3)
γ : 海水比重（標準海水比重 $= 1.025$）
L : 船の長さ (m)
B : 船の幅 (m)
d : 船の喫水 (m)
C_b : 方形係数

ここで，( ) 内は通常使われる単位を表わす．

すなわち，図 8.6 において，満水した B 容器に船を浮かべると，その水はあふれ A 容器に流れ出す．この場合 A 容器に溜った水の容積は水線下の船体の容積に等しく，その重量は船体の全重量に等しい．

したがって，いま船の排水量を求めるには，まず，水線下の船体の容積を求めることが必要である．そのためには，近似計算法により図 8.7 に示すように各分点における喫水線下の垂直断面積あるいは図 8.8 に示すように各面における喫水線下の水線面積を，それぞれ求めてさらに近似計算法に従って排水容積 V を求めることができる．排水量計算では普通正確を期すため，横断面積からと水線面積からの両方で計算する（5. 近似計算法の項参照）．

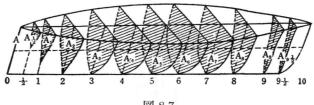

図 8.7

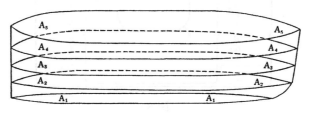

図 8.8

3.1 排水量等曲線図

排水量は排水容積 V をシンプソンの法則で計算することによって求められるが，一般にこの V は型寸法に対して計算されるから，このようにして求めた裸排水量に外板，ビルジキール，舵等の船体付加部の排水量を加えて実際の船の排水量が得られる．

また，排水量は喫水によって変化するから，縦軸に標準海水（比重 1.025）に対する平均喫水を，横軸に基線 (base line) または排水量をとって，平均喫水に対する次の曲線の値を求めるように描かれた図を用いる．これらの値はそれぞれ船体の形によってきまる．図 8.9 はその一例を示したものであるが，このような図を排水量等曲線図 (hydrostatic curve) という．

① 排水量曲線 (displacement curve)
② 毎 cm 排水トン数 (T.P.C. : tons per cm immersion)
③ 毎 cm トリムモーメント (M.T.C. : moment to change trim 1 cm)
④ メタセンタの位置 (KM and KM_L above base line)
⑤ 浮心，浮面心の船体中央と基線からの位置 (⊗ B, KB, ⊗ F)

第 8 章 排水量

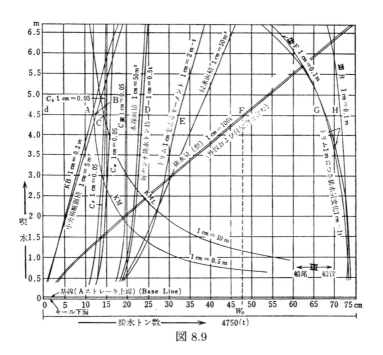

図 8.9

⑥ その他水線面積 (A_w), 中央横断面積 (A_m), 浸水表面積, 方形係数 (C_b) 等の諸係数

いま, 平均喫水 d (例として 4.5 m とする) における排水トン数を図より求めるには, 縦軸の喫水 d(4.5 m) を通って横軸に平行な直線と排水量曲線との交点を F とする. dF 間が dF cm (F から垂直線を引き基線上の長さ) とすれば, 水平距離 1 cm に対するトン数は, 曲線により 100 トンと記されているから, そのときの排水トン数 (100 t × dF = 100 × 47.5 cm) は 4750 トンとなる. しかし, 図によっては横軸の基線の下に直接, 排水トン数を刻んであるものもあるから, この場合は F 点直下の横軸のトン数 $W_0 = 4750$ トンを読み取ればよい.

以下同様にして, 図に表われている曲線図の値は次のとおりに求められる.

$W_0 = 100$ t × dF = 4750 (t)
T.P.C. = 0.5 t × dD cm ——— (t)
M.T.C. = 20 m-t × dE cm ——— (m-t)
KM = 0.5 m × dB cm ——— (m)
KM_L = 10.0 m × dC cm ——— (m)
⊗B = 0.1 m × ⊗H cm ——— (m)
KB = 0.2 m × dA cm ——— (m)
⊗F = 0.1 m × ⊗G cm ——— (m)

この図 8.9 においては,標準海水(比重 1.025)に対するものであるから,喫水測定の際は必ず海水の現場比重 (γ_2) を実測して修正する必要がある.すなわち,曲線から求めた排水量を W_0 とすると正しい排水量 W は,

$$W = W_0 \times \frac{\gamma_2}{1.025}$$

3.2 排水量を求める方法

排水量を求める方法を整理すると,次のとおりである.

(1) 計算による方法
 ① シンプソンの法則 (5.3 項参照)
 ② チェビシェフの法則 (5.4 項参照)
 ③ $W = L \cdot B \cdot d \cdot C_b \cdot \gamma$

(2) 図表の利用による実務上の方法
 ① 排水量等曲線図(排水量曲線)
 ② 載貨重量トン数表(載貨重量尺度)
 ③ ボンジャン曲線図

3.3 載貨重量トン数表(載貨重量尺度)

載貨重量トン数表 (dead weight scale) は図 8.10 のように,標準海水に対する平均喫水と載貨重量トン数 (D.W.T. : dead weight tonnage) との関係を示した図表が主たるもので,軽荷喫水線からほぼ満載喫水線に至る各喫水に対する値が直ちに読み取られるように作成されているほか,毎 cm 排水トン数,毎 cm トリムモーメント,排水トン数が併記されている.

第8章 排水量

したがって，現喫水に対し他の4項目の数値をすぐに知ることができて実務上便利である．特に載貨量・余積の決定等，次の点で重要である．

(1) 現喫水とD.W.T.を対照し，予定喫水が得られる．

（現喫水に対するD.W.T）＋（積荷重量）＝（重量トン数として予定喫水を求める）

(2) 現喫水とD.W.T.を対照し，積載可能な貨物の重量を得られる．

（満載喫水または予定喫水に対するD.W.T.）－（現喫水に対するD.W.T.）
＝（積載可能な貨物の重量）

いま，図8.10より，平均喫水6.50 m における図表の数値を求めると次のような値となる．

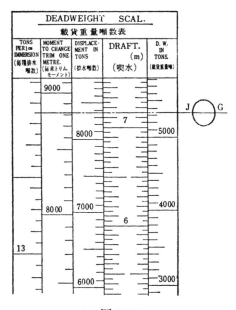

図 8.10

載貨重量トン数 (D. W. T. : dead weight tonnage) 4450 t

排水量 (D. T. : displacement tonnage) 7490 t

毎 cm トリムモーメント (M. T. C. : moment to change trim 1cm)

82.80 m–t

毎 cm 排水トン数 (T. P. C. : tons per 1cm immersion) 13.35 t

3.4 ボンジャン曲線図 (Bonjean's curve)

船の垂線間長さを等分したスクェヤステーションにおける横断面の面積曲線を図 8.11 のように，船体側面図に記入したものをボンジャン曲線という．横断面の面積曲線は図 8.12 のようにして作図する．

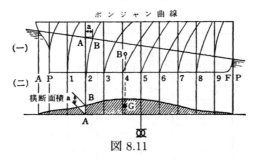

図 8.11

この図を使えば任意の水線面下の容積，浮心位置が求められるので，進水浮上中，トリムの大きい場合，船体にたわみ（ホグ，ザグ）のある場合に対して，そのときの排水トン数が容易に求められる．

たとえば，図 8.11（一）において，水線面 WL によって切られた各横断面喫水における横断面積を面積曲線から横軸方向に $\overline{AB}$ を読み取り，それを図（二）の基線上に縦座標としてとる．これによって描かれる面積曲線内の面積をシンプソン法則によって求めれば排水容積が得られ，この面積重心 G の位置をシンプソン法則によって求めれば，この位置が浮心位置 B を表わし，水線下浮心の前後位置が得られる．

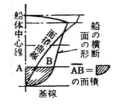

図 8.12

4. 船体浸水部の諸係数（ファインネス係数）

実際の船の船体浸水部の容積は主要寸法が同じでも，船体のふくらみの度合すなわち，肥えているか痩せているかによって違う．これらのふくらみの度合いを表わすのに次のような種々の係数がある．

これらの係数を総称して肥瘠係数 (coefficient of fineness) といい，新造船建造時の性能（船速，馬力，抵抗等）推定，その他力学的諸計算や載貨の際に是非必要な係数である．これらをファインネス係数ともいう．

ただし

W：排水トン数　　V：排水容積
γ：液体の比重　　L：船の水線長
B：船の型幅　　　d：船の型喫水
$A_{\text{中}}$：中央横断面積　A_w：水線面積

4.1　方形係数 (C_b : block coefficient)

$$C_b = \frac{V}{L \cdot B \cdot d} = \frac{W}{L \cdot B \cdot d \cdot \gamma} \tag{8.3}$$

図 8.13 のように，ある喫水に対する排水容積 V と，その船の水線以下の L, B, d を三辺とする直方体との比で，この値は船型や速度によって異なるが，大略 0.55～0.80 の範囲である．この C_b の値の大きい船を鈍形船 (bull な船) といい，小さい快速船のような船を鋭形船 (fine な船) という．また C_b は普通 0.6 程度である．

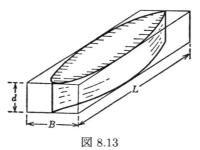

図 8.13

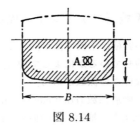

図 8.14

4.2 柱形係数 (C_p : prismatic coefficient)

$$C_p = \frac{V}{A_{\otimes} \cdot L}$$

排水容積と，図 8.14 における断面および長さがそれぞれ船の中央横断面および長さに等しいかまぼこ型の容積との比で，この値は大略 0.6〜0.85 程度である．

4.3 中央横断面積係数 ($C_{\otimes}$: midship section coefficient)

$$C_{\otimes} = \frac{A_{\otimes}}{B \cdot d}$$

図 8.14 のように，水線以下の中央横断面積と，これを囲む長方形との面積の比で，この値は大略 0.8〜0.99 程度である．また，

$$C_b = C_p \times C_{\otimes}$$

4.4 水線面積係数 (C_w : water plane coefficient)

$$C_w = \frac{A_w}{L \cdot B} \tag{8.4}$$

図 8.15 のように，水線面積と，これを囲む長方形の面積との比で，この値は大略 0.65〜0.89 程度である．

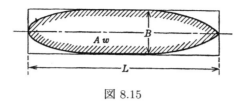

図 8.15

4.5 立て柱形係数 (C_v : vertical prismatic coefficient)

$$C_v = \frac{V}{A_w \cdot d}$$

排水容積と底面および高さがそれぞれ船の水線面積および喫水と等しい直柱体の容積との比で，この値は大略 0.8〜0.95 程度である．また，

$$C_b = C_w \times C_v \tag{8.5}$$

5. 面積および体積の近似計算法

幾何学的形状を有する三角形，矩形，円，その他規則正しい図形，すなわち定形図形の面積は次項の求積のように簡単に求めることができるが，船体のように不規則でしかも複雑な曲線群からできているものは，その形を数学的に表わし，これによって諸面積，体積等の計算を行うことは，不可能に近い．

したがって，このような図形の周囲の全部または一部が曲線からなる曲線図形の面積 (area under the curve) を求めるのに，いま，種々の近似計算法が案出され，実用されている．

5.1 定形図形の求積

主な定形図形の面積を S，体積を V とすれば，次のとおりである．

  三角形 高さ h, 底辺 a $S = ah/2$
  長方形 2辺を a, b $S = ab$

  台形   平行2辺 a, b, 高さ h

		$S = \frac{1}{2}h(a+b)$
だ円	長軸半径 a, 短軸半径 b	$S = \pi ab$
円	半径 r	$S = \pi r^2$
すい体	底面積 A, 高さ h	$V = \frac{1}{3}Ah$
直円すい	底円半径 r, 高さ h	
		側面積 $S = \pi r\sqrt{r^2+h^2}$
		$V = \frac{1}{3}\pi r^2 h$
球	半径 r	表面積 $S = 4\pi r^2$
		$V = \frac{4}{3}\pi r^3$
だ円体	3軸半径 a, b, c	$V = \frac{4}{3}\pi abc$

5.2 台形の法則 (trapezoidal rule)

図 8.16 において，曲線図形 ABCD の面積を求めるには，曲線部分をなるべく曲線片になるように分割して，各分点を直線で結ぶことにより，曲線を折線に置きかえて計算する．まず，基線 AB を任意の数 (4等分) に等分し，その等分間隔を h とする．基線の各等分点 E, G, I より垂線を立て，これらの縦線の長さをそれぞれ AD = y_1, EF = y_2, GH = y_3, IJ = y_4, BC = y_5 とし，曲線の小区間を直線で結ぶと，曲線図形 ABCD を台形の集まりとみなせるから，各台形の面積はそれぞれ，

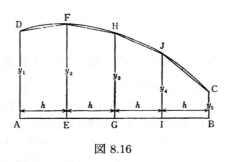

図 8.16

$$\text{AEFD} = \frac{h}{2}(y_1 + y_2)$$

$$\text{EGHF} = \frac{h}{2}(y_2 + y_3)$$

$$\text{GIJH} = \frac{h}{2}(y_3 + y_4)$$

$$\text{IBCJ} = \frac{h}{2}(y_4 + y_5)$$

第 8 章 排水量   119

これら各台形の面積の総和 S を求めると，近似的に曲線図形 ABCD の面積を求めることができる．すなわち，

$$S = \frac{h}{2}(y_1 + 2y_2 + 2y_3 + 2y_4 + y_5)$$
$$= h\left(\frac{1}{2}y_1 + y_2 + y_3 + y_4 + \frac{1}{2}y_5\right)$$

これを台形公式という．すなわち，図形の両端の縦線の半分に各縦線を加え，これに縦線間の間隔を乗ずると，その面積が得られる．y_1, y_2, y_3, y_4, y_5 を垂線長，添字 1, 2, 3, 4, 5 を垂線番号という．

この公式により，求めた総和 S は曲線によって囲まれた実際の面積より図示した影面積だけ小さいが，基線の等分を多くすると比較的正確な結果が得られる．

5.3 シンプソン法則 (Simpson's rule)

(1) シンプソン第 1 法則 (Simpson's 1st rule)

この法則は，計算が容易で，その結果もきわめて正確であるため，現在造船学上の諸計算や力学的に考える場合において最も多く用いられている．

図 8.17 のような曲線図形 ABCD の面積を求めるには，まず，基線 AB の 2 等分点 E より垂線を立て，これらの縦線の長さをそれぞれ AD $= y_1$, EF $= y_2$, BC $= y_3$ とし，その等分間隔を h とする．

また，基線 AB の 3 等分点 G, H よりの垂線と F における曲線への接線との交点をそれぞれ J, K とし，DJ および KC を結ぶ．

この場合，曲線図形 ABCD の面積は多角形 ABCKJD の面積とほぼ等しいものである．

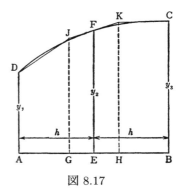

図 8.17

したがって，各台形 AGJD，GHKJ，HBCK の面積の総和 S が所要の面積とみなすことができる．

各台形の面積はそれぞれ，

$$\text{AGJD} = \frac{1}{2}(\text{AD} + \text{GJ})\,\text{AG}$$

$$\text{GHKJ} = \frac{1}{2}(\text{GJ} + \text{HK})\,\text{GH}$$

$$\text{HBCK} = \frac{1}{2}(\text{HK} + \text{BC})\,\text{HB}$$

$$\therefore \text{AG} = \text{GH} = \text{HB} = \frac{1}{3}\text{AB} = \frac{2}{3}\text{AE} = \frac{2}{3}h$$

$$\text{GH} + \text{HK} = 2\text{EF}$$

$$\therefore S = \frac{1}{2}\left(\frac{2\text{AE}}{3}\right)(\text{AD} + 2\text{GJ} + 2\text{HK} + \text{BC})$$
$$= \frac{1}{2}\left(\frac{2h}{3}\right)(\text{AD} + 4\text{EF} + \text{BC}) = \frac{h}{3}(y_1 + 4y_2 + y_3) \tag{8.6}$$

ある曲線図形の面積計算では，基線を偶数に等分した図 8.17 のような図形の集合したものとみなすことができる．

すなわち図 8.16 において，面積は，

$$\text{AGHD} = \frac{h}{3}(y_1 + 4y_2 + y_3)$$

$$\text{GBCH} = \frac{h}{3}(y_3 + 4y_4 + y_5)$$

ゆえに，ABCD の全面積 S は上の 2 式を加算したもので，

$$S = \frac{h}{3}(y_1 + 4y_2 + 2y_3 + 4y_4 + y_5)$$

なお，正確な結果を得るためには，基線の等分（偶数）を多くするとよいわけであるが，一般に，

$$S = \frac{h}{3}(y_1 + 4y_2 + 2y_3 + 4y_4 + 2y_5 + 4y_6 + \cdots$$
$$+ 2y_{2n-1} + 4y_{2n} + y_{2n+1}) \tag{8.7}$$

上式における $y_1, y_2, \cdots$ 等の垂線長の係数 1, 4, 2, 4, 2, 4, 1 は，次のように各 1 区画（台形）ごとの係数を加算すれば容易に見いだされるが，この係数を

第 8 章 排水量

第 1 法則のシンプソン係数という．

```
    1  4  1
       1  4  1
          1  4  1  ( +
    1  4  2  4  2  4  1
```

以上のような (8.6), (8.7) 式を，シンプソン第 1 法則という．

すなわち，基線（船舶では中心線）を偶数に等分し，基線における各等分点に垂線を立て，各縦線の長さを測り，各縦線長さに，シンプソン係数を乗じ，これらを加算したものに，等間隔の 1/3 を乗ずると，その全面積が得られる．

[例題 1] 図 8.18 のような縦線（オージネート）を有する曲線図形の面積を求めよ．ただし，縦線間の間隔を 1.20 m とする．$y_1 = 10.86, y_2 = 13.53, y_3 = 14.58, y_4 = 15.05, y_5 = 15.24, y_6 = 15.28, y_7 = 15.22$ (m)

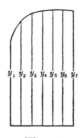

図 8.18

[解答 1] 各縦線関数は，次のように求められる．

縦線番号	縦線長さ	シンプソン係数	縦線関数
1	10.86	1	10.86
2	13.53	4	54.12
3	14.58	2	29.16
4	15.05	4	60.20
5	15.24	2	30.48
6	15.28	4	61.12
7	15.22	1	15.22
面積関数			261.16

ゆえに，面積 S は，

$$S = \frac{h}{3}(y_1 + 4y_2 + 2y_3 + 4y_4 + 2y_5 + 4y_6 + y_7)$$
$$= \frac{1.2 \text{ m}}{3} \times 261.16 \text{ m} = 104.46 \text{ m} \fallingdotseq \underline{104.5 \text{ m}^3} \text{（答）}$$

(2) 縦線間を部分的に細分して計算する場合

船首尾のように曲線の曲がりが著しい場合に前項の計算方法では充分正確な結果が得られないので，曲がりが尖鋭な部分だけをさらに細分して上の公式を適用すれば，結果はさらにきわめて正確である．

いま，図 8.19 において，y', y'' は GI, IC 間の中央の縦線とし，その等分間隔を h とすれば，CG 間における細分間隔は $h/2$ となる．

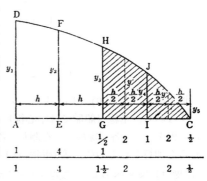

図 8.19

$$\text{面積 GCH} = \frac{1}{3}\left(\frac{h}{2}\right)(y_3 + 4y' + 2y_4 + 4y'' + y_5)$$
$$= \frac{h}{3}\left(\frac{1}{2}y_3 + 2y' + y_4 + 2y'' + \frac{1}{2}y_5\right)$$

$$\text{面積 AGHD} = \frac{h}{3}(y_1 + 4y_2 + y_3)$$

ゆえに，上の 2 式を加算した全面積 s は

$$S = \frac{h}{3}\left(y_1 + 4y_2 + 1\frac{1}{2}y_3 + 2y' + y_4 + 2y'' + \frac{1}{2}y_5\right) \tag{8.8}$$

(8.8) 式から明らかなように，普通の間隔を等分して計算した場合には，その当該部分のシンプソン係数を 1/2 にするとよい．また，間隔を 4 等分した場合は 1/4, 8 等分した場合は 1/8, すなわち，間隔を等分した同じ数でシンプソン係数を割って計算するとよい．このときも必ず等分区間数は偶数でなければならないのは当然である．

[例題 2] 図 8.20 のような水線で囲まれた図形がある．縦線の長さをそれぞれ，1.80 m, 2.70 m, 3.26 m, 3.74 m, 3.85 m, 3.85 m, 3.85 m, 3.85 m, 3.43 m, 2.58 m, 1.25 m, 0.52 m, 0 m とし，基線の長さを 45 m である．この面積を求めよ．

[解答 2] 縦線関数は次のように求められる．

縦線番号	縦線長さ	シンプソン係数	縦線関数
0	1.80	$\frac{1}{2}$	0.90
$\frac{1}{2}$	2.70	2	5.40

第 8 章 排水量

1	3.26	$1\frac{1}{2}$	4.89
2	3.74	4	14.96
3	3.85	2	7.70
4	3.85	4	15.40
5	3.85	2	7.70
6	3.85	4	15.40
7	3.43	2	6.86
8	2.58	4	10.32
9	1.25	$1\frac{1}{2}$	1.88
$9\frac{1}{2}$	0.52	2	1.04
10	0	$\frac{1}{2}$	0
	面積関数		92.45

$$S = \frac{4.5 \text{ m}}{3} \times 92.45 \text{ m} \fallingdotseq \underline{138.7 \text{ m}^2} \text{（答）}$$

(3) シンプソン第 2 法則 (Simpson's 2nd rule)

図 8.21 において，基線 AB の 3 等分点 E, G より垂線を立て，これらの垂線の長さをそれぞれ， $AD = y_1, EF = y_2, GH = y_3, BC = y_4$ とし，その等分間隔を h とすれば，曲線図形 ABCD の面積 S は次式で求めることができる．

$$S = \frac{3}{8}h(y_1 + 3y_2 + 3y_3 + y_4)$$

これをシンプソン第 2 法則という．この式は第 1 法則に比べて計算がやや複雑であり，精度も劣るので，造船関係では主として第 1 法則を用いているのが現状である．

ある曲線図形の面積の計算では基線を 3 等分した図 8.21 のような図形の集合したものとみなすことができる．

すなわち，図 8.22 において，面積は，

$$\text{AEFD} = \frac{3}{8}h(y_1 + 3y_2 + 3y_3 + y_4)$$
$$\text{EGHF} = \frac{3}{8}h(y_4 + 3y_5 + 3y_6 + y_7)$$
$$\text{GBCH} = \frac{3}{8}h(y_7 + 3y_8 + 3y_9 + y_{10})$$

ゆえに，ABCD の全面積 S は上の 3 式を加算したものである．

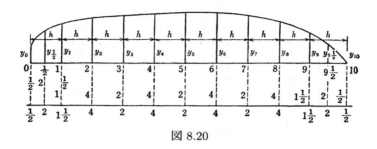

図 8.20

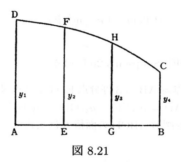

図 8.21

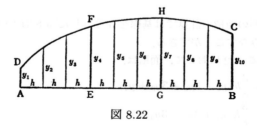

図 8.22

第 8 章 排水量

$$S = \frac{3}{8}h\left(y_1 + 3y_2 + 3y_3 + 2y_4 + 3y_5 + 3y_6 + 2y_7 + 3y_8 + 3y_9 + y_{10}\right)$$

なお，精度をよりよくするためには，基線の 3 の倍数等分を多くするとよいわけであるが一般に，

$$S = \frac{3}{8}h\left(y_1 + 3y_2 + 3y_3 + 2y_4 + 3y_5 + 3y_6 + 2y_7 + \cdots \right.$$
$$\left. + 2y_{3n-2} + 3y_{3n-1} + 3y_{3n} + y_{3n+1}\right)$$

これらの係数 1, 3, 3, 2, 3, 3, 2, $\cdots$, 2, 3, 3, 1 を第 2 法則のシンプソン係数という．

［例題 3］ 5.3 (1) の例題をシンプソン第 2 法則によって計算せよ．
［解答 3］縦線関数は次のように求められる．

縦線番号	縦線長さ	シンプソン係数	縦線関数
1	10.86	1	10.86
2	13.53	3	40.59
3	14.58	3	43.74
4	15.05	2	30.10
5	15.24	3	45.72
6	15.28	3	45.84
7	15.22	1	15.22
縦線関数の和			232.07

$$S = \frac{3}{8} \times 1.20 \text{ m} \times 232.07 \text{ m}$$
$$= \frac{0.9}{2} \times 232.07 \text{ m}^2 = \underline{104.4315 \text{ m}^2}\text{(答)}$$

5.4　チェビシェフの法則 (Tchebycheff's rule)

　これまでの諸近似計算式では，縦線を等間隔に設け計算するときは縦線の乗数はその位置に適した値であるが，これに反しチェビシェフ法則では，縦線が不同の間隔であり，その位置は曲線図形の中央に対し左右対称で，その数と間隔は次の表 8.1 のとおりに定まっている．このことは不便であるが計算が簡単で，一般に他法則よりも少数の縦線にて足り，精度の高い値が得られるので，シンプソン第 1 法則とともに船舶計算では広く用いられている．

　すなわち，チェビシェフ法則では，曲線図形の面積は表 8.1 に示された位置で，縦線の長さを測り，これを加え合わせたものに基線の長さを乗じ，使用した縦線の数で割ると所要の面積 S を求めることができる．

表 8.1

使用する縦線の数	基線の中央から縦線までの距離 (ただし，基線の長さの半分を1と見る)				
2		0.5774				
3	0	0.7071				
4		0.1876	0.7974			
5	0	0.3745	0.8325			
6		0.2666	0.4225	0.8662		
7	0	0.3239	0.5297	0.8839		
8		0.1026	0.4062	0.5938	0.8974	
9	0	0.1679	0.5288	0.6010	0.9116	
10		0.0838	0.3127	0.5000	0.6873	0.9162

$$S = \frac{\text{基線の長さ}}{\text{縦線の長さ}} (\text{縦線の長さの総和})$$

たとえば，図 8.23 のような面積を求めるためには表 8.1 に基づいたそれぞれの記号とすれば，

$$S = \frac{2L}{5}(y_1 + y_2 + y_3 + y_4 + y_5)$$

[例題] 半径 10 cm の半円の面積を，5 縦線を用いたチェビシェフ法則と円の公式によって求めたものとを比較して，その誤差を求めよ．ただし，縦線の位置は図 8.23 に示すとおりで，縦線の長さはそれぞれ $y_1 = 5.47$ cm, $y_2 = 9.20$ cm, $y_3 = 10.00$ cm, $y_4 = 9.20$ cm, $y_5 = 5.47$ cm とする．

[解答] (1) チェビシェフの法則により，

$$S_1 = \frac{20}{5}(5.47 + 9.20 + 10.00 + 9.20 + 5.47)$$
$$= \frac{20 \text{ cm}}{5} \times 39.34 \text{ cm}$$
$$= 157.36 \text{ cm}^2$$

(2) 円の公式により，

$$S = \frac{\pi r^2}{2} = \frac{3.14 \times (10 \text{ cm})^2}{2} = \frac{314 \text{ cm}^2}{2} = 157.0 \text{ cm}^2$$

ゆえに，(1), (2) より，その誤差は，

$$\text{誤差} = 157.36 \text{ cm}^2 - 157.0 \text{ cm}^2 = \underline{0.36 \text{ cm}^2} \text{(答)}$$

第 8 章 排水量

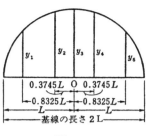

図 8.23

5.5 不規則な曲面を有する物体の体積

ある物体を適当な等間隔に分け，各断面の面積を計算して，この面積を縦線として描く曲線を面積曲線というが，この曲線と基線によって囲まれた面積を算出すれば，これがその物体の体積である．

曲面で囲まれた物体の体積は，これまでの諸法則による計算式を適用することによって算出できる．

たとえば，シンプソン第 1 法則によると，図 8.24 のように求めようとする物

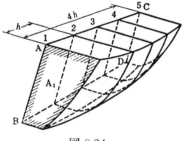

図 8.24

体の長さを偶数に等分して，各分点における垂直切断面積 $A_1, A_2, A_3, \cdots, A_n$ を求め，これらを縦線として (8.7) 式を適用すればよい．

すなわち，物体の体積 V は，

$$V = \frac{h}{3}(A_1 + 4A_2 + 2A_3 + 4A + \cdots A_{2n+1})$$

この計算法は，船舶で排水量，船倉等の容積を求めるとき，多く用いられている．

6. 毎 cm 排水トン数

毎 cm 排水トン数 (T.P.C.：tons per cm immersion) とは，平均喫水 1 cm を増減するために積荷また揚荷をするために必要なトン数のことで，喫水 1 cm を平行に沈下（または浮上）させるのに要する重量は現水線面が平均して 1 cm

増減することによる容積を重量に改めたものである．すなわち，平均喫水 1 cm の排水量のことである．

いま図 8.25 において，海上に浮いている排水量 W の船に w の積荷をし，水線に平行に（傾斜しない）沈下した場合，船体重量が増加すれば，それだけ排水容積も増加するので，両辺を重力単位系で表わすと，次の関係がなりたつ．

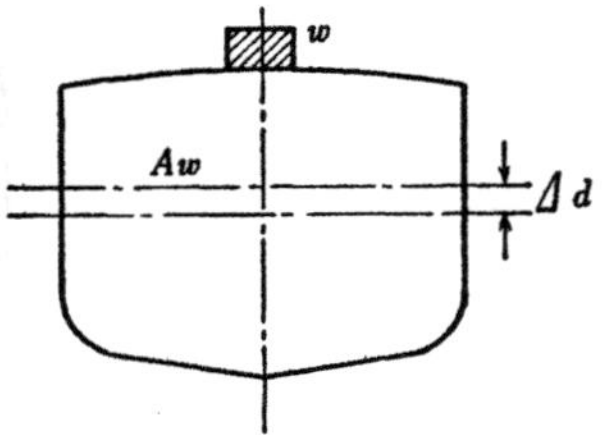

$$W + w = (V + v) \times \gamma \qquad (8.9)$$

この式より，

$$w = v \cdot \gamma$$

図 8.25

すなわち，増加重量は増加浮力に等しい．揚げ荷の場合も同様な理由で喫水は減少する．

ただし，図において，

W：排水量

V：排水容積

γ：海水比重

w：増加した重量

v：増加した容積

A_w：水線面積（一定とみなす）

Δd：喫水の変化量 (m)

δ：喫水の変化量 (cm)

ただし，Δd は喫水の変化量をメートルを単位として表わしたもの，δ はセンチメートルを単位として表わしたものとする．いま，図 8.25 において，$v = A_w \times \Delta d$ であるから，(8.9) 式より

$$w = A_w \cdot \Delta d \cdot \gamma$$
$$\therefore \Delta d = \frac{w}{A_w \cdot \gamma}$$

この Δd の値を 1 (cm) = 1/100 (m) とした場合の w は喫水を平行に 1 cm 沈下させるのに要する重量（排水トン数の増加量）で，これを毎 cm 排水トン数と称し，T.P.C. あるいは T の符号が用いられ，略してトンパーともいう．

第 8 章 排水量

ゆえに,

$$\text{T.P.C.} = \frac{A_w}{100} \cdot \gamma \tag{8.10}$$

T.P.C の値は標準海水 ($\gamma = 1.025$) として, 各喫水ごとに算出された値をもとに作成された各種の図表で容易に求められる.

したがって, いま標準海水における T.P.C. を T_1 とすれば, 比重 γ_2 に対する T.P.C. (T_2) は次式のように修正をしなければならない.

$$T_2 = T_1 \times \frac{\gamma_2}{1.025} \tag{8.11}$$

すなわち, 水線面積 (A_w) が一定であれば, T.P.C. は比重に比例する. この式は (8.10) 式に任意の比重を代入し, A_w を一定にして解けば, 証明することができる.

船に重量 w を積載, または除去した場合の喫水平行沈下 (浮上) 量 δ の関係については, (8.9) 式より,

$$w = v \cdot \gamma = A_w \cdot \Delta d \cdot \gamma$$

$$\therefore \Delta d = \frac{w}{A_w \cdot \gamma}$$

この式の Δd の値を cm で表わした値を δ とすると, $1\,(\text{cm}) = \frac{1}{100}(\text{m})$ なので,

$$\delta = \frac{100w}{A_w \cdot \gamma}$$

この式に, (8.10) 式を代入すれば,

$$\left.\begin{array}{l} \delta = \dfrac{100w \cdot A_w}{A_w \cdot 100 \cdot T} = \dfrac{w}{T} \\ w = \delta \cdot T \end{array}\right\} \tag{8.12}$$

また, 単位をフィート, 海水 $1\,\text{ft}^3 = \dfrac{1}{35}$ トン とした毎インチ排水トン数 T.P.I. は,

$$\text{T.P.I.} = \frac{1}{12} \times \frac{1}{35} \times A_\omega = \frac{A_\omega}{420}$$

[例題 1] 長さ 90 m, 幅 12 m の船の平均喫水 4.5 m における水線面積係数が 0.75 であった. いま, この船の喫水を 13 cm 増すには何キロトンの貨物を積めばよいか. ただし, 海水比重を 1.025 とする.

[解答 1] (1) T.P.C. を求める.

$$T = \frac{A_w}{100} \cdot \gamma = \frac{90 \times 12 \times 0.75}{100} \times 1.025 \fallingdotseq 8.3 \text{ kt}$$

(2) w を求める.

$$w = \delta \cdot T = 13 \text{ cm} \times 8.3 \text{ kt/cm} = \underline{107.9 \text{ kt}} \text{(答)}$$

[別解] $w = v \cdot \gamma = A_w \Delta d \cdot \gamma = L \cdot B \cdot C_w \cdot \Delta d \cdot \gamma$
$= 90 \times 12 \times 0.75 \times 0.13 \times 1.025 = \underline{107.9 \text{ kt}}$

[例題2] ある喫水における水平断面積が 8400 ft^3 であるとすれば,喫水を1インチ沈下させるのに要する重量はいくらか.

[解答2]　　T.P.I. $= \dfrac{A_w}{420} = \dfrac{8400}{420} = \underline{20 \text{ f-t}}$ (答)

7. 比重の変化による喫水の変化

図 8.26 のように比重 γ_1 の水域における排水容積 V_1,毎 cm 排水トン数 T_1 の船が,比重 γ_2 の水域に入って排水容積が V_2 になったとすれば,その排水容積は比重に反比例して変化するが,その船の真の排水量 W,すなわち全重量

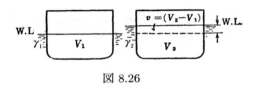

図 8.26

は貨物の積み・揚げがない限り, γ_1 の水域でも γ_2 の水域でも一定である.

$$W = V_1 \gamma_1 = V_2 \gamma_2$$
$$\therefore \frac{V_2}{V_1} = \frac{\gamma_1}{\gamma_2}$$

したがって,排水量一定の船が移動のために比重の変化に伴う喫水の変化を求めるには,次のような方法がある.

7.1 容積差による法

いま,船が γ_1 (1.025 の海とする) から γ_2 (1.000 の淡水とする) へ移動したとしないで,同一水面の海で淡水へ移動したときの排水容積の変化量 $v = (V_2 - V_1)$ の容積の水線になるまで海水を積んだと仮定すると,この間の喫水変化 δ を求めるには,容積差 $(V_2 - V_1)$ に γ_1 の海水を満たしたものが, $\delta \cdot T_1$ に等しい.

すなわち,

第 8 章 排水量

$$w = v \cdot \gamma$$
$$\delta \cdot T_1 = (V_2 - V_1) \cdot \gamma_1$$
$$\delta = \frac{\gamma_1}{T_1} \times (V_2 - V_1) = \frac{V_1 \cdot \gamma_1}{T_1} \times \left(\frac{V_2}{V_1} - \frac{V_1}{V_1}\right)$$

$$\therefore \delta = \frac{W}{T_1}\left(\frac{\gamma_1}{\gamma_2} - 1\right)$$

なお，比重 γ_2 における毎 cm 排水トン数 T_2 が与えられている場合には同様にして，

$$\delta \cdot T_2 = (V_2 - V_1) \cdot \gamma_2$$
$$\delta = \frac{\gamma_2}{T_2}(V_2 - V_1) = \frac{V_2 \cdot \gamma_2}{T_2}\left(\frac{V_2}{V_2} - \frac{V_1}{V_2}\right)$$

$$\therefore \delta = \frac{W}{T_2}\left(1 - \frac{\gamma_2}{\gamma_1}\right)$$

7.2 重量差による法

排水量 W の船を移動しないで，海水中のままで積荷により淡水中と同じ喫水線まで沈下させたと仮定すると，そのときの船の重量（排水トン数）は，図 8.26 より，

$$V_2 \cdot \gamma_1 = W \cdot \frac{\gamma_1}{\gamma_2}$$

したがって，積荷後と積荷前の重量差 w は，

$$w = W \cdot \frac{\gamma_1}{\gamma_2} - W = W\left(\frac{\gamma_1}{\gamma_2} - 1\right)$$

これは比重 γ_1 の海水中での増加喫水に対する増加重量であるので，γ_1 における T.P.C. を T_1 として，$\delta = w/T$ に代入すれば，

$$\delta = \frac{W}{T_1}\left(\frac{\gamma_1}{\gamma_2} - 1\right) \tag{8.13}$$

［例題 1］排水量 7000 キロトンの船が河川から海上に出たときの平均喫水の変化量を求めよ．ただし，海水比重 1.025，河川比重 1.01 とし，海上における毎 cm 排水トン数は，21 キロトンである．

［解答 1］

$$\delta = \frac{W}{T}\left(\frac{\gamma_1}{\gamma_2} - 1\right)$$
$$= \frac{7000 \text{ kt}}{21 \text{ kt/cm}}\left(\frac{1.025}{1.01} - 1\right) = \frac{7000}{21} \times \frac{0.015}{1.01} \text{ cm}$$
$$\fallingdotseq \underline{4.95 \text{ cm}}(答)$$

[例題 2] 出港時の喫水 5.50 m の船が毎日 40 トンの石炭を 7 日間消費した後，比重 1.01 の河川港に入港した．そのとき喫水は 6 cm 浮上していたという．本船出港時の排水量はいくらであったか．ただし海上における毎 cm 排水トン数は 20 トンである．

[解答 2] 石炭の消費による浮上量 (cm) は (8.12) 式より，
$$\delta = \frac{w}{T} = \frac{40 \times 7 \text{ t}}{20 \text{ t/cm}} = \frac{280 \text{ t}}{20 \text{ t/cm}} = 14 \text{ cm}$$

図 8.27 のように，石炭の消費によって 14 cm 浮上していなくてはならないにもかかわらず，6 cm しか浮上していないのは，比重の変化による喫水の増加のためである．すなわち，喫水の増加量は 14 − 6 = 8 cm である．ゆえに，次式に代入

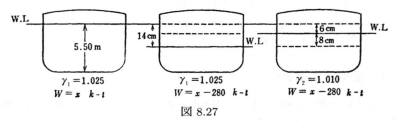

図 8.27

すると，
$$\delta = \frac{W}{T}\left(\frac{\gamma_2}{\gamma_1} - 1\right)$$
$$8 \text{ cm} = \frac{x - 280 \text{ t}}{20 \text{ t/cm}}\left(\frac{1.025}{1.01} - 1\right)$$
$$8 \text{ cm} = \frac{x - 280 \text{ t}}{20 \text{ t/cm}} \times \frac{0.015}{1.01}$$
$$(x - 280 \text{ t}) \times 0.015 = 8 \text{ cm} \times 20 \text{ (t/cm)} \times 1.01$$
$$(x - 280 \text{ t}) = \frac{8 \text{ cm} \times 20 \text{ t/cm} \times 1.01}{0.015}$$
$$\therefore \underline{x \fallingdotseq 11\,053 \text{ kt}}(答)$$

8. W, V, γ, T, A_w の関係

8.1 排水量 (W) 一定の場合

図 8.28 において，

第 8 章 排水量

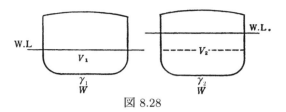

図 8.28

$$W = V_1 \cdot \gamma_1 = V_2 \cdot \gamma_2$$

$$\therefore \frac{V_2}{V_1} = \frac{\gamma_1}{\gamma_2} \tag{8.14}$$

排水量が一定ならば，排水容積は比重に反比例する．

8.2 排水容積 (V) 一定の場合

図 8.29 において，

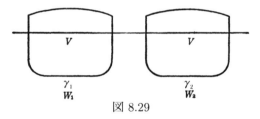

図 8.29

$$V = \frac{W_1}{\gamma_1} = \frac{W_2}{\gamma_2}$$

$$\therefore \frac{W_2}{W_1} = \frac{\gamma_2}{\gamma_1} \tag{8.15}$$

排水容積が一定ならば，排水量は比重に比例する．

8.3 比重 (γ) 一定の場合

図 8.30 において，

$$\gamma = \frac{W_1}{V_1} = \frac{W_2}{V_2}$$

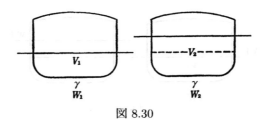

図 8.30

$$\therefore \frac{W_2}{W_1} = \frac{V_2}{V_1} \tag{8.16}$$

比重が一定ならば,排水量は排水容積に比例する.

8.4 水線面積 (A_w) 一定の場合

(8.10) 式より,

$$A_w = \frac{100T_1}{\gamma_1} = \frac{100T_2}{\gamma_2}$$

$$\therefore \frac{T_2}{T_1} = \frac{\gamma_2}{\gamma_1} \tag{8.17}$$

水線面積が一定ならば,毎 cm 排水トン数は比重に比例する.

第8章 排水量

[練習問題]

【1】 質量 3.5 キロトンの錨を海中に全没させて運搬すれば錨を支えるために要する力はどれだけ減少させることができるか．ただし，この錨の密度は $7\,\text{t/m}^3$ である．

【2】 幅 40 cm，深さ 30 cm，長さ 3 m の長方形の木材を密度 $1.025\,\text{t/m}^3 = 1.025\,\text{g/cm}^3$ の標準海水に浮かべたとき，深さが一様に 25 cm まで沈んだ．この木材の密度{比重}を求めよ．

【3】 長さ 8 m，幅 2 m，厚さ 1 m の角材の密度は $550\,\text{kg/m}^3$ である．この木材を海水に入れて全体を水に浸すためには，いくらの重量を加えたらよいか．

【4】 長さ 20 m，幅 6 m，最大喫水 4.5 m の箱型船が海上に浮かんでいる．いま，この船に貨物を積むとすれば最大でどれだけ積むことができるか．ただし，この船の空船時における喫水は 1.5 m とする．

【5】 長さ 5 m，幅 2 m，深さ 2 m の長方形の木材を海水に浮かべたとき，深さ一様に 1.6 m 沈んだ．この木材全体を海水に浸すにはどれだけの重量を加えたらよいか．

【6】 長さ 36 m，幅 9 m，深さ 7 m の箱船が喫水 5 m のとき，船体中央において，長さ 6 m の水密区画室に外部の水と同じ密度の水をいっぱいに注水した場合，喫水は何 m となるか．ただし，船は平均に沈下するものとする．

【7】 海面上に $1000\,\text{cm}^3$ (立方センチメートル) の体積を現わして浮いている氷塊の全容積を求めよ．ただし，海水および氷塊の密度は，それぞれ $1025\,\text{kg/m}^3$, $920\,\text{kg/m}^3$ とする．

【8】 密度 $900\,\text{kg/m}^3$ の氷山が海上に浮び水面下の体積 $9270\,\text{m}^3$ である．この氷山の海面上の体積を求めよ．ただし，海水の密度は $1030\,\text{kg/m}^3$ である．

【9】 長さ 100 m，幅 15 m，水線面積係数 0.8 の船が平均喫水 5 m にてドックに浮んでいるとき，ドック内の海水を排除したために平均喫水は 4.5 m となった．キールブロックの抗力はいくらか．ただし，水線面積は一定で，海水比重は 1.025 である．

【10】 排水量 15 000 f-t の船の排水容積を求めよ．ただし，海水 $1\,\text{ft}^3$ は 64 ポンドとする．

【11】 満載排水トン数 12 300 トンの船が比重 1.009 の河水中で満載喫水線まで積荷した後，海水中ではさらにどれだけの貨物を積むことができるか．

【12】 某漁船が漁獲物を積んで比重 1.01 の河港から比重 1.03 の魚河岸にシフトしたら $40\,\text{m}^3$ 浮上した．この漁船の排水量を求めよ．

【13】 長さ 100 m，幅 16 m，深さ 10 m の長方形の船が海水中で 8 m の等喫水で浮んでいる．この船の排水量を求めよ．また $C_b = 0.6$ の場合はいくらか．

【14】 長さ 10 m，幅 2 m，水線面積係数 0.8 のボートが喫水 1.0 m で比重 1.025 の海上に浮んでいる．比重 8，質量 5.6 キロトンの錨を海中につって運搬しようとする場合にボートの喫水変化量を求めよ．

【15】 河水比重 1.003 の某河港に停泊中の船の平均喫水が 7.00 m であるとき，その船の現排水トン数を求めよ．ただし，喫水 7.00 m に対する排水量曲線より求めたトン数は 10 560 トンである．

【16】 長さ 145 m，幅 20 m，水線面積係数 0.72 の船が比重 1.025 の海上に 6 m の等喫水で浮んでいる．この船の毎 cm 排水トン数を求めよ．

【17】標準海水に浮んでいる某船から 54.3 キロトンの重量を卸したところ，喫水が一様に 5 cm 減少した．最初の喫水に対する下記を求めよ．
　　(1) 毎 cm 排水トン数　(2) 水線面積

【18】長さ 40 m, 幅 6 m, 水線面積係数 0.8 の船が比重 1.025 の海上で 10 キロトンの重量物を揚げたとき，喫水の一様な減少量を求めよ．

【19】長さ 20 m, 幅 3.8 m の漁船が比重 1.0 の河で 3.1 トンの漁獲物を水揚げしたところ喫水が一様に 5 cm 減少した．最初の水面に対する下記を求めよ．
　　(1) T.P.C. (2) 水線面積 (A_w) (3) 水線面積係数 (C_w)

【20】長さ 100 m, 幅 20 m, 深さ 7 m の箱船が比重 1.025 の海上において，5.0 m の等喫水で浮んでいる．いま，この船の船体中央で長さ 10 m の水密区間に海水をいっぱいに注水した場合と損傷を受けて浸水した場合の喫水を求めよ．

【21】長さ 100 m, 幅 18 m, 深さ 10 m の船が比重 1.025 の海上で 8 m の等喫水で浮んでいる．このとき下記を求めよ．
　　(1) 箱船の排水量 (2) T.P.C. (3) $C_b = 0.6$ のときの排水量

【22】長さ 100 m, 幅 15 m, 水線面積係数 0.8 の船に 500 トンを積んだときの喫水の変化量を求めよ

【23】長さ 130 m, 幅 18 m の船が比重 1.01 の河川に浮んでいる．この船に 200 トンの貨物を積んだところ喫水が 16 cm 沈下した．この船の水線面積係数 C_w を求めよ．

【24】海水 ($\gamma_1 = 1.025$) での T.P.C. $= T_1$ の船が河水 ($\gamma_2 = 1.0$) に移動したときの T_2 を求める公式を述べよ．ただし，水線面積 A_w に変化はないものとする．また，$T_1 = 24.6$ トンのときの T_2 を求めよ．

【25】次式を証明せよ．ただし，A_w ＝水線面積，γ ＝比重 とする．
$$T = \frac{A_w}{100} \cdot \gamma$$

【26】排水量 6000 キロトンの船が河川から海上に出たときの喫水の減少はいくらか．ただし，河水比重 1.015, 海水比重は 1.025, 海での T.P.C. は 26 キロトンとする．

【27】比重 1.025 の海水と同一喫水で浮かぶためには比重 1.010 の河水では 150 キロトンのバラスト (ballast) を排除せねばならないという．この船の排水量を求めよ．

【28】河に浮んでいる船が海に入って 150 トンの積荷をしたところ喫水は河に浮んでいるときと全く同一になった．150 トン積荷後の排水トン数を求めよ．ただし，海水および河水 1 ft^3 の重量を 64 lbs および 63 lbs とする．

【29】満載排水トン数 9600 トンの船が比重 1.005 の海で満載喫水線まで積荷した後，比重 1.025 の海ではさらにどれだけの重量を積むことができるか．

【30】排水量 12 300 トンの船が比重 1.025 の海水中から比重 1.01 の河水に入った場合の喫水変化量を求めよ．また，この場合，海水中と同じ喫水で浮かぶためにはバラストタンクの海水を何トン排出すればよいか．ただし，トリムに変化なく，海での T.P.C. は 25 トンとする．

【31】甲船は海水中（比重 1.025）より河水（比重 1.009）に入る場合，同一喫水で浮かぶためには，バラスト 200 トンの排出を必要とする．甲船の海水中における排水トン数を求めよ．

第 8 章 排水量

【32】 平均喫水 7.00 m において排水量 25 000 キロトンの船が平均喫水 5.9 m で密度 1000 kg/m³ {比重 1.0} の河に浮んでいる．この状態における排水量を求めよ．ただし，浮面心 (C.F.) は中央で海での T.P.C. は 25 トンとする．

【33】 排水量 W の船が比重 γ_1 の水域から γ_2 の水域へ移動したとき，喫水変化量 δ は次式で表わされることを証明せよ．ただし，γ_1 における毎 cm 排水トン数は T_1 である．

$$\delta = \frac{W}{T_1}\left(\frac{\gamma_1}{\gamma_2} - 1\right)$$

【34】 船が海水から淡水に入った場合の喫水の変化を求める方法 2 つをあげて説明せよ．

【35】 長さ 50 m，甲板の幅 10 m，深さ 6 m で横断面が一様な二等辺三角形の船が比重 1.03 の海に喫水 4.8 m で浮んでいるとき，排水量および浮力中心位置を求め，浮力中心に関するモーリッシュの式で算出した値と比較せよ．

【36】 喫水 5.7 m，方形係数 0.6，水線面積係数 0.8 を与えられたとき，モーリッシュの式および早瀬の式による浮心位置を比較せよ．

【37】 下記のような縦線を有する曲線図形（図 8.31）の面積をシンプソン第 1 法則および第 2 法則を用いて求めよ．ただし，縦線間の間隔を 2 cm とする．$y_1 = 2.20, y_2 = 3.35, y_3 = 4.40, y_4 = 5.25, y_5 = 5.60, y_6 = 5.30, y_7 = 5.20$ (cm)

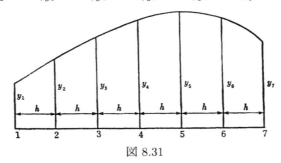

図 8.31

【38】 図 8.32 のような船体の横断面の面積を求めよ．ただし，縦線間の間隔を 0.5 m とし，各縦線の長さは次のとおりである．$y_1 = 2.25, y' = 3.40, y_2 = 4.30, y_3 = 5.32, y_4 = 5.90, y_5 = 6.24, y_6 = 6.40$ (m)

【39】 ある曲線図形の基線における等分間隔は 6 m で，垂線長はそれぞれ，12.86, 12.93, 12.99, 13.03, 13.05, 13.02, 12.98 であるとき，その面積をシンプソン公式で求めよ．

【40】 ある船の水線面の船尾から 2.6 m の等間隔における垂線の片側幅が次のとおりである．この船の水線面積を求めよ．船尾から 0.145, 2.32, 2.57, 2.60, 2.60, 2.60, 2.44, 1.86, 0.87, 0 (m)

【41】 図 8.33 のような長さ 600 m の水平面がある．10 縦線を用いて，その面積を求めよ．

【42】 ある船の 0.30 m の間隔の水線面積は基線より上方に 0, 40.3, 62.7, 77.8, 87.0, 91.8, 101.2 m² である．この船の排水容積を求めよ．

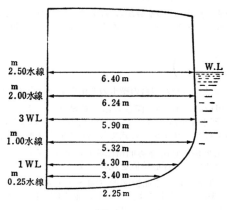

図 8.32

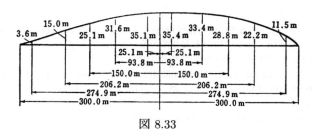

図 8.33

第8章 排水量

【43】 船体の水線下の横断面積はそれぞれ次のとおりである．図 8.34 のような船体の横断面積の間隔を 4.5m とすると，その船の水線下の容積 V を求めよ．ただし，片舷の横断面積は次のとおりである．2.49, 4.70, 5.32, 8.13, 10.18, 11.21, 11.40, 10.93, 9.42, 6.65, 3.04, 1.25, 0 (m²).

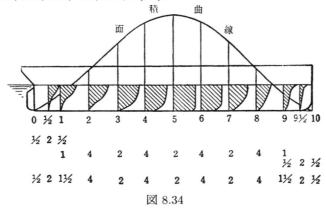

図 8.34

【44】 船体水線下の各水線面積はそれぞれ次のとおりである．各水線間の間隔を 0.5 m として，図 8.35 のような船体の水線下の容積を求めよ．基線より上方に 66.60, 88.40, 104.25, 121.02, 138.46, 142.76, 145.00 (m²) である．

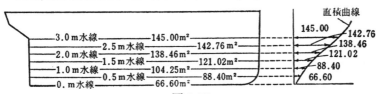

図 8.35

第9章　重心

1.　物体の重量と質量

物体には総て重さがある．これは地球が，地球上にある総ての物体を引いているためで，地球が物体を引く力を重力という．重さ（重量）とは，この重力の大きさのことである．同じ物体でも地球上の場所が違えば，いくらか重さが違う．すなわち，高い場所ほどその重さが少し軽くなる．

この重さとは別に，物体をつくっている物質の量として質量が考えられるが，これは地球上の場所によらない物体に固有の量である．したがって，同じ場所において物体の質量は，それに働く重力の大きさ，すなわち重さに比例する．

2.　重心

物体は総て小さな部分が無数に集合してできているものであるから，物体の重量は，それら無数の分子の重量の結合である．それら無数の分子の重量は無数の平行力であるから，それらの結合した物体の重量は，これら無数の平行力の合力であって，その合力の作用点をその物体の重心 (center of gravity) という．

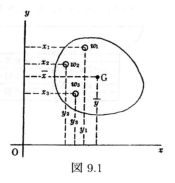

図 9.1

いま，図 9.1 のように，物体を組成する各分子の重量を $w_1, w_2, w_3 \cdots$ とし，全重量を W とすれば，

$$W = w_1 + w_2 + w_3 + \cdots$$

次に，任意の点 O において，直角に交わる水平および垂直の 2 直線 O_x, O_y を引き，O_x から $w_1, w_2, w_3 \cdots$ までの距離を $y_1, y_2, y_3 \cdots$ とし，O_y からのそれぞれを $x_1, x_2, x_3 \cdots$ とし，O_x から物体全体の重心 G までの距離を $\bar{y}$, O_y からのそれを $\bar{x}$ とする．

O_x は水平な線であるから，総ての重量は，O_x に直角に作用するので，これらの力のモーメントをとれば，

第 9 章 重心

$$W \cdot \overline{x} = w_1 x_1 + w_2 x_2 + w_3 x_3 + \cdots$$

$$\therefore \overline{x} = \frac{w_1 x_1 + w_2 x_2 + w_3 x_3 + \cdots}{W} \tag{9.1}$$

O_x を垂直線, O_y を水平線と仮定して同様に力のモーメントをとれば,

$$\overline{y} = \frac{w_1 y_1 + w_2 y_2 + w_3 y_3 + \cdots}{W} \tag{9.2}$$

上式のようにして $\overline{x}$ と $\overline{y}$ とを求めれば, その交点である重心 G の位置は確定する.

もし, 直線 O_x が重心 G を通るなら $\overline{y} = 0$ となり, 直線 O_y が重心 G を通るならば $\overline{x} = 0$ となるので, 上の 2 式から,

$$w_1 x_1 + w_2 x_2 + w_3 x_3 + \cdots = 0$$

$$w_1 y_1 + w_2 y_2 + w_3 y_3 + \cdots = 0$$

すなわち, ある直線に対する各分子重量のモーメントの代数和 (Σ) が 0 であるとき, その直線は, その物体の重心を通る.

物体の各分子重量の合力は, 重心に作用する物体の全重量に等しい. また, 重心は物体について定まった点で, 物体全体の重さが, 重心に作用するとみなすことができる.

したがって, 重心に物体全体の重さに等しく鉛直上向きの力を加えれば, 物体は回転を起こさずに, そのままの姿勢で静止する.

それらはまた物体が均一な厚さを有する板, または厚さのない平面である場合にも準用される. その場合に重量は, その表面積に正比例する.

簡単な形状の物体の重心位置は次のとおりである.

直線	長さの中点
三角形	3 中線の交点
平行四辺形	対角線の交点
台形	対角線で分けられた 2 つの三角形の重心を結ぶ直線と, 平行辺の中点を結ぶ直線との交点
四辺形	対角線によって分けられるそれぞれの相対する重心を結ぶ直線の交点
円板, 球	各中心
だ円	長軸, 短軸の交点
半円	中心から $0.4244\,\gamma$ の点
四分円	中心から $0.6002\,\gamma$ の点

すい体　　　底面の中心と頂点を結ぶ直線上底面から高さの1/4の点

[例題] 長さ3 m，質量12 kgの太さおよび材質一様な棒を，支点の上におき，1端に，49 N{5 kgf}，他端に127.4 N{13 kgf}の力を加えて，棒を水平に保つための支点の位置ならびに支点に働く合力を求めよ．

[解答] 図9.2において，支点に働く合力をRとすれば，

$$R = 127.4 \text{ N} + 117.6 \text{ N} + 49 \text{ N} = \underline{294 \text{ N}}(答)$$

127.4 Nを加えた棒の1端から支点までの距離をxとすれば，支点と重心との

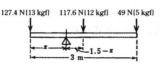

図9.2

距離は，$1.5 - x$である．Gに関する力のモーメントをとれば，

$$(49 \text{ N}) \cdot (3 - x) + (117.6 \text{ N}) \cdot (1.5 - x) - (127.4 \text{ N}) \cdot x = 0$$

$$\therefore \underline{x = 1.1 \text{ m}}(答) \cdots 他端127.4 \text{ N}の棒の端からの距離$$

3. 船舶の重心

前項の重心のモーメントについて，船舶の復原性の場合では，図9.3のように，y軸のみを考えればよいので，

$$KG = \frac{w_1 h_1 + w_2 h_2 + w_3 h_3 + \cdots}{w_1 + w_2 + w_3 + \cdots} \tag{9.3}$$

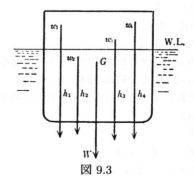

図9.3

第9章 重心

すなわち，次のように表わすことができる．

$$KG = \frac{\text{キールに対する総モーメント}}{\text{総重量}}$$

したがって，貨物の積卸しをするとき，軽荷状態等はじめの重心の高さが，あらかじめ知られているときに，各船倉に所定の配置積付けを行った場合，船全体の重心位置は，次式で求めることができる．

$$KG' = H = \frac{WH_0 \pm w_1 h_1 \pm w_2 h_2 \pm w_3 h_3 \pm \cdots}{W \pm w_1 \pm w_2 \pm w_3 \pm \cdots}$$

ただし，

W：軽荷状態等はじめの排水トン数

$KG = H_0$：Wの重心のキール上の高さ

w_1, w_2：積卸しの重量

h_1, h_2：w_1, w_2の各重心のキール上の高さ

$KG' = H$：船全体の重心（移動後）のキール上の高さ

上式の符号は，積むとき $(+)$，揚げるとき $(-)$ を用いる．

[例題] 排水トン数90キロトンの某船の重心は，その長さの中央でキール線上5mである．いま，長さの中央で，重心がキール線上7mのところに10キロトンの貨物を積んだ場合の新重心の位置を求めよ．また，揚げた場合の新重心位置も求めよ．

[解答] 図9.4に従い新重心位置を求める．

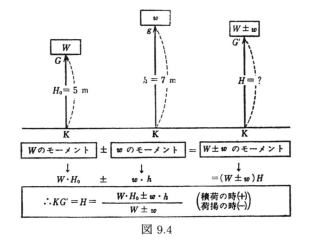

図 9.4

(1) 積荷の場合の新重心位置を求める．

$$KG' = \frac{WH_0 + wh}{W + w}$$
$$= \frac{(90 \times 9.8 \text{ MN}) \times 5 \text{ m} + 98 \text{ MN} \times 7 \text{ m}}{(90 \times 9.8) \text{ MN} + 98 \text{ MN}}$$
$$= \frac{5096}{980} \text{ m} = \underline{5.2 \text{ m}} \text{(答)}$$

(2) 揚荷の場合の新重心位置を求める．
$$KG' = \frac{WH_0 - wh}{W - w}$$
$$= \frac{(90 \times 9.8 \text{ MN}) \times 5 \text{ m} - 98 \text{ MN} \times 7 \text{ m}}{(90 \times 9.8) \text{ MN} - 98 \text{ MN}}$$
$$= \frac{3724}{784} \text{ m} = \underline{4.75 \text{ m}} \text{(答)}$$

·························（重力単位系）·························

(1) 積荷の場合の新重心位置を求める．
$$KG' = \frac{WH_0 + wh}{W + w} = \frac{90 \text{ kt} \times 5 \text{ m} + 10 \text{ kt} \times 7 \text{ m}}{90 \text{ kt} + 10 \text{ kt}}$$
$$= \frac{520}{100} \text{ m} = \underline{5.2 \text{ m}} \text{(答)}$$

(2) 揚荷の場合の新重心位置を求める．
$$KG' = \frac{WH_0 - wh}{W - w} = \frac{90 \text{ kt} \times 5 \text{ m} - 10 \text{ kt} \times 7 \text{ m}}{90 \text{ kt} - 10 \text{ kt}}$$
$$= \frac{380}{80} \text{ m} = \underline{4.75 \text{ m}} \text{(答)}$$

···

4. 重心の移動

4.1 一部重量を移動する場合

　ある物体内の一部重量を移動すると，その重量物の重心も移動する．そのときは，一部重量の移動のモーメントと物体全体の重心移動のモーメントが相等しくなる．

　図 9.5 において，全体の重量 W の物体の一部重量 w の重心を g とし，この w の物体を g′ にくるように移動したとする．また，w を除いた残りの物体の重心を G_1，w を移動した後の重心を G′ とする．

　次に，任意の点 O において，直角に交わる水平および垂直の 2 直線 O_x，O_y を引き，O_x から g, G, G_1, G′, g′ までの距離をそれぞれ $y, \bar{y}, y_1, \bar{y}', y'$ とし，O_y からのそれを $x, \bar{x}, x_1, \bar{x}', x'$ とすれば，(9.1),(9.2) 式から，

第 9 章 重心

$$\bar{x} = \frac{wx + (W-w)x_1}{W}, \bar{y} = \frac{wy + (W-w)y_1}{W}$$

$$\bar{x}' = \frac{wx' + (W-w)x_1}{W}, \bar{y}' = \frac{wy' + (W-w)y_1}{W}$$

上式から

$$\bar{x}' - \bar{x} = \frac{w(x'-x)}{W} \qquad (9.4)$$

$$\bar{y}' - \bar{y} = \frac{w(y'-y)}{W}$$

いま，w の移動方向を，x 軸に平行にとれば，$y' = y$ で，$y' - y = 0$，すなわち，物体全体の重心は，w の移動方向に平行に移動する．

一般に全重量 W の物体の一部分 w が $d = (x'-x)$ だけ移動するとき，全体の重心はそれと平行で同じ向きに移動し，かつ，その移動距離 GG' は，(9.4) 式から

$$\mathrm{GG}' = \frac{wd}{W} \qquad (9.5)$$

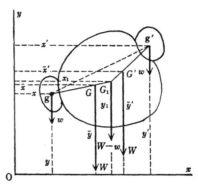

図 9.5

4.2 一部重量を付加（積載）する場合

図 9.6 において，重量 W の物体の重心 G，新たに付加した一部重量 w の重心を g とすれば，付加した後の新重心 G' の位置は，平行力合成法（作用点を G とする）から，

$$(W+w) \times \mathrm{GG}' = w \times \mathrm{Gg} \quad (\overline{\mathrm{Gg}} = d)$$

$$\therefore \mathrm{GG}' = \frac{wd}{W+w} \qquad (9.6)$$

すなわち，G' は Gg 線上にあって，G に対し g と同じ側である．

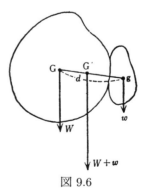

図 9.6

4.3 一部重量を除去（揚卸し）する場合

図 9.7 において，重量 W の物体の重心 G，除去する一部重量 w の重心を g とする．G を原点として，Gg を x 軸とし，直交 y 軸とする 2 軸をとり，w を除去した後の新重心 G′ と g に作用するモーメントを考えれば，

$$(W - w) \times \mathrm{GG'} = w \times \mathrm{Gg}$$

$$\therefore \mathrm{GG'} = \frac{wd}{W - w} \qquad (9.7)$$

すなわち，新重心 G′ は Gg 線上にあって，G に対し g と反対側である．

以上のような重心移動の原理を要約すると次のとおりである．

(1) 物体全体の重心は一部重量が移動した方向と平行な方向へ移動する．GG′//gg′
(2) 一部重量を付加した場合は，それと同じ方向へ移動する．
(3) 一部重量を除去した場合は，その反対の方向へ移動する．
(4) 物体全体の重心の移動距離 GG′ は

$$\mathrm{GG'} = \frac{wd}{W \pm w}$$

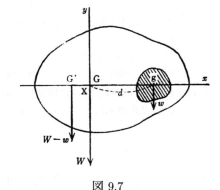

図 9.7

これらのことを，船舶について表わすならば，図 9.8 に示すとおりである．ただし，積荷，揚荷の場合の d は G から g までの距離である．なお，計算にあたっては，垂直・水平方向に分け，いったん G の垂直作用線上で積卸しをした後，所要方向へ移動したとして計算すること．

［例題］前項の例題について，本項の公式に基づいて，新重心位置を求めよ．
［解答］　(1) 積荷の場合の新重心位置を求める．

$$\mathrm{GG'} = \frac{wd}{W + w}$$
$$= \frac{98 \text{ MN} \times 2 \text{ m}}{(90 \times 9.8) \text{ MN} + 98 \text{ MN}} = \frac{20 \text{ MN m}}{100 \text{ MN}} = 0.2 \text{ m}$$

第9章 重心

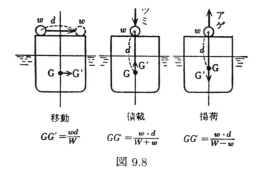

図 9.8

重心移動の原理に従い図 9.9 に示すとおり，新重心位置は，
$$KG' = KG + GG' = 5\,\mathrm{m} + 0.2\,\mathrm{m} = \underline{5.2\,\mathrm{m}}(答)$$
(2) 揚荷の場合の重心位置を求める．
$$\begin{aligned}GG' &= \frac{wd}{W-w}\\ &= \frac{10 \times 9.8\,\mathrm{MN} \times 2\,\mathrm{m}}{(90 \times 9.8)\,\mathrm{MN} - 98\,\mathrm{MN}} = \frac{20\,\mathrm{MN\,m}}{80\,\mathrm{MN}} = 0.25\,\mathrm{m}\end{aligned}$$
$$KG' = KG - GG' = 5\,\mathrm{m} - 0.25\,\mathrm{m} = \underline{4.75\,\mathrm{m}}(答)$$

............................（重力単位系）............................

(1) 積荷の場合の新重心位置を求める．
$$GG' = \frac{wd}{W+w} = \frac{10\,\mathrm{kt} \times 2\,\mathrm{m}}{(90+10)\,\mathrm{kt}} = \frac{20}{100}\,\mathrm{m} = 0.2\,\mathrm{m}$$
重心移動の原理に従い図 9.9 に示すとおり，新重心位置は，
$$KG' = KG + GG' = 5\,\mathrm{m} + 0.2\,\mathrm{m} = \underline{5.2\,\mathrm{m}}(答)$$
(2) 揚荷の場合の重心位置を求める．
$$GG' = \frac{wd}{W-w} = \frac{10\,\mathrm{kt} \times 2\,\mathrm{m}}{(90-10)\,\mathrm{kt}} = \frac{20}{80}\,\mathrm{m} = 0.25\,\mathrm{m}$$
$$KG' = KG - GG' = 5\,\mathrm{m} - 0.25\,\mathrm{m} = \underline{4.75\,\mathrm{m}}(答)$$

....

5. 傾斜試験

船体を傾斜させて重心点を決定する最も重要な試験で，新造船完成時の第1回の定期検査に行い，第2回以後の定期検査においては，管海官庁が差しつかえないと認めるものについては，これを省略することができる．普通，進水直

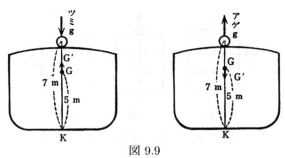

図 9.9

後と完成時と 2 回行われる．

　傾斜試験 (inclining experiment) は復原性，耐航性に対して重要な要素である船体重心 G を決定するのに必要であり，また，船体重量を測定し，計画した重量との間の差を調べる上にも重要である．

5.1　傾斜試験適用船舶（船舶復原性規則第 1 条）

(1) 総トン数 5 トン以上の旅客船
(2) 遠洋区域，近海区域，または沿海区域を航行区域とする長さ 24 m 以上の船舶であって旅客船以外のもの（国際航海に従事しない総トン数 500 トン未満の船舶を除く）
(3) 総トン数 20 トン以上の漁船
(4) 総トン数 5 トン以下の水中翼船
(5) 小型船（総トン数 5 トン未満の船舶で旅客運送の用に供するもの，および推進機関や帆装を有しない船舶であって，推進機関を有する他の船舶に引かれて旅客運送の用に供するもの）

5.2　傾斜試験の原理（図 9.10 参照）

(1) w トンの重量物を中心線から等距離に各舷に配置する．このときの排水量 W は，船の重量と移動重量物 $2w$ との和であり，船体は傾斜しない．
(2) 片舷の重量物 w を他の舷に移す．このとき重心 G は G′ に移動し，浮心 B は B′ に移動して，船体は傾斜する．

(3) 船倉内に長さ ℓ の振り子をつるし，その下端のおもりの移動距離 r を物差しで読み取る．
(4) 重心移動の原理により，

$$W \cdot \mathrm{GG}' = w \cdot d$$

$$\therefore \mathrm{GG}' = \frac{w \cdot d}{W}$$

直角三角形 MGG' において，

$$\tan \theta = \frac{\mathrm{GG}'}{\mathrm{GM}}$$

$$\therefore \mathrm{GM} = \frac{\mathrm{GG}'}{\tan \theta}$$

したがって，上式から

$$\left.\begin{aligned} \mathrm{GM} &= \frac{w \cdot d}{W \cdot \tan \theta} \\ \therefore W &= \frac{w \cdot d}{\mathrm{GM} \cdot \tan \theta} \end{aligned}\right\} \quad (9.8)$$

船倉内に2個所以上設けて，図9.10のように，つるした振り子の移動 r を読めば，船体の傾斜角は，

$$\tan \theta = \frac{r}{\ell}$$

でその平均値をとり，(9.8) 式に代入すれば，

$$\left.\begin{aligned} \mathrm{GM} &= \frac{w \cdot d \cdot \ell}{W \cdot r} \\ W &= \frac{w \cdot d \cdot \ell}{\mathrm{GM} \cdot r} \end{aligned}\right\} \quad (9.9)$$

5.3 傾斜試験実施の準備と注意（船復則第6条）

傾斜試験は，w の移動のみによるものであるから，w 以外の船を傾ける原因は避けなければならない．また，傾斜試験に必要な準備と注意は次のとおりである．

(1) 風，波，潮流等による影響が，できる限り少ない場所を選定し，かつ試験実施中に予想される外力の影響をできる限り避けることができるようにけい留その他の措置をすること．

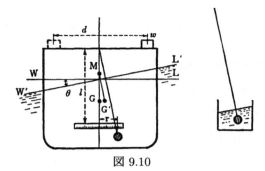

図 9.10

(2) 船舶の完成の際に搭載すべき設備その他は，船内の定位置に搭載すること．
(3) 船舶完成の際に搭載しない設備その他で，試験に必要でないものは船内から除去すること．
(4) やむを得ない事情により搭載しなかったもの，または除去しなかったものについて，その重量および搭載位置についての詳細な資料を作成すること．
(5) 船内の総てのタンクは空にするか満水とし，かつタンク以外の船内の水，油等を除去すること．
(6) やむを得ない事情により，タンク内に自由水がある場合には，その影響を正確に算定するための資料を作成すること．
(7) 船内の搭載物は，移動しないように固定すること．
(8) 船舶の計画トリム以外のトリムをなるべく少なくすること．
(9) 船舶を横傾斜させるのに，その重量を正確に測定した適当な移動重量物を船舶に搭載すること．
(10) 傾斜角測定に必要な，下げ振りは，なるべく長い下げ振りおよびその動揺を少なくするための水槽を搭載すること

5.4 傾斜試験実施方法

図 9.11 のように，移動の小重量 w は普通左右舷 1 組ずつ合計 2 組用意し，甲板上なるべく移動距離 d を大きくとれる位置 A および B におき，次の順で移動するが，横傾斜角は 2 度～3 度くらいがよい．

第 9 章 重心

(1) 第 1 回 A → A′
(2) 第 2 回 A′ → A
(3) 第 3 回 B → B′
(4) 第 4 回 B′ → B

以上 4 回の実験で,振り子の移動距離 r を平均し,その平均値をもって GM を求め,さらに 2 個所以上設けた振り子から求めた GM を平均して,正しい GM を算出する.

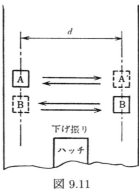

図 9.11

[例題] 排水トン数 7000 キロトンの直立して浮かんでいる船で 30 キロトンの重量を横方向に 16.4 m 移動させたところ,長さ 4.94 m の振り子の下端が 33 cm 移動した.横メタセンタ高さを求めよ.

[解答]
$$\mathrm{GM} = \frac{w \cdot d \cdot l}{W \cdot r} = \frac{294 \text{ MN} \times 16.4 \text{ m} \times 4.94 \text{ m}}{(7000 \times 9.8) \text{ MN} \times 0.33 \text{ m}} \fallingdotseq \underline{1.05 \text{ m}} (答)$$

.... (重力単位系) ....

$$\mathrm{GM} = \frac{w \cdot d \cdot l}{W \cdot r} = \frac{30 \text{ ktf} \times 16.4 \text{ m} \times 4.94 \text{ m}}{7000 \text{ ktf} \times 0.33 \text{ m}} \fallingdotseq \underline{1.05 \text{ m}} (答)$$

［練習問題］

【1】 長さ 56 cm, 質量 9 kg の太さ材質一様な棒の一端に 6 kg, 他端に 17 kg のおもりをつって, 棒を水平に保つための支点の位置を求めよ.

【2】 質量 20 kg の物体を図 9.12 のように支えるとき, 支えた点で, 棒に作用する鉛直力を求めよ. ただし, 棒の重さは考えないものとする.

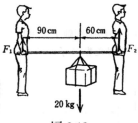

図 9.12

【3】 長さ 100 cm の棒 AB の一端 A が図 9.13 のように, ちょうつがいで壁につながれている. この棒の点 C に 5 kg の物体をつるし, 他端 B を支えて棒を水平に保つには, どれだけの力が必要か. ただし棒の重さは無視する.

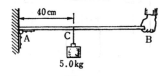

図 9.13

【4】 両端に 3 kg および 31 kg の重量をつり, 一端より 13 cm の距離に支点を有し水平に保っている長さ 72 cm の棒の重量を求めよ.

【5】 図 9.14 のように, 長さ 30 cm, 質量 100 g の太さ一様な棒の一端に直径 2 cm, 質量 250 g の円柱形の鉄塊を取り付けた金づちがある. その重心の位置を求めよ.

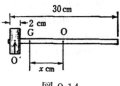

図 9.14

【6】 排水量 22 000 キロトンの船の KG は 5 m である. いま, キール上 1 m に重心を有する海水バラストを排出したら, 重心は 10 cm 上昇した. バラストの重量を求めよ.

【7】 排水量 150 キロトンの某漁船の空船時の KG は 2.4 m である. この漁船に 50 キロトンの氷 (重心はキール上 4m) および 30 キロトンの魚箱 (重心はキール上

第9章 重心

6 m) を積んだ．この漁船の出港時の重心を求めよ．

【8】 某船の排水トン数は，3000 キロトンで，重心はキール線上 4.8 m の高さのところにある．いま，この船の下倉に積荷 1300 キロトン（重心位置はキール線上 2.0 m），中甲板に積荷 800 キロトン（重心位置はキール線上 6.5 m）を積載した場合の，この船全体の重心位置を求めよ．

【9】 排水トン数 11 100 キロトンの直立して浮かんでいる船に，35 キロトンの貨物を，その重心がキール線上 14.5 m，中心線上から正横水平距離 9 m のところにあるように積載した場合の新重心の位置を求めよ．ただし，この船の重心はキール線上 5 m にある．

【10】 排水トン数 123 000 キロトンの某船の重心は，その長さの中央でキール線上 6 m である．いま，この船の長さの中央から前方 56 m で，重心がキール線上 1 m の所にある 300 キロトンの清水を全部排水した場合の新重心の位置を求めよ．

【11】 排水トン数 5000 キロトンの船が，その中甲板の貨物 100 キロトンを，その上方 2.6 m の上甲板で，20 m 後方に移動させたとする．そのときの船の重心移動量を求めよ．

【12】 某船の排水量 8500 キロトン，その重心の高さは，キール上 5.2 m である．いまこの状態で出港し，航海中燃料油 400 キロトン（重心高さキール上 2 m），清水 200 キロトン（重心高さキール上 3.5 m）を消費して，次の港に入港した．そのときの重心の高さを求めよ．

【13】 荷役開始前 KG 5.4 m の船で，キール上 7 m に重心を有する 500 キロトンの貨物を揚げたところ，重心は 0.2 m 下がったという．この船の荷役開始前の排水量はいくらか．

【14】 排水量 9800 トンの某船の重心は，船の長さの中央で，キール線上 5 m のところにある．いま，この船の長さの中央より前方 36 m で重心がキール線上 0.6 m の所にある 200 トンの清水を全部排水した場合の重心位置を求めよ．

【15】 排水トン数 5000 キロトンの船の傾斜試験で 5 キロトンの重量を 13.5 m 移動したとき，長さ 7.2 m の振り子のおもりの変位が 0.15 m であった．GM を求めよ．

【16】 排水トン数 10 500 キロトンの船において，45 キロトンの重量を横水平距離 15 m 移動したとき，傾斜角 $\tan\theta = 0.062$ であった．横メタセンタが満載吃水線の上方 1.45 m とすれば，船の重心位置はどこか．

【17】 排水トン数 380 キロトンの漁船の傾斜試験において，2 キロトンの重量を横水平に 5.5 m 移動させたとき，長さ 2.5 m の振り子の下端の横移動量 6.1 cm であった．KB = 1.53 m，BM = 1.51 m であるとすれば，重心の基線上の高さ KG を求めよ．

【18】 排水トン数 6000 キロトン，GM = 0.15 m の直立で浮かんでいる船において，船体中心線から右舷正横水平距離 6 m の所にある 20 キロトンの重量を現位置から，9.5 m 下方の船底に降ろして船体中心線から左舷側 3 m のところに移動すれば GM はいくらになるか．また船体は何度傾斜するか．

【19】 GM が 0.18 m の某船内にある 20 キロトンの重量を横水平距離に 9 m 移動したところ，長さ 3 m の振り子の下端の横移動量 50 cm であった．この船の排水トン数を求めよ．

【20】 GM が 1.40 m の某船内にある 40 キロトンの重量を横水平距離に 15 m 移動させたら傾斜角 $\tan\theta = 0.043$ であった．この船の排水トン数を求めよ．

【21】排水トン数12 000トンの船の上甲板上で,重量50トンを横方向に水平距離20 m移動させて傾斜試験を行ったとき,その傾斜角度 $\tan\theta = 0.074$ であった.GMを求めよ(cm 以下四捨五入).

【22】even keel で upright の状態で浮かんでいる排水量10 000トンの船がある.いま,この船の甲板上に積んである90トンの重量物を,反対舷正横の水平方向に22 m移動した場合,船体は何度傾斜するか.ただし,この船のKMは,8.30 m,KGは7.05 mである.

第10章　復原性

　船体が静止の状態より，何らかの外力により片舷に横傾斜したものとすれば，元の状態にかえろうとするが，この能力を復原性または復原力 (stability) という．

　復原力には，静的復原力 (statical stability) と動的復原力 (dynamical stability) の2つがあるが，単に復原力といえば，普通，静的復原力を称し，船の安定を論ずる上に直接関係がある．

　復原性の計算（船復則第7条）については，「船舶のすべての使用状態における重心の位置，復原てこ，横揺れ周期その他の復原性に関する事項は，復原性試験における測定値に基づいて算定するものとする．」と規定されている．

[船舶復原性規則　抜粋]

第二条　この省令において「貨物船」とは，旅客船及び漁船以外の船舶をいう．

　2　この省令において「漁船」とは，船舶安全法施行規則（昭和三十八年運輸省令第四十一号）第一条第二項第一号の船舶をいう．

　3　この省令において「特定の水域のみを航行する船舶」とは，沿海区域を航行区域とする船舶であつて満載喫水線規則（昭和四十三年運輸省令第三十三号）第七十九条に規定するものをいう．

　4　この省令において「ロールオン・ロールオフ旅客船」とは，船舶設備規程（昭和九年逓信省令第六号）第二条第四項のロールオン・ロールオフ旅客船をいう．

　5　この省令において「乾舷甲板」とは，満載喫水線規則第二条第一項の乾舷甲板をいう．ただし，同条第二項に規定する船舶にあつては，同項に規定する乾舷甲板とする．

　6　この省令において「船の長さ」とは，満載喫水線規則第四条の船の長さをいう．

　7　この省令において「海水流入角」とは，船舶の直立状態から，強度及び水密性について管海官庁が有効と認める閉鎖装置を備えない開口の下縁

が水面に達するまでの横傾斜角をいう。

8 この省令において「復原力曲線」とは，直角座標において，横軸に船舶の横傾斜角を，縦軸に船舶の復原てこをとり，船舶が排水量を変化することなく横傾斜したときの復原てこを標示した曲線をいう。

第三条 復原性試験においては，傾斜試験及び動揺試験を行う。ただし，管海官庁が差し支えないと認める船舶にあつては，傾斜試験又は動揺試験を省略することがある。

第四条 傾斜試験は，移動重量物を横方向に移動させることにより，船舶を横傾斜させて行うものとする。

2 傾斜試験においては，すべての使用状態における船舶の重心の位置を算定するために必要な事項を測定するものとする。

第五条 動揺試験は，人の移動その他適当な方法により，船舶を横揺れさせて行うものとする。

2 動揺試験においては，すべての使用状態における船舶の横揺れ周期を算定するために必要な事項を測定するものとする。

第六条 復原性試験を受ける場合に必要な準備は，次の通りとする。

一 風，波，潮流等による影響ができる限り少ない場所を選定し，かつ，船舶が復原性試験の実施中に予想される外力による影響をできる限り避けることができるようにけい留その他の措置をすること。

二 船舶の完成の際にとう載すべき設備その他の物は，船内の定位置にとう載すること。

三 船舶の完成の際にとう載しない設備その他の物で復原性試験に必要でないものは，船内から除去すること。

四 やむを得ない事情により前二号により難い場合は，定位置にとう載しなかつたもの又は除去しなかつたものについて，その重量及びとう載位置についての詳細な資料を作成すること。

五 船内のすべてのタンクをからにし，又は満たし，かつ，タンク以外の船内の水，油等を除去すること。

六 やむを得ない事情によりタンクをからにし，又は満たすことが困難な場合は，タンク内の液体の自由表面による影響を正確に算定するための資料を作成すること。

第10章 復原性

　　　　七　船内の移動しやすいとう載物は，復原性試験の実施中に移動しないように固定すること。

　　　　八　船舶の計画トリム以外のトリムをなるべく少なくすること。

　　2　傾斜試験を受ける場合に必要な準備は，前項に規定するもののほか，次の通りとする。

　　　　一　船舶を横傾斜させるのに適当な重量のコンクリート，砂，鉄等の移動重量物でその重量を正確に測定したものを船舶にとう載すること。

　　　　二　船舶の横傾斜角の測定に下げ振りを使用する場合は，なるべく長い下げ振り及びその動揺を少なくするための水そうを船舶にとう載すること。

　　3　動揺試験を受ける場合に必要な準備は，第一項に規定するもののほか，船舶の横揺れ角をなるべく大きくすることができる人員又は適当な用具の準備とする。

第七条　船舶のすべての使用状態における重心の位置，復原てこ，横揺れ周期その他の復原性に関する事項は，復原性試験における測定値（第三条ただし書の規定により傾斜試験又は動揺試験を省略した場合にあつては、管海官庁が適当と認める方法により得られた値）に基づいて算定するものとする。

第八条　復原てこを計算する場合においては、船舶の乾舷甲板下の部分及び閉囲船楼（満載喫水線規則第十二条の閉囲船楼をいう。）その他これに準ずる乾舷甲板上の構造物（以下「構造物」という。）以外のものの浮力は算入しない。

　　2　前項の規定にかかわらず，管海官庁は，船舶の構造又はその水密性を考慮して前項の規定による浮力の算入範囲を適当に増減することができる。

第九条　前条の規定による浮力の算入範囲内にある構造物の一部が，海水流入角又は管海官庁が指定する横傾斜角のうちいずれか小さい横傾斜角をこえる範囲にある場合は，その構造物の浮力は算入しない。

第十条　復原性に関する事項の計算においては，船内における液体の自由表面による影響を考慮しなければならない。

1.　船体のつりあい

直立静止の状態で浮かんでいる船のつりあいとは，図 10.1 のように，重心 G を通る重力と浮力中心 B を通る浮力とが力の大きさ相等しく方向反対で，かつ，同一垂直線上にあって静止したまま動かずつりあっている．

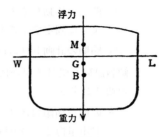

図 10.1

いま，図 10.2 において，船体がある角度 θ だけ傾斜すれば，浮心 B は移動して B′ にくる．そのときの浮力 W は B′ を通り W′L′ の水線に垂直に作用する．したがって，直立の元の状態における G と B を結ぶ直線と，B′ を通る浮力の作用線との交点を傾心またはメタセンタ (metacenter) という．

傾斜角 θ が約 15° までは浮心を通る浮力の作用線は常に一定点を通るが，それ以上の角になれば，浮力の作用線は一定点を通らない．

横傾斜のときのメタセンタを横メタセンタ (transverse metacenter) といい，GM を横メタセンタ高さ (transverse metacentric height) という．

このように，直立静止の状態より何等かの外力により片舷に傾斜したことによって，その安定性の良否を知ることができる．

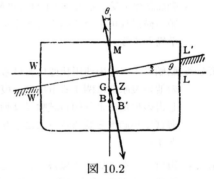

図 10.2

したがって，船のつりあいには，次の 3 種の傾向があるが，これらは船が静止の状態で浮かんでいるときの上下方向に作用する重力線と浮力線から生ずる偶力に関するもので，一般に M 点に対する G の位置すなわち GM の正負により判別する．

1.1　安定のつりあい (stable equilibrium)

外力の影響で傾斜しても，また元に復する場合で，G が M より下方にある．重力，浮力は大きさ等しく方向反対で G に作用する重力と，B′ に作用する浮力とが偶力を生じ，傾斜と反対に作用し復原力となり，元の位置に返る．すなわち，GM > 0 である．

1.2　不安定のつりあい (unstable equilibrium)

外力の影響で傾斜すると，ますます傾斜しようとする場合で，GがMより上方にあり，重力と浮力は偶力となって，船の傾斜をさらに大きくする．すなわち，GM < 0 である．ただし，GMが負であるからといって必ずしも船が転覆するとはいえない場合があり得る．これは初期復原力は悪いが，ある傾斜角度から静的復原力が正となることがあるためである（図10.21参照）．

1.3　中立（不定）のつりあい (neutral equilibrium)

外力の影響で傾斜したまま，その位置でとどまる場合で，GとMとは同一地点にあり，その傾斜の状態で大きさ等しく方向反対の重力と浮力とがつりあっている．すなわち，GM = 0 である．

以上の船のつりあいで，3種の傾向については，次の図10.3に示すとおりである．

2.　横メタセンタ

2.1　意義

図10.4（一）のように，船が約15°までの小角度傾斜の場合においては，浮心より鉛直上方に働く浮力の作用線は，メタセンタMを通るが，図（二）のように，それを越える大角度傾斜となれば，もはや一定点Mを通らず浮力作用線M'で交わる．このような大傾斜のとき，船体中心線と浮力作用線との交点を見掛けのメタセンタ (apparent metacenter) という．また，傾斜角が，さらに大きくなると水線面の幅の影響でBMは，小角度傾斜の浮心軌跡によっていたBMより著しく増大する．このようなメタセンタを特にプロメタセンタ (prometacenter) という．図10.5に示すように，メタセンタは上甲板が没入 (beam end) し始めるとき，最も高い位置に移動し，没入後は水線面の慣性モーメントが小さくなるのでBMも次第に小さくなる．

したがって，船の直立状態から傾斜角が増大するに従い，メタセンタおよび浮心の移動は関連して，図に示すような軌跡を描く．ゆえに，BMが最大となるのは上甲板が没入し始める海水流入角のときである．

160　　　　　　　　　　　　　　　　　　　　　第 10 章 復原性

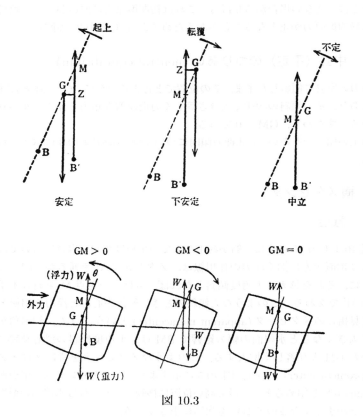

図 10.3

第 10 章 復原性

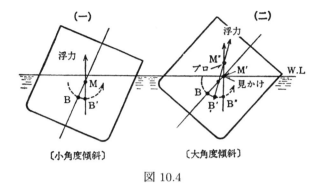

図 10.4

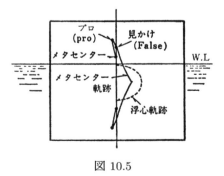

図 10.5

2.2 メタセンタ半径 (BM)

浮心 B とメタセンタ M との距離をメタセンタ半径 (metacentric radius) という．

ただし，図 10.6 において，

V：船の排水容積

B：直立時の浮心

B'：傾斜時の浮心

v：露出部くさび形容積 (WSW′) ＝ 没入部くさび形容積 (LSL′)

g：露出部くさび形容積重心

g'：没入部くさび形容積重心

$2y$：船の幅

図 10.6 において，水線 WL で直立して浮いている船が，小角度 ($\theta < 15°$) だけ傾斜して W′L′ の水線で浮いたとすれば，両水線は船体中心線で交わるから露出部と没入部のくさび形容積は等しい．

したがって，船首尾線上の小さい長さ Δx とするくさび形容積 WSW′（露出部）が LSL′（没入部）に移動したと考えられるから，重心移動の原理により，

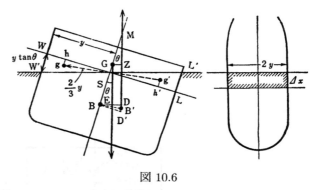

図 10.6

$$v \times gg' = V \times BB'$$

$$\therefore BB' = \frac{v \times gg'}{V}$$

また，$\triangle BMB'$ において，$BB' = BM \tan\theta$ であるから，この2つの式から，

$$BM = \frac{v \times gg'}{V \tan\theta} \tag{10.1}$$

第 10 章 復原性

次に，くさび形容積＝面積 × 船首尾線方向の長さ，すなわち，

$$v = \frac{1}{2}y \times y \tan\theta \times \Delta x = \frac{1}{2}y^2 \cdot \Delta x \cdot \tan\theta$$

$$\text{gg}' = \frac{2}{3}y \times 2 = \frac{4}{3}y$$

ゆえに，くさび形容積の移動モーメントは，

$$v \times \text{gg}' = \frac{1}{2}y^2 \cdot \Delta x \cdot \tan\theta \times \frac{4}{3}y = \frac{2}{3}y^3 \cdot \Delta x \cdot \tan\theta$$

(5.5) 式から水線面の船首尾線方向の船体中心線に対する慣性モーメント I は，

$$I = \frac{\Delta x}{12}(2y)^3 = \frac{2}{3}y^3 \cdot \Delta x$$

となるので，移動モーメントの式は次のようになる．

$$v \times \text{gg}' = I \tan\theta$$

この式を (10.1) 式に代入すると，

$$\text{BM} = \frac{I \cdot \tan\theta}{V \cdot \tan\theta} = \frac{I}{V} \tag{10.2}$$

この I, V は，シンプソン法則によって求めるが，一般に造船所では積分器 (integrator) を用いている．

BM の概略値は船幅 B の $0.18 \sim 0.20$ 倍であるが，$I = n \cdot L \cdot B^3$ と，重力単位系で表わした $V = L \cdot B \cdot d \cdot C_b$ の関係から，次の近似式が得られる．ただし，L は船の長さ，d は平均喫水，C_b は方形係数

$$\text{BM} = \frac{I}{V} = \frac{n \cdot L \cdot B^3}{L \cdot B \cdot d \cdot C_b} = k\frac{B^2}{d} \tag{10.3}$$

k は係数で，$k = 0.08 \sim 0.10$ である．

したがって，BM の近似値は，B, d を知れば求められるが，特に上式から BM は，船体浸水部の形状によって決まり，喫水よりも船幅の影響の方が大きいことがわかる．

次に，くさび形容積重心の垂直移動距離は $(\text{gh} + \text{g}'\text{h}')$ であるから，浮心の垂直移動距離 $\text{D}'\text{B}'$ は重心移動の原理より，

$$v \times (\text{gh} + \text{g}'\text{h}') = V \times \text{D}'\text{B}'$$

$$\therefore \text{B}'\text{D}' = \frac{v \cdot (\text{gh} + \text{g}'\text{h}')}{V} \tag{10.4}$$

また，浮心の水平移動距離 BD' は，

$$\mathrm{BD}' = \frac{v \times \mathrm{hh}'}{V}$$

[例題 1] 長さ L, 幅 B, 喫水 d の箱船の横 BM を求めよ．

[解答 1] 図 10.7 において，(5.5) 式より，

$$I = \frac{1}{12} L \cdot B^3$$

また，

$$V = L \cdot B \cdot d$$

$$\therefore \mathrm{BM} = \frac{I}{V} = \frac{L \cdot B^3}{12 \cdot L \cdot B \cdot d} = \underline{\frac{B^2}{12d}} \text{（答）}$$

図 10.7

[例題 2] 1 辺 1 m の正方形の断面をもつ密度 500 kg/m³ の均質木材（角材）が密度 1000 kg/m³ の清水中に図 10.8 のように，浮かんでいる．それぞれの場合における GM を計算し，安定性を比較せよ．

[解答] （一）の場合，

$$I = \frac{L \cdot B^3}{12}, \quad V = \frac{L \cdot B^2}{2}$$

$$\mathrm{BM} = \frac{I}{V} = \frac{2 \cdot L \cdot B^3}{12 \cdot L \cdot B^2} = \frac{B}{6} = \frac{1}{6} \text{ m}$$

$$\mathrm{BG} = \frac{1}{2} \mathrm{KG} = \frac{1}{2} \times \frac{1}{2} \text{ m} = \frac{1}{4} \text{ m}$$

$$\therefore \mathrm{GM} = \mathrm{BM} - \mathrm{BG} = \frac{1}{6} \text{ m} - \frac{1}{4} \text{ m} = \underline{-\frac{1}{12} \text{ m}}$$

ゆえに，GM は負 (−) すなわち，M は G の下方 1/12 (m) の位置であるから，この場合は不安定のつりあいである．

（二）の場合

第 10 章 復原性

$$I = L \cdot (\sqrt{2})^3/12, V = L \cdot B^2/2$$

$$\text{BM} = \frac{I}{V} = \frac{2 \cdot L(\sqrt{2})^3}{12 \cdot L \cdot B^2} = \frac{2\sqrt{2}}{6} = \frac{\sqrt{2}}{3} \text{ m}$$

$$\text{BG} = \frac{1}{3}\text{KG} = \frac{1}{3} \times \sqrt{\frac{1}{2}} = \frac{1}{3\sqrt{2}} \text{ m}$$

$$\therefore \text{GM} = \text{BM} - \text{BG} = \frac{\sqrt{2}}{3} \text{ m} - \frac{1}{3\sqrt{2}} \text{ m}$$

$$= \frac{1}{3}\left(\sqrt{2} - \frac{1}{\sqrt{2}}\right) \text{ m} = \underline{\frac{1}{3\sqrt{2}} \text{ m}}$$

ゆえに，GM は，正 (+) すなわち，M は G の上方 $1/3\sqrt{2}$ (m) の位置にあり，安定のつりあいとなる．

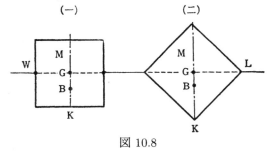

図 10.8

2.3 BM 曲線 (metacentric diagram)

　船舶において貨物等の積卸しを行うときは，喫水の変化に伴ってBおよびMの位置も変化する．いま，ある喫水におけるBおよびMの位置を求め，さらに図上にGの位置を記入して容易にGMを知ることができる曲線図がある．

　すなわち，KB はモーリッシュまたは早瀬の式，あるいはシンプソン法則から，BM は $\text{BM} = I/V$ から，それぞれ各喫水のBおよびMの位置を算

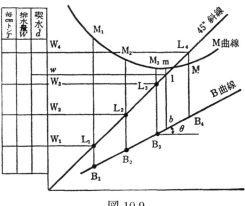

図 10.9

出して，図 10.9 のような図表を作成しておく．このような図表を BM 曲線という．

作成法は，横軸に喫水，縦軸に KB, KM をとり，まず，上述に基づき（KB の値），各喫水に対する浮心曲線（B 曲線）を作図する．次に，原点から 45° の直線を引き，それの各喫水線との交点に垂線を立て，その垂線が B 曲線と交わる点を $B_1, B_2, \cdots$ とし，その喫水に対する BM の値（$BM = I/V$）を垂線上にとれば，$M_1, M_2, \cdots$ の点が得られるから，それらを結べば，メタセンタ（M 曲線）が作図できる．

原点から 45° 斜直線（45° 以外のものもある）を用いると，縦軸にも喫水を読み取れるので，この図表には，排水量 (W)，毎センチ排水トン数 (T)，毎センチトリム・モーメント (M.T.C)，載貨重量トン数 (D.W.T) 等を付記しておくと，実務上きわめて便利である（船舶運用学の基礎 D.W.S. 参照）．

使用法としては，任意の排水量に対する喫水線から平行線を引き，その 45° 斜直線との交点 ℓ に垂線を立てると bm が，その排水量におけるメタセンタ半径 BM であり，さらに本図上に G の位置を記入すれば，容易に GM をも知ることができる．

なお，本曲線図表の使用にあたっては次のような注意をすべきである．

(1) 貨物の積卸しをした場合は重心移動量 GG′ を加減して KG′ を採用すること．

$$GG' = \frac{w \cdot d}{W \pm w}$$

(2) 本図表はイーブンキール (even keel) の状態におけるものであるから，トリムのある場合は，水線面の I に対する修正をすること (一般に by the stern では M 点は高い)．

また，B 曲線はほとんど直線で，喫水 V の増加とともに B 点は次第に上昇するが，$BM = I/V$ から I は一定であるのに反して，容積が増加すれば BM の値は V に反比例して小さくなる．排水容積の増加量に対して喫水が増加したときの浮心の上昇距離は (10.4) 式より，

$$\frac{h}{V} \cdot \Delta v = \frac{A_w \cdot h}{V} \cdot \Delta y$$

ただし，

A_w：水線面積

h：水面下の浮心の垂直距離

V：排水容積

Δv：排水容積増加量

Δy：喫水の増加量

ここで，B 曲線の基線とのなす角を θ とすれば（図 10.9 参照），

$$\tan\theta = \frac{\text{浮心の上昇距離}}{\Delta y} = \frac{A_w \cdot h}{V}$$

[例題] 長さ L，幅 B，喫水 d の箱形船の浮心曲線と基線とのなす角を求めよ．

[解答]

$$\tan\theta = \frac{A_w \cdot h}{V} = \frac{L \cdot B}{L \cdot B \cdot d} \times \frac{d}{2} = 0.5$$

$$\therefore \theta = 26°34' \text{（答）}$$

3. 初期復原力

3.1 意義

初期復原力 (initial stability) とは，傾斜角約 15° までの静的復原力のことである．いま，図 10.2 のように，G から浮力の作用線と垂線 GZ を下せば，

$$\text{GZ} = \text{GM}\sin\theta$$

ここで GZ を復原てこ (righting lever) といい，船を起き上がらそうとする偶力を復原力という．すなわち，

$$\text{復原力} = W \times \text{GZ}$$

この小角度傾斜以内では，M は一定の位置を保持するとみられるから，この傾斜範囲の復原力を初期復原力という．

$$\text{初期復原力} = W \times \text{GM}\sin\theta \tag{10.5}$$

したがって，初期復原力の大小は，船の重心の高低によって決まる．

すなわち，重心が低ければ（ボトムヘビー，bottom heavy）復原力大となり，さらにこれが過大な場合は，船が外力によって転覆する危険はないが，動揺の周期が小さいため，高所の重量物には強い激動を与え，積荷その他の移動を起こし，船舶や積荷が損傷しやすく，また乗心地も悪い．特に船の周期と波の周期が同調する場合は，その動揺角がきわめて大きくなるため，被害もはなはだ

しくなる．このような状態の船舶を軽頭船 (stiff ship) という．

逆に重心が高ければ (トップヘビー，top heavy) 復原力小となり，さらにこれが過小の場合は，動揺はゆるやか（周期が大きい）で，GM 過大のときのような不利の点はないが，風浪等の外力の影響や大角度転舵のときは，転覆のおそれが生ずる．特に波の周期と同調したり，船内に移動するものや遊動水 (free water) があるときは，危険性が著しく増大する．このような状態の船舶を，重頭船 (tender ship) という．

したがって，船舶では，載貨と復原力の適性とに常に注意しなければならない．

船は幅，乾舷，シャー，計画トリム等建造時，進水と同時にその船固有のもので，それらによって一定の復原力を備えている．これを形状復原力 (form stability) という．

また，船の重心は，船内重量物の垂直方向の配分で決まるから，この重心位置で左右される復原力を重量復原力 (weight stability) という．これを (10.5) 式についていえば，

$$\begin{aligned}
\text{初期復原力} &= W \cdot \text{GM} \sin\theta \\
&= W \cdot (\text{BM} - \text{BG}) \sin\theta \\
&= W \cdot \text{BM} \sin\theta - W \cdot \text{BG} \sin\theta
\end{aligned} \quad (10.6)$$

となり，$\text{BM}(= I/V)$ については，I, V ともに船の形状で定まる要素であるから，$W \cdot \text{BM} \sin\theta$ は形状復原力を示す．また，BG は G の上下によって，その値が変化する要素であるから $W \cdot \text{BG} \sin\theta$ は重量復原力を表わしている．

3.2 適当な GM

初期復原力の大小，すなわち，載貨と復原力について適性な復原力を保持するためには適当な GM でなければならない．それでは，どの程度の GM が最適であるかについては，船形や積荷の状態によって，一概に結論づけることはできないが，考慮すべき条件としては上述のように，

(1) 安定性については，GM が大きいことが望ましい．

(2) 動揺周期については，GM が大きいと船舶や積荷の損傷のおそれがある．

したがって，GM は過大であっても，過小であってもならない．以上の相反する 2 条件を加味して，最適な GM を決めなければならない．経験によると，0.02B～0.08B をもって適当とされているが，その数値は客船，貨物船では小さく，タンカー，漁船では一般に大きい．

第 10 章 復原性

なお，初期復原力の適当な値として，ケンプ (Kempf) 氏は，横揺数 $P = T_R \cdot \sqrt{\dfrac{g}{B}}$ なる数値を発表し，多くの船の実例から表 10.1 のように P の数値の大小によって軽頭船 (stiff ship) と重頭船 (tender ship) の判別の基準を与えている．

表 10.1

軽頭船	適当	重頭船
$P < 8$	$P = 8 \sim 14$	$14 < P$
$P < 5$ では余りにも傾向が強い	最適 11	$18 < P$ では余りにも傾向が強い

3.3 適度の復原力とするための注意事項

(1) 積載に際しては，上下左右の重量分布配置を考慮すること．
(2) 移動しないように，充分な荷敷 (dunnage) とラッシング (lashing) を施すこと．
(3) 常に適度の復原力とするため，その都度，船積状態に応じたバラスト (ballast) を定めること．
(4) 出港に際しては，各開口部の閉鎖装置を充分点検注意すること．特に，中甲板のものは忘れることがある．
(5) 航海中消費される燃料，清水等によって起こる自由表面の GM 減少について，あらかじめ調査し対策を考慮しておくこと．
(6) 甲板積のときは復原力が小さいので，バラストタンクに注水するとともに投荷の準備をしておくこと．
(7) 甲板上の排水装置は，完全に機能を発揮するよう点検整備すること．

3.4　GM の算出法

(1) 計算による法（図 10.10，および BM 曲線の項参照）

　　① GM = (KB + BM) − KG

　　② GM = BM − (OG + OB)

(2) 曲線図表による法

　　① BM 曲線（BM 曲線の項参照）

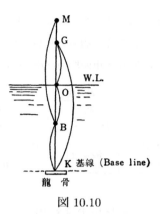

図 10.10

② 排水量等曲線図（排水量の項参照）本図表より KM を求め，
GM = KM − KG
③ 静的復原力曲線図（静的復原力曲線の項参照）
(3) 実測による法
① 傾斜試験による（傾斜試験の項参照）
$$\mathrm{GM} = \frac{w \cdot d}{W \cdot \tan\theta}$$
② 動揺周期による（横揺周期の項参照）
$$\mathrm{GM} = \frac{4\pi^2 k^2}{g \cdot T_R^2} = \frac{0.64 \mathrm{B}^2}{T_R^2}$$
③ 定常旋回時の傾斜角による（船舶運用学の基礎「舵の作用」参照）
$$\mathrm{GM} = \frac{v^2 (\mathrm{BM} - \mathrm{GM})}{g \cdot r \sin\theta}$$
④ 重量物懸けつりによる（横傾斜の項参照）
$$\mathrm{GM} = \frac{w \cdot \ell}{W \cdot \tan\theta}$$
⑤ 風圧傾斜による（風圧による横傾斜の項参照）
$$\mathrm{GM} = \frac{PAh}{W \sin\theta}$$
⑥ 実測記録による
船の種々載貨状態の GM を実測に基づき精測しておき，これを参照

して GM の概略を推定する．

4. 大角度傾斜の静的復原力

横メタセンタの項で述べたとおり，大角度傾斜となれば，M はある曲線となって移動するので，船の中心線との交点は，見掛けのメタセンタ (apparent metacenter) となる．

すなわち，船体の横傾斜が約 15° を越える大角度傾斜では，初期復原力による GZ は，$GM \sin\theta$ では，もはや表わされなくなる．

図 10.11 において，大角度傾斜のときには，船の容積に変化がないから WSW′ と LSL′ の容積は等しいが，水線の交点 S は船体中心線上で交わらない．ゆえに，船が大傾斜したとき，船を元の位置にもどそうとする偶力は，

$$
\begin{aligned}
\text{大角度傾斜の静的復原力} &= W \times GZ \\
&= W(BR - BP) \\
&= W(BR \mp BG \sin\theta) \\
&= W \cdot BR \mp W \cdot BG \sin\theta
\end{aligned} \tag{10.7}
$$

この式は，前項 (10.6) 式で述べたとおり BR は，くさび形容積の水平移動のモーメントで，船の形状で定まる要素であるから，$W \cdot BR$ は形状復原力といい，$W \cdot BG \sin\theta$ は重量復原力という．

また，G が B の上方ならば負 (−) の符号，下方ならば正 (+) の符号をとる．

図 10.11 において，WSW′ の容積が LSL′ の容積の位置に移動したとすれば，新水線方向 W′L′ と BR は平行であるので，重心移動の原理より，

$$V \times BR = v \times hh'$$
$$\therefore BR = \frac{v \times hh'}{V}$$

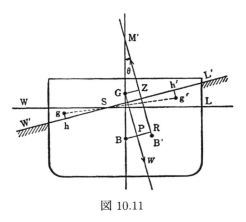

図 10.11

ゆえに，大傾斜角 θ における復原力は，この式を (10.7) 式に代入して，

$$\text{大角度傾斜角の静的復原力} = W \times \text{GZ}$$
$$= W\left(\frac{v \times \text{hh}'}{V} \mp \text{BG}\sin\theta\right)$$

これをアットウッドの式 (Attwood's formula) という．$v \times \text{hh}'$ の値は，その容積や重心位置がきわめて複雑に変化するので，それ程簡単には計算できない．

5. 静的復原力曲線

5.1 意義

その船の横傾斜に伴う復原力を判断するために，図 10.12 のような，静的復原力曲線 (statical stability curves) がある．

復原力曲線について，船舶復原性規則第 2 条では，「直角座標において，横軸に船舶の横傾斜角を，縦軸に船舶の復原てこをとり，船舶が排水量を変化することなく横傾斜したときの復原てこを標示した曲線をいう」と規定している．

この曲線を作っておけば，任意の傾斜角の GZ の値は容易に求められる．また，これを見れば，たとえ初期復原力が小さいかあるいは負 (−) であっても，ある傾斜角以上になると復原力が増大することや，逆に初期復原力が大であっても，ある傾斜角以上になると復原力が急激に減少すること等，その船の状態，すなわち乾舷，浸水部形状，重心位置等によって種々変化することも一目瞭然である．このことについては，以下の項で詳しく説明する．

したがって，図 10.12 は次のようなことを示している．

(1) 復原力最大角 (angle of maximum stability)
GZ の最大を示す傾斜角．

(2) 復原力消失角 (vanishing point of stability)
再び GZ が 0 となる傾斜角．

(3) 復原力範囲 (range of stability)
復原力消失角までの傾斜角範囲．

(4) メタセンタ高さ (GM)
復原力曲線の原点において，接線を引き，1 ラジアン (57.3 度) 上の GZ の値は GM を表わす．すなわち，1 ラジアン = 57.3 度のところに垂線を立て，GM に等しく M 点をとり OM を結べば，OM は原点において曲線への接線となる．

第 10 章 復原性

なぜならば，原点に近い微小角 θ では，

$$GZ = GM \sin\theta \fallingdotseq GM \cdot \theta$$

$$\therefore \frac{GZ}{\theta} = \frac{GM}{1} \tag{10.8}$$

ここで，分母（θ および 1）の単位はラジアンであるからこれを角度にすれば，θ ラジアン $= \varphi$ 度，1 ラジアン $= 57.3$ 度で (10.8) 式は，

$$\frac{GZ}{\varphi°} = \frac{GM}{57.3°} \tag{10.9}$$

$\angle GOM = \alpha$ とすれば，直角三角形 GOM において，

$$\tan\alpha = \frac{GM}{57.3°}$$

また，微小角度 φ 度に垂線を立て，曲線の交点と原点 O とを結ぶ直線と横軸とのなす角を β とすれば，その微小角の直角三角形において，

$$\tan\beta = \frac{GZ}{\varphi°}$$

(10.9) 式より，上の 2 式は，

$$\tan\alpha = \tan\beta$$

$$\therefore \alpha = \beta$$

ゆえに，OM を結んだ直線は，原点の近いところでは曲線と一致する．

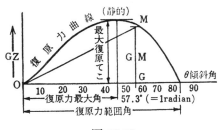

図 10.12

5.2 船体の形状と曲線との関係

(1) 船幅の影響

船幅を増せば，排水量は比例して増すが，重心の高さ KG，深さ D，喫水 d を一定として，船幅 B の影響を考えると (10.3) 式より $BM = k \cdot B^2/d$ であるから，GM も B^2 に比例して変化するので，幅の増大に比例して復

原力も増大する．したがって，復原力曲線の原点 O における勾配は急となり，最大復原てこも増大する．しかし，深さの幅に対する比が小さくなり，同一の乾舷では海水流入角が小となるので，復原力範囲も復原力最大角も小さくなる．

(2) 乾舷の影響

乾舷を増すと一般に排水量大となり，重心は上昇するが W と KG を一定として乾舷の影響を考えると小角度傾斜において，$BM = I/V$ の式で W が一定であれば，I, V も一定で GM に乾舷は影響しないことになる．

しかし，大角度傾斜においては，図 10.13 のように，乾舷に比例して海水流入角も増大し，また，傾斜に伴って船幅の影響が大きくなることが可能である点から復原力範囲，最大復原てこ，復原力最大角ともに増大することになる．

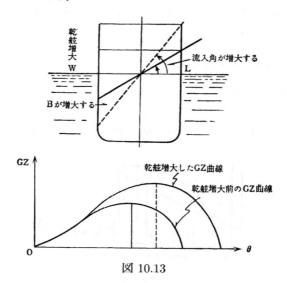

図 10.13

(3) 舷弧 (sheer) の影響

シャーの復原力に及ぼす影響は，航海中シャーのために海水が舷内に流入しにくいから，図 10.14 のように，あたかもそのシャーに等しい高さの乾舷 (free board) を有するのと全く同様である．停泊中は海水流入角が減ずるので復原力範囲等航海中のそれらより小さくなる．

(4) 船側の形による影響

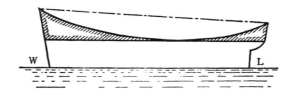

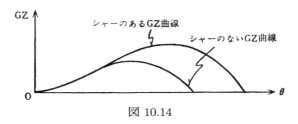

図 10.14

　タンブルホーム (tumble home) は，図 10.15 のように，傾斜に伴って船幅の増加が小さいので，最大復原てこは小さいが，海水流入角が大きいので復原力範囲は大きい．

　フレヤー (flare) は，これに反して海水流入角が小さいので，復原力範囲は小さいが，船幅の影響が大きいので，最大復原てこ・復原力最大角とも増大することになる．

(5) 重心の影響

　復原力曲線の GZ の値は，図 10.16 のように，仮定重心 G に対する値をとって描かれた曲線であるから，同一排水量でも実際の重心位置が違っているときは，新しい復原てこ

$$G'Z' = GZ \pm GG' \sin\theta \tag{10.10}$$

をもって修正した曲線にする必要がある．ただし，重心が上昇すれば，負 (−)，下降すれば，正 (+) の符号となる．

　すなわち，図 10.17 のように，原点を O とするサイン曲線 (sine curve) を描き，任意の傾斜角 a, b においては，重心が上昇であれば，復原てこ am は aa′，bn は bb′ だけ減 (−) じた am′，bn′ となり，また重心が下降であれば同様な方法で am″，bn″ となる．こうして得られた点を結んで曲線を作れば，修正されたそのときの新しい復原てこによる復原力曲線が作成できる．

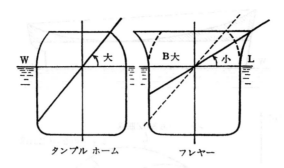

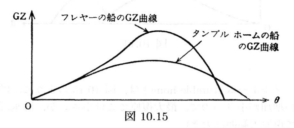

図 10.15

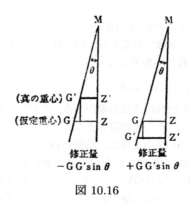

図 10.16

第 10 章 復原性

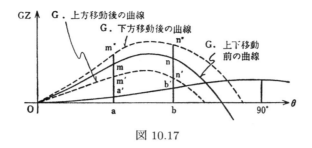

図 10.17

以上が復原性に影響を及ぼす主な要素であるが，それらを簡潔に図示すれば，図 10.18 のようになる．すなわち，曲線 (A) を一般的な船舶とするならば，曲

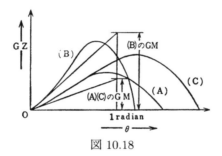

図 10.18

線 (B) は船幅の広い船舶，曲線 (C) は乾舷あるいはシャーの大きい船舶ということになる．

したがって，そのような関係から，比較的 GM の小さい客船では乾舷を高くし，乾舷が得られない引船，港内船等では船幅を広くして，その安全性を確保している．

5.3 復原力交差曲線

各排水量ごとに復原力曲線を求め，ある傾斜角に対する GZ を連ねれば描くことができる（積分器を使用する）．

図 10.19 は静的復原力曲線と交差曲線との関係を示したもので，GZ 曲線の峯を連ねたものが，図 10.20 のような，交差曲線になる．

したがって，ある傾斜角における GZ を，各喫水線（排水トン数 W ごと）に対して求め，横軸に排水量を縦軸に GZ をとって描いた，各傾斜角 θ に対する曲線を復原力交差曲線 (cross curve of stability) という．

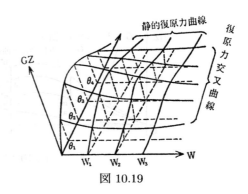

図 10.19

これは，図 10.19, 図 10.20 に示すとおり，横軸の各排水量に対する各傾斜角の GZ 値を読みとり，傾斜角と GZ との関係を図表化（その排水量における静的復原力曲線）しておけば，積荷によってそのつど，喫水の変る船舶の復原性を検討するのに便利である．

ただし，一般に，満載喫水線と中心線の交点を用いた仮定の重心位置 G に基づき，排水量を変化させて GZ を求めたものであるから，同一排水量でも実際の重心位置 G′ が違っているときは $\pm GG' \sin\theta$ の修正を要することは，(10.10) 式より当然である（図 10.16 参照）．

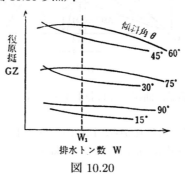

図 10.20

5.4 負の GM 船舶の復原性と傾斜軽減法

木材を甲板積する場合，一般に船底バラストは空にして積載するが，このような場合，往々にして GM が負 (−) になって一方に傾くことがある．

すなわち，図 10.21 のような，静的復原力を有する船舶では，初期の傾斜に

第10章 復原性

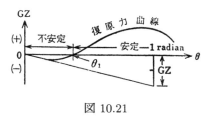

図 10.21

よる曲線の勾配から負 (−) の GM となっても，ある傾斜角 θ_1 より GZ が正 (+) の値をとる場合は，復原力があり，船の安全性はある程度確保される．

このような負の GM を有する船の傾斜軽減の際に，まず高舷側のバラストタンクに注水することは慎むべきである．何故ならば，この方法によると，もともと小角度傾斜では不安定なため，それが注水によってかえって，反対舷の動的につりあう角度まで，注水前の傾き以上にラーチング（lurching：急にぐらっと傾くこと）で荷くずれ等を起こし危険である．したがって，負の GM 船の傾斜を軽減するには，次のような手順で実施すべきである．

(1) 低舷側の船底タンク注水

　　ある傾斜角 θ_1 で，静止しているのは傾斜による水線面積の増大のため，M 点が上昇して，つりあっている場合である．注水により傾斜が増し危険なようであるが，傾斜が θ_1 以上で安定であるから転覆することはない．したがって，G を下げて正の GM 値に近づけ復原力をよくする．

(2) 高舷側の船底タンク注水

　　低舷タンク満水後，仮に負の GM でも比較的小さいラーチングで危険が少ない．

(3) 船底タンクが数ある場合の注水順序は上述を考慮して実施すべきで，両舷同時注水は比較的ラーチングのおそれがある．

(4) 遊動水の影響を少なくするため，小さいタンクから注水すること．

船底タンクが複数ある場合のタンクへの注水順序は，上述を考慮して実施すべきで，両舷同時注水は比較的ラーチングのおそれがあることに注意する．また，遊動水の影響を少なくするため，小さいタンクから注水すること．

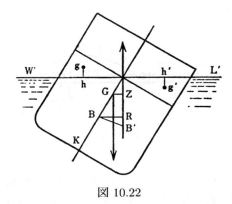

図 10.22

6. 動的復原力曲線

船舶をある位置からある角度まで傾けるのに要する仕事量を動的復原力 (dynamical stability) という．

船を傾けたためにエネルギが増大すれば，その増大量だけ船を傾けるのに要する仕事であるはずで，傾けることによって生ずる「位置エネルギ」の増大量である．

位置エネルギの増加は，G の上昇量と B の下降量との和に排水量を乗じたものとなる．すなわち，船が傾斜すれば復原力が作用するから，船体を傾斜させるためには，外から復原力に等しい力を働かさなければならない．

図 10.22 のように，船が傾いたために B は B′ に移動しているので，B にある場合よりエネルギは増大しているので，BG の増大量と排水量の積が位置エネルギの増大量である．これをモズレイ (Moseley) 氏は次式で表わしている．

$$動復原力 = (B'Z - BG)W$$
$$B'Z = B'R + RZ = B'R + BG\cos\theta$$
$$V \times B'R = v \times (gh + g'h')$$
$$\therefore B'R = \frac{v \times (gh + g'h')}{V}$$

前式にそれぞれ代入すると

$$\text{動的復原力} = \left(\text{B}'\text{R} + \text{BG}\cos\theta - \text{BG}\right)W$$
$$= \left\{\frac{v\left(\text{gh} + \text{g}'\text{h}'\right)}{V} - \text{BG}\left(1 - \cos\theta\right)\right\}W$$

この式において，$v(\text{gh} + \text{g}'\text{h}') \cdot W/V$ を形状復原力といい，$\text{BG}(1 - \cos\theta)W$ を重量復原力という．

なお，くびき形容積の垂直移動のモーメント $v(\text{gh}+\text{g}'\text{h}')/V$ は簡単には計算できないが，静的復原力曲線を用いると容易に求めることができる．

すなわち，動的復原力は仕事量を示すものであるから静的復原力曲線で囲まれた面積を求めれば，それが動的復原力に等しい．

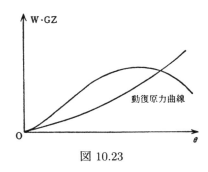

図 10.23

図 10.23 において，動復原力曲線は横軸に傾斜角をとり，各傾斜における復原力を縦軸にとって描いた曲線である．

ある角度 θ までの復原力曲線の下の面積が大であれば，θ まで船体を傾斜させるのに大きい仕事量が必要となる．

したがって，動的復原力は船体に，ある外力が作用した場合に何度まで傾くか，あるいは，はたして安全であり得るか等の判断に欠くことのできない要素で重要な意義がある．

7. 横傾斜

7.1 重量物の移動による横傾斜

いま，甲板上にある一部重量 w を水平な横方向に d だけ移動させた場合，船の傾斜角度を θ とすれば，傾斜試験の項 (9.8) 式から，

$$\tan\theta = \frac{w \cdot d}{W \cdot \text{GM}}$$

この式では M 点は変らないから G の移動だけを考えればよいが，傾斜によって船内に他の移動する重量があるときは，この式は使用できない．また，G の垂直方向の移動があれば，この式の GM が G'M になるのはもちろんである．

重量物移動でも，図 10.24 に示す荷物の陸揚げのため舷外に振り出して，つった場合のように，G が垂直，水平の両方向に移動する場合には，M は変らないから G の移動だけを考えればよい．すなわち，重量物の垂直上方への移動 h' の位置で G は G'，その後水平な横方向へ d' 振り出して，G' から G'' に移ったことになるから，重心移動の原理より，

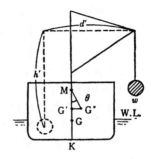

図 10.24

$$GG' = \frac{w \cdot h'}{W}, \quad G'G'' = \frac{w \cdot d'}{W}$$

となる．ゆえに，$\triangle G'MG''$ において，

$$\tan\theta = \frac{G'G''}{GM - GG'} \tag{10.11}$$

7.2 積荷による横傾斜

船の中心線から離れた場所に重量 w を搭載するときは，まず，船体中心線に積んだ後，中心線から所定の場所まで距離 d だけ移動させたものと考える．

いま，平行沈量 $\delta = w/T$，排水量 $W + w$ となり，はじめの重心 G と積荷との垂直距離を h とすれば，重心移動の原理より，

$$GG' = \frac{w \cdot h}{W + w} \tag{10.12}$$

そこで，喫水は $d + \delta/100$ となり，浮心もそれに応じて上昇する．また，$B'M'$ も新しい水線に対する慣性モーメント I' および排水容積 $V + v$ で求める．

$$B'M' = \frac{I'}{V + v} \tag{10.13}$$

$$\begin{aligned} G'M' &= KB' + B'M' - KG' \\ &= KB' + B'M' - (KG + GG') \\ &= KB' + \frac{I'}{V + v} - \left(KG + \frac{w \cdot h}{W + w}\right) \end{aligned} \tag{10.14}$$

ゆえに傾斜角は，

$$\tan\theta = \frac{w \cdot d}{(W + w)G'M'} \tag{10.15}$$

を満たす．

第 10 章 復原性

[別解] なお，このような船積による横傾斜については，別解として次のような方法でも求めることができる．

図 10.25 において，船積の場合に排水量は $W+w$ となり，喫水が増えて M が M' に移る．積荷はまず，重量物 w を重心 G に積んだ後，垂直上方への移動 h の位置で G が G'，その後，水平横方向へ d 振り出して G' から G'' に移ったことになるから，

$$\mathrm{GG'} = \frac{w \cdot h}{W+w}, \quad \mathrm{G'G''} = \frac{w \cdot d}{W+w}$$

ゆえに，$\triangle$ G'MG'' において

$$\tan \theta = \frac{\mathrm{G'G''}}{\mathrm{GM} + \mathrm{MM'} - \mathrm{GG'}} \qquad (10.16)$$

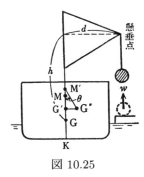

図 10.25

ただし，MM' は過重量物でない限り無視してよい．

[例題] 排水トン数 7800 キロトンの船が岸壁にある 50 トン貨物を積み込むため，図 10.26 のように，デリックでつったときの傾斜角を求めよ．ただし，傾斜前の GM = 0.66 m，KG = 6.3 m，KE = 14.7 m，EF = 10 m，M 点は一定である．

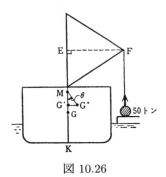

図 10.26

[解答] (1) GG' を求める

$$\begin{aligned}
\mathrm{GG'} &= \frac{w \cdot h}{W+w} \\
&= \frac{(50 \text{ t} \times 9.8 \text{ m/s}^2) \times 8.4 \text{ m}}{(7800 \text{ t} \times 9.8 \text{ m/s}^2) + (50 \text{ t} \times 9.8 \text{ m/s}^2)} \\
&= \frac{420}{7850} \text{ m} = 0.054 \text{ m}
\end{aligned}$$

(2) G'M' を求める．
M は一定であるので，

$$\mathrm{G'M'} = \mathrm{G'M} = \mathrm{GM} - \mathrm{GG'} = 0.66 \text{ m} - 0.054 \text{ m} = 0.606 \text{ m}$$

(3) 傾斜角を求める．

$$\tan\theta = \frac{w \cdot d}{(W+w)\,\mathrm{G'M'}}$$

$$= \frac{(50\text{ t} \times 9.8\text{ m/s}^2) \times 10\text{ m}}{(7800\text{ t} \times 9.8\text{ m/s}^2 + (50\text{ t} \times 9.8\text{ m/s}^2)) \times 0.606\text{ m}}$$

$$\fallingdotseq \frac{4900}{46\,620} = 0.1051$$

$$\therefore \underline{\theta = 6°}\,(答)$$

.... (重力単位系) ....

(1) GG′ を求める

$$\mathrm{GG'} = \frac{w \cdot h}{W+w}$$

$$= \frac{50\text{ ktf} \times 8.4\text{ m}}{7800\text{ ktf} + 50\text{ ktf}} = \frac{420\text{ ktf}\cdot\text{m}}{7850\text{ ktf}} = 0.054\text{ m}$$

(2) G′M′ を求める．
M は一定であるので，

$$\mathrm{G'M'} = \mathrm{G'M} = \mathrm{GM} - \mathrm{GG'}$$

$$= 0.66\text{ m} - 0.054\text{ m} = 0.606\text{ m}$$

(3) 傾斜角を求める．

$$\tan\theta = \frac{w \cdot d}{(W+w)\,\mathrm{G'M'}} = \frac{50\text{ ktf} \times 10\text{ m}}{(7800\text{ ktf} + 50\text{ ktf})\,0.606\text{ m}}$$

$$\fallingdotseq \frac{500}{4757} = 0.1051$$

$$\therefore \underline{\theta = 6°}\,(答)$$

....

[別解] (1) GG′ を求める．

$$\mathrm{GG'} = \frac{w \cdot h}{W+w} = \frac{(50\text{ t} \times 9.8\text{ m/s}^2) \times 8.4\text{ m}}{(7800\text{ t} \times 9.8\text{ m/s}^2) + (50\text{ t} \times 9.8\text{ m/s}^2)}$$

$$= \frac{420}{7850}\text{ m} = 0.054\text{ m}$$

(2) G′G″ を求める．

$$\mathrm{G'G''} = \frac{w \cdot d}{W+w} = \frac{(50\text{ t} \times 9.8\text{ m/s}^2) \times 10\text{ m}}{(7800\text{ t} \times 9.8\text{ m/s}^2) + (50\text{ t} \times 9.8\text{ m/s}^2)}$$

$$= \frac{(50\text{ t} \times 9.8\text{ m/s}^2)\text{ m}}{76\,930\text{ kN}} = 0.064\text{ m}$$

(3) 傾斜角を求める．

$$\tan\theta = \frac{G'G''}{GM + MM' - GG'} = \frac{G'G''}{GM - GG'}$$
$$= \frac{0.064}{0.66 - 0.054} = \frac{0.064}{0.606} \fallingdotseq 0.1056$$
$$\therefore \underline{\theta = 6°2'} \text{(答)}$$

7.3 揚荷による横傾斜

積荷をする場合と反対に (10.15) 式において w の代わりに $-w$ とおけばよい.

$$\tan\theta = \frac{-w \cdot d}{(W-w)G'M'}$$

(10.12), (10.13), (10.14) の各式においても, w, v の代わりに $-w, -v$ とおくのはもちろんである. $\tan\theta$ が負 $(-)$ となるのは, その傾斜が (10.15) 式, すなわち, 積荷の場合と反対に揚荷した側と反対舷へ傾くことを意味する.

[別解] なお, このような揚荷による横傾斜については, 別解として, 次のような方法でも求めることができる.

図 10.27 において, 揚荷した場合, 排水量は $W-w$ となり, 喫水が減って M が M' に移る揚荷の場合は所定の場所から船全体の重心 G へ移動した後, 陸揚げしたものと考える.

すなわち, まず重量物 w が垂直上方への移動 h'' の位置で G が G', その後, 水平横方向への移動 d'' の位置(揚荷前の重心 G の位置)で G' が G'' に移ったことになるから,

$$GG' = \frac{w \cdot h''}{W-w}, \quad G'G'' = \frac{w \cdot d''}{W-w}$$

ゆえに, $\triangle G'M'G''$ において,

$$\tan\theta = \frac{G'G''}{GM - MM' - GG'} \quad (10.17)$$

ただし, MM' は過重量物でない限り無視してよい.

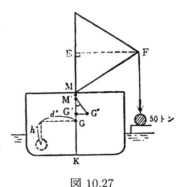

図 10.27

7.4 風圧による横傾斜

(1) 風の影響

図 10.28 (二) のように，船舶が横から風を受けて傾いた場合，風圧によって風下に押し流されるから，船体の水線下に海水抵抗が働く．風圧流が一様とな

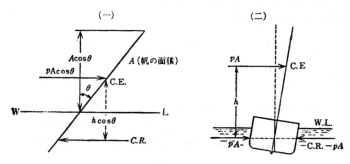

図 10.28

れば，風圧と海水抵抗が等しくなり，偶力 pAh を生じる．すなわち，風圧モーメントによって船は傾斜するから，そのときの復原力とつりあう．

$$pAh = W \cdot \mathrm{GM} \sin\theta \tag{10.18}$$

ただし，

θ：傾斜角

h：C. R. と C. E. の垂直距離

A：受風全面積

p：単位面積に働く風圧

C. R.：海水抵抗の中心 (center of resistance)

C. E.：風圧中心 (center of effort)

風圧モーメントは，厳密にいうと傾斜角によって変化する．したがって，図 10.28 (一) のような帆船では，垂直面に投影した帆の面積は，$A\cos\theta$，風圧モーメントのてこは $h\cos\theta$ となるから，風圧モーメントは $p \cdot A \cdot h\cos^2\theta (= p \cdot A\cos\theta \times h\cos\theta)$ となる．しかし，一般船舶は傾斜は小さいので $p \cdot A \cdot h$ として差し支えない．

この風圧モーメントを静的復原力曲線上に描けば，風圧曲線が得られる．

図 10.29 において，両曲線の交わる点を B とすれば，B は復原力と風圧モーメントが等しい点であって平衡状態である．船は風を受けてこの角度まで傾斜して航走することになる．この傾斜角 θ_1 を安定傾斜角 (angle of steady heel) と呼んでいる．

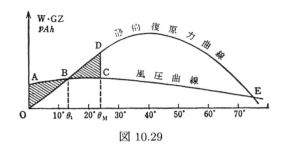

図 10.29

このときの傾斜状態は，θ_1 以上では復原力の方が風圧モーメントより大であるから △OAB と等しい面積 △BCD の θ_M の角度まで傾斜するのであって，この最大傾斜角 θ_M まで傾斜すれば，風圧モーメントによる仕事量（$AO\theta_M C$ の面積）と復原力に抗してなされた仕事量（動的復原力 $O\theta_M DB$ の面積）とが等しくなるからである．

この θ_M では，つりあい状態として静的復原力の方が大きいので，船体は横揺しながら静的復原力と風圧モーメントが等しい元の角度 θ_1 へもどる．

静的復原力曲線は風圧曲線よりも BCED の面積だけ大きいので，△BCD(=△AOB) の面積を差し引いても，あとに充分残っているから転覆しない．この残りの面積を，予備復原力という．

(2) 風圧が変化する場合

現実には風は常に一定の力で吹くものでなく常時その値を変化している．いま，図 10.30 のように，風によって傾斜が θ_1 で一定なとき，さらに強い風が吹いた場合は θ_M の最大傾斜をするが，一定の風力以上の強い風が吹き続けるときには，新しい傾斜 θ_1' になる．もし風圧が最初の力にもどるならば，静止角も θ_1 へかえる．

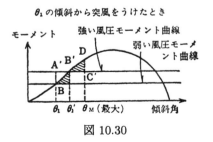

図 10.30

(3) 動揺時に風圧が加わる場合

最も危険な状態は，図 10.31 のように，船が風上側に横揺して反対舷へ復原する中途に突風を受けた場合で，復原の仕事量が風圧の仕事量へ加算されるから予備復原力よりも大

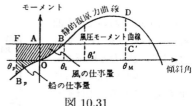

図 10.31

きくなることがあって，直立状態の場合に比べて転覆するおそれが大きい．

片舷から他舷に復原力で移ろうとする時に突風を受けたとき，すなわち，図において，いま，左舷傾斜から右舷側へ復原の途中 θ_P の左舷傾斜角で突風を受け面積 BFB_P に等しくなる面積 $BC'D$ の右舷傾斜角 θ_M まで傾き，その後風圧が一定となれば，復原力と風圧モーメントが等しい傾斜角度 θ_1 で傾斜が一定となる．

7.5　横区画の浸水による横傾斜

図 10.32 のように船側区画の一部に浸水する場合には，この部分の浮力が失われるため，船は沈下するとともに，横傾斜することとなる．

図において，

　　WL：浸水前の水線

　　A_w：水線面積

　　W：排水量

　　V：排水容積

　　B：浮心

　　G：重心

　　a：浸水区画の水平面積

　　v：浸水区画の容積

　　b：浸水区画の重心

いま，水線 WL で浮いている船がまず浸水によって，平行に水線 W'L' まで沈下し，浸水区画は船外として，しかる後，水線 W″L″ に傾斜するものと考える．浸水後の水線面積を $A_w - a$，その浮面心を F とし，F から中心線までの距離を $\bar{y}$ とする．浸水量は考えないので，G，W はそのままとすると，平行沈下量 Δd は，

第10章 復原性

$$\Delta d = \frac{v}{A_w - a}$$

増加排水容積の重心 b' と浮面心 F は中心線からの水平距離 $\bar{y}$, 中心線から b までの水平距離を s とすれば,

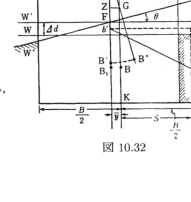

$$\bar{y} = s \cdot \frac{a}{A_w - a}$$

$$BB_1 = \frac{v \times bb'}{V}$$

箱船では $v/V = a/A_w$ であるから,

$$BB_1 = s \cdot \frac{a}{A_w - a} = \bar{y}$$

$$\left.\begin{array}{l} B_1B' = \dfrac{v \times bb_1}{V} \\[6pt] B_1B' = \dfrac{a \times bb_1}{A_w} \end{array}\right\}$$

図 10.32

$$\therefore B'M = \frac{{}_FI_{A_w - a}}{V}$$

ただし,上式の ${}_FI_{A_w-a}$ は,水線面 $A_w - a$ の F を通る縦軸に対する慣性モーメントである.

$$\therefore ZM = KB + B_1B' + B'M - KG$$

ゆえに船の傾斜角は次式で求められる.

$$\tan\theta = \frac{ZG}{ZM} = \frac{BB_1}{ZM} = \frac{v \cdot b_1b'}{V \cdot ZM}$$

箱船では,

$$\tan\theta = \frac{\bar{y}}{ZM} \tag{10.19}$$

8. 遊動水による復原力の損失

船内において,燃料油や飲料水,海水バラストによるハーフタンク (half tank),または浸水や甲板上へ打ち込んだ海水のように,自由表面を有する液体を遊動水 (free water) という.

船内のタンクが満水（または空槽）状態であれば1個の重量貨物として考えられるから動揺があっても GM には影響しないが遊動水があるときは,船体が

傾けばタンク内の遊動水は，左右交互に片寄り船体重心 G を見掛け上，上方に移動させる結果となるので，復原力の損失を生じるとともに，その遊動水の移動衝撃でタンク内部に損傷を与える．

図 10.33 において，船が WL から小角度 θ だけ傾斜して W'L' になれば，船内タンクの遊動水の自由表面が wl から $w'l'$ になり，重心は b から b' に移動する．

遊動水の傾斜前と後の重力の作用線の交点 m は遊動水のメタセンタである．

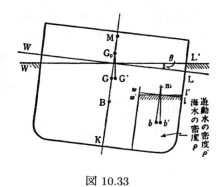

図 10.33

したがって，遊動水の重心が傾斜によって m まで上昇したと考えてよいので m 点をタンク内の水の見掛けの重心という．

遊動水の自由表面の船の船首尾線に平行なタンク内の軸に対する慣性モーメントを i，遊動水の容積を v とすれば，bm は遊動水のメタセンタ半径に相当する．

$$bm = \frac{i}{v} \tag{10.20}$$

遊動水の重さ w を含んだ船の排水トン数を W とすれば，重心移動の原理より，

$$W \times GG' = w \times bb'$$

$$\therefore GG' = \frac{w \cdot bb'}{W} \tag{10.21}$$

$\triangle GG_0 G'$ と $\triangle bmb'$ は相似形であるから

$$\tan \theta = \frac{GG'}{GG_0} = \frac{bb'}{bm}$$

$$\therefore GG_0 = GG' \times \frac{bm}{bb'}$$

傾斜によって，遊動水の重心が b から見掛けの重心 m に移動したため，船の重心 G は見掛けの重心点 G_0 に移ったと考えられる．

上式に (10.20), (10.21) 式を代入すると，メタセンタ高さの見掛けの減少量 GG_0 は，

第10章 復原性

$$\mathrm{GG_0} = \frac{w \cdot bb'}{W} \times \frac{bm}{bb'} = \frac{w}{W} \times \frac{i}{v}$$

ここで,船の排水容積 V,海水比重 γ,遊動水比重 γ' とすれば,

$$W = V \cdot \gamma, \ w = v \cdot \gamma'$$

$$\therefore \mathrm{GG_0} = \frac{v \cdot \gamma'}{V \cdot \gamma} \times \frac{i}{v} = \frac{i \cdot \gamma'}{V \cdot \gamma} = \frac{i \cdot \gamma'}{W} \tag{10.22}$$

もし,遊動水が船が浮いている海水と同一の場合には $(\gamma = \gamma')$,上式は,

$$\mathrm{GG_0} = \frac{i}{V} \tag{10.23}$$

上式から復原力の損失は,遊動水の自由表面の慣性モーメントが関係し,遊動水の量は問題でない.

[例題] 排水トン数 24 000 キロトンの船内に長さ 6 m,幅 14 m の海水タンクに遊動水がある場合の GM の損失を求めよ.

[解答] 船の重心 G が G_0 まで上昇したのと同じ効果を及ぼし,このメタセンタ高さの見掛けの減少量は,題意によれば,$\gamma = \gamma'$ であるから,

$$\mathrm{GG_0} = \frac{i}{V} = \frac{6 \times 14^3 \times 1.025}{12 \times 24\,000} \fallingdotseq \underline{0.06 \ \mathrm{m}} (答)$$

9. 入渠または乗揚げにおける復原力の損失

船舶が乾ドック (dry dock) に入渠した場合,ドック内の水をポンプでくみ出し,キールが水線 WL でキール盤木に接触し,さらに排水によって船体が W'L' になったときの傾斜角を θ とすれば,キール盤木にかかる重さ w は水線 WL と W'L' の排水量の差に等しく上方に働き,G には W が下方に働く.したがって,浮力 $W - w$ は上方 W'L' に対するメタセンタ M' の方向に作用する.

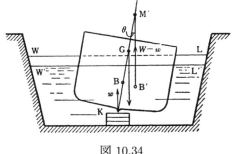

図 10.34

図 10.34 において,キールに対し,

船を起こそうとするモーメント $= (W-w) \cdot \mathrm{KM'} \sin\theta$

船を傾斜させるモーメント $= W \cdot \mathrm{KG} \sin\theta$

このときの復原力は両者の差であるから，

$$
\begin{aligned}
\text{真の復原力} &= (W-w) \cdot \mathrm{KM'} \sin\theta - W \cdot \mathrm{KG} \sin\theta \\
&= W \cdot \mathrm{KM'} \sin\theta - W \cdot \mathrm{KG} \sin\theta - w \cdot \mathrm{KM'} \sin\theta \\
&= W\left(\mathrm{KM'} - \mathrm{KG}\right) \sin\theta - w \cdot \mathrm{KM'} \sin\theta \\
&= W \cdot \mathrm{GM'} \sin\theta - w \cdot \mathrm{KM'} \sin\theta \\
&= W\left(\mathrm{GM'} - \frac{w}{W}\mathrm{KM'}\right) \sin\theta \qquad (10.24)
\end{aligned}
$$

ここで，$\mathrm{GM'} - (w/W) \cdot \mathrm{KM'}$ を見掛けのメタセンタ高さといい，普通の場合と比べて GM が $(w/W) \cdot \mathrm{KM'}$ の損失となる．

そして，この場合船の復原力が不安定となるのは，見掛けのメタセンタ高さが0または0より小のときで負 (−) となれば，もちろん船は転覆するおそれがある．ゆえに，

$$\mathrm{GM'} \leq \frac{w}{W} \cdot \mathrm{KM'}$$

$\mathrm{KM'} = \mathrm{KB'} + \mathrm{B'M'}$ であるから，$\mathrm{KB'}$ は喫水変化量の 1/2 を引き，$\mathrm{B'M'} = I/V'$ を用い，V' は $W-w$ に対する容積でもって $\mathrm{M'}$ の位置を求め得ることができる．

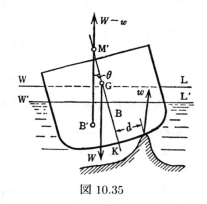

図 10.35

以上のことは，キールが座礁した場合にも，当然あてはまるが，図 10.35 のように中心線以外の船底が乗揚げた場合，暗礁に接触したその地点に対し，

船を起こすモーメント $= (W-w)\left(d\cos\theta + \mathrm{KM'} \sin\theta\right)$

船を傾斜させるモーメント $= W\left(d\cos\theta + \mathrm{KG} \sin\theta\right)$

このときの復原力は両者の差であるから，

第 10 章 復原性

$$\begin{aligned}
\text{真の復原力} &= (W-w)\left(d\cos\theta + \text{KM}'\sin\theta\right) - W\left(d\cos\theta + \text{KG}\sin\theta\right) \\
&= W\cdot d\cos\theta + W\cdot \text{KM}'\sin\theta - w\cdot d\cos\theta - w\cdot \text{KM}'\sin\theta \\
&\quad - W\cdot d\cos\theta - \text{KG}\sin\theta \\
&= W\left(\text{KM}' - \text{KG}\right)\sin\theta - w\left(d\cot\theta + \text{KM}'\right)\sin\theta \\
&= W\cdot \text{GM}'\sin\theta - w\left(d\cot\theta + \text{KM}'\right)\sin\theta \\
&= W\left\{\text{GM}' - \frac{w}{W}\left(d\cot\theta + \text{KM}'\right)\right\}\sin\theta. \quad (10.25)
\end{aligned}$$

普通の場合と比べて，GM が $(w/W)(d\cot\theta + \text{KM}')$ の損失となる．船の復原力が不安定となるのは，次式のような場合であり，{} 内が，負 $(-)$ となれば当然転覆するおそれがある．

$$\text{GM}' \leq \frac{w}{W}\left(d\cot\theta + \text{KM}'\right)$$

なお，(10.25) 式は入渠の場合において，$d = 0$ とすれば，(10.23) 式に相当する．

[例題] 長さ 100 m，幅 16 m，喫水 8 m の箱船が KG 6 m 等喫水 4 m で入渠し，ドック内の海水を排出したため，喫水 3 m になったとき，8 度傾斜した．そのときの復原力を求めよ．

[解答]
$$W = L\cdot B\cdot d\cdot \gamma = 100 \times 16 \times 4 \times 1.025 = 6560 \text{ t}$$
$$w = L\cdot B\cdot \Delta d\cdot \rho = 100 \times 16 \times 1 \times 1.025 = 1640 \text{ t}$$
$$\text{KB}' = 3/2 \text{ m}$$
$$\text{B}'\text{M}' = \frac{I}{V'} = \frac{L\cdot B^3}{12L\cdot B \times 3} = \frac{B^2}{12 \times 3} = \frac{16^2}{36} = \frac{256}{36} = \frac{64}{9} \text{ m}$$
$$\therefore \text{KM}' = \text{KB}' + \text{B}'\text{M}' = \frac{3}{2} \text{ m} + \frac{64}{9} \text{ m} = \frac{27 + 128}{18} \text{ m} = \frac{155}{18} \text{ m}$$

$$\therefore \text{GM}' = \text{KM}' - \text{KG} = \text{KB}' + \text{B}'\text{M}' - \text{KG}$$
$$= \frac{3}{2} \text{ m} + \frac{64}{9} \text{ m} - 6 \text{ m} = \frac{27 + 128 - 108}{18} \text{ m} = \frac{47}{18} \text{ m}$$

ゆえに (10.24) 式より，

$$\begin{aligned}
\text{真の復原力} &= W\left(\text{GM}' - \frac{w}{W}\cdot \text{KM}'\right)\sin\theta \\
&= 6560\ (\text{tf})\left(\frac{47}{18} - \frac{1640}{6560}\times\frac{155}{18}\right)(\text{m})\times\sin 8° \\
&= 6560\ (\text{tf})\left(\frac{47}{18} - \frac{155}{4\times 18}\right)(\text{m})\times\sin 8° \\
&= 6560\ (\text{tf})\left(\frac{188 - 155}{72}\right)(\text{m})\times\sin 8° \\
&= 6560\ \text{tf}\times\frac{33}{72}\ \text{m}\times 0.1392 \\
&= \underline{418.5\ \text{tf}\cdot\text{m}}(\text{答})
\end{aligned}$$

第10章 復原性

[練習問題]

【1】 長さ L,喫水 d,水線面における幅 B,船底における幅 b の箱船の横 BM を求めよ.

【2】 長さ 20 m,幅 4 m の箱船が 2 m の等喫水で浮いでいるとき,この船の横メタセンタの位置を求めよ.

【3】 長さ 10 m,半径 2 m,比重 0.5 の円筒が軸を水平にして清水中に浮いており,その底部に 10 m^3 の方形キールがあるとすれば,そのときのメタセンタの位置を求めよ.ただし,この浮体の浮心は水面下 1.07 m のところにあるものとする.

【4】 頂点を下にして浮ぶ断面が二等辺三角形の船の水線面における船幅は,喫水の $\sqrt{2}$ 倍である.この船のメタセンタは常に水線面にあることを証明せよ.

【5】 1 辺が 0.2 m の正方形の断面を有し,長さ 4 m,密度 500 kg/m^3 の均質木材が密度 1000 kg/m^3 の清水中に浮いている場合,横メタセンタの高さを求めよ.

【6】 BM 曲線の作成法とこの曲線を使用するにあたっての注意事項を述べよ.

【7】 長さ 120 m,幅 15 m,深さ 8 m の箱船が 6 m の等喫水で浮いでいる場合の GM を求めよ.ただし,KG = 6 m とする.

【8】 初期復原力について説明し,適当な GM との関係を求めよ.

【9】 船舶の安全航海に関して,適度の復原力とするための注意事項について述べよ.

【10】 船の GM と復原力との関係を図示説明し,「復原力曲線の原点において接線を引き,1 ラジアン (57.3 度) 上の GZ 値は,MG を表わす」ことを証明せよ.

【11】 船体の形状が静的復原力曲線に,どのような影響を与えるか図示説明せよ.

【12】 負の GM を有する船舶の復原性を説明し,二重底タンクを用いて船の傾斜を調整する操作を述べよ.

【13】 下記について説明せよ.
   (1) Tender ship (2) Stiff ship (3) 海水流入角
   (4) 限界傾斜角 (5) ラーチング (lurching)

【14】 GM 計算を行う余裕のない場合,自船の復原性を検定判断する各種の方法を説明せよ.

【15】 長さ 40 m,幅 10 m の箱船が 2.5 m の等喫水で海水中に浮いでいる.甲板上の中央にある荷物 8 トンを横方向に 4.5 m 移動させたときの横傾斜と最大喫水を求めよ.ただし,KG = 2.80 m.

【16】 排水トン数 13 000 トン,GM 0.23 m の船が 40 トンの重量物を巻き揚げたときの予想傾斜角を概算せよ.ただし,重量物は船の中心線から水平距離 12 m の陸上にあるものとする.また,このような場合に正確な傾斜角を求める方法を述べよ.

【17】 排水量 8000 キロトンの船が,図 10.36 のように,船体中央線の上甲板に取り付けた長さ 15 m のデリックブームを正横へ,げん側から 2 m 振り出して,50 キロトンの重量貨物をデリックブーム先端に懸けづりしたときの船の傾斜角を求めよ.ただし,船幅は 14 m,この貨物を懸けづりしないときの船の重心は上甲板 P 点(図示)の下方 2 m にあり,GM は 0.85 m である.また,メタセンタの位置は一定とし,懸吊貨物の重量以外の影響による船の傾斜は考えない.

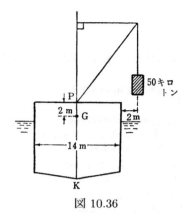

図 10.36

【18】排水量 6500 トン，GM 0.62 m で垂直に浮んでいる船が，図 10.37 に示すように，P 点に積載している 15 トンの重量物 W をデリック先端 C に懸けづりし，反対舷正横に振り出した場合の船の傾斜角を算出せよ．ただし，デリックの長さ AC は 17 m，上甲板上からのマストの高さ AB は 15 m，トッピングリフトの長さ BC は 12 m で P 点（重量物 W の重心）は上甲板下 6 m，船体中心線から 5 m の距離にあり，上甲板にはキャンバーがないものとする．

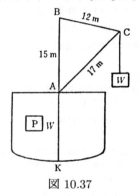

図 10.37

【19】排水トン数 11000 トン，メタセンタ高さ 0.65 m の直立して浮んでいる船に，35 トンの貨物を，その重心がキール線上 14.5 m，中心線から正横水平距離 9 m のところに積載した場合のメタセンタ高さと船体の傾斜角とを推算せよ．ただし，KG = 5 m である．

【20】GM 計算に必要な曲線図等の資料を有する船において，貨物等の積載後 GM を算出する方法を説明せよ．

【21】排水量 22000 トンのある船の GM は 0.4 m で，風圧の作用点は水面上 6 m，側圧の作用点は水面下 4 m である．作用した風圧力を求めよ．ただし，傾斜は 2°

第10章 復原性

とする.

【22】 排水量 21 000 トンの船に 490 キロニュートン {50 トン重} の風圧が作用し,3°の傾斜をしている場合,GM を求めよ.ただし風圧の作用点は水面上 3 m,側圧の作用点は 4 m とする.

【23】 KG 4 m, GM 1.2 m の排水量 14 000 トンの船に,キール上 2 m に重心を有するバラストタンクへ海水 180 トンを入れ,そのとき,自由表面を有しているとすれば,タンク内中央に縦区画で仕切られてない場合と仕切られている場合について,見掛けの GM を求めよ.ただし,タンクの長さは 4 m,幅は 15 m である.

【24】 排水量 8000 トンの船の清水タンクに遊動水がある場合の GM の損失を求めよ.ただし,このタンクの長さは 6 m,幅 12 m でタンク中央に船首尾線に平行な縦隔壁が設けられており,清水,海水の比重は 1.0 および 1.025 となる.

【25】 比重 1.8 の大麦を撒に満載した排水量 20 000 トンの船において,中央に仕切板 (shifting board) を設けないため,液体のように流動するものとすれば,GM はいくらか減少するか.また,仕切板を設けた場合はどうか.ただし,船倉の長さ 90 m,幅 16 m である.

【26】 排水量 5000 トンの船が入渠する時,キールがキール盤木に接したときの喫水は 3.9 m であった.喫水がいくらになったとき,船は不安定となるか.ただし,T.P.C. = 14.4 トン,KM = 7.2 m, KG = 6.9 m とする.

【27】 某船が入渠時,そのキールブロックに接したときの平均喫水は 4.42 m で排水量は 10 000 キロトンである.ドック内の水を排出して,喫水がいくらになったら,この船は不安定となるか.ただし,T.P.C. = 9.9 キロトン,GM = 0.64 m, KG = 7.38 m とし,M の位置は不変とする.

【28】 排水トン数 8742 キロトン,GM = 0.32 m, KG = 6.95 m の船が直立して浮いている.もし,図 10.38 の右舷二重底タンクに清水を満水すれば,何度傾斜するか.ただし,二重底タンクの長さ 12 m,幅 6 m,深さ 1.5 m で M 点は不変とする.

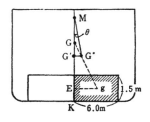

図 10.38

第11章　喫水およびトリム

1. トリムまたは船脚のつりあい

トリム (trim) とは，船首尾方向の縦傾斜のつりあい状態のことで，船首喫水 d_f(fore draft) と船尾喫水 d_a(after draft) の差で表わし，次の3つの状態があるが，耐航性，舵効，速力，外観上等の点から特別の事情のない限り，一般に 1 m～1.5 m by the stern にするとよい．

1.1　船尾脚 (trim by the stern)

船尾喫水の方が大きい場合で適当な船尾脚の状態は上記のとおり最もよい．特に空船では推進効率，舵効の点で必要である．

1.2　船首脚 (trim by the head)

船首喫水の方が大きい場合で，耐航性，舵効ともに悪く，また，船首の風上への切り上がりも大きい．したがって，ジグザグコースとなり，航海速力は減少するので，このトリムで航行する船舶は稀である．

1.3　平脚，等喫水 (even keel)

船首尾喫水が等しい場合で，浅い河江航行や入渠の場合，あるいは燃料消費のため航行中極端な船尾脚が予想されるとき，出港時に採用することがある．

2.　縦メタセンタ

船が直立状態から左右に傾斜したときのメタセンタを横メタセンタといったように，船が前後に傾斜したとき，すなわち，トリムしたとき，初めの等喫水 (even keel) における浮心 B を通る鉛直線と縦傾斜後の浮心 B′ を通る鉛直線との交点を縦メタセンタ M_L(longitudinal metacenter) といい，GM_L を縦メタセンタ高さという．

図 11.1 において，

第 11 章 喫水およびトリム

WL：船が水平に浮んでいるときの水線
B：水線 WL に対する浮心
G：水線 WL に対する重心
θ：縦傾斜（トリム）の角度
W′L′：縦傾斜 θ のときの水線
B′：水線 W′L′ に対する浮心
G′：水線 W′L′ に対する重心
F：浮面心，傾斜中心
v：露出くさび形容積 = 没入くさび形容積
$\triangle \text{WFW}' = \triangle \text{LFL}'$
gg'：それぞれのくさび形容積の重心
W：排水トン数
V：排水容積

図 11.1 において，縦方向に小角度 θ だけトリムしたとき，$\triangle \text{WFW}'$ の容積 v が $\triangle \text{LFL}'$ に移動したとして，横メタセンタ半径を求めた場合と同様に (10.2) 式より縦メタセンタ半径 BM_L は，

$$\text{BM}_L = \frac{I_L}{V}$$

ただし，I_L は水線面の浮面心を通る y 軸（船首尾線と直角）に対する慣性モーメントである．(5.5) 式より，

$$I_L = nLB^3$$

また，$V = L \cdot B \cdot d \cdot C_b$ の関係から次の近似式が得られる．

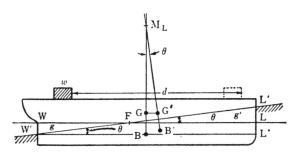

図 11.1

$$\text{BM}_L = \frac{I_L}{V} = \frac{n \cdot L^3 \cdot B}{L \cdot B \cdot d \cdot C_b} = \frac{n}{C_b} \cdot \frac{L^2}{d} = k' \cdot \frac{L^2}{d}$$

ここで，k' は係数で，$k' = 0.064 \sim 0.069$ とする．

また，ノルマン (J. A. Normand) 氏の近似式がある．すなわち，満載状態の値として，

$$\mathrm{BM_L} = 0.0735 \frac{A_w^2 \cdot L}{B \cdot V}$$

3. 浮面心 (C. F. : center of floatation)

浮面心を別名，浮泛中心または傾斜中心 (tipping center) ともいい，トリム問題を解決する上で重要な点である．この位置は排水量等曲線図から容易に知ることができるが，梯形の法則，シンプソン法則，チェビシェフ法則等の計算によっても求めることができ，次のような性質を有している．

(1) 水線面の重心位置である．すなわち船の水線面の形状は長さの中央 (⊗) より船尾方向の方が広いので，普通の船形では，中央より $L/30 \sim L/50$ 後方であるが，その距離は高速船の方が一般に大きい．

(2) 船の排水量を変化することなく，トリムまたは横方向に傾斜したとき，その傾斜角が余り大きくない場合には，新旧両水線面の交線は，この点を通る．すなわち，トリムの支点と考えてよい．

(3) 浮面心を通る鉛直線上の任意の点に積荷をしても，あるいはそこから卸しても，船は縦，横の方向ともに傾かないで，旧水線面に平行に沈下または浮上する．

4. 毎 cm トリム・モーメント

船内で重量物を船首尾方向に移動させて，船首尾喫水の差を 1 cm 傾斜させるモーメント，すなわち 1 cm のトリム変化させるために必要なモーメントを，毎 cm トリム・モーメント (M. T. C. : moment to change trim per centimeter) という．

図 11.1 のように，等喫水で浮んでいる排水量 W（重量物 w 含む）の船において，w の重量物を船首方向へ d 移動したため，船体はわずかに縦傾斜（トリム）して，水線 WL が W′L′ に変り，船の重心 G が G′ に変ったとすれば，重心移動の原理より，

$$W \times \mathrm{GG}' = w \times d$$
$$\therefore \mathrm{GG}' = \frac{w \times d}{W}$$

△$\mathrm{GM_L G}'$ において，

第 11 章 喫水およびトリム

$$\tan\theta = \frac{\mathrm{GG}'}{\mathrm{GM_L}}$$

この式は θ が約 $5°$ まで成立するので,上式から,

$$\tan\theta = \frac{w\cdot d}{W\cdot \mathrm{GM_L}}$$

いま,W′ から WL に平行線 W′L″ を引けば,これは船の長さ L であり,L′L″ はトリム変化である.

$$\mathrm{L'L''} = \mathrm{W'L''}\tan\theta = \mathrm{WW'} + \mathrm{LL'}$$

ここで,トリム変化は後部喫水の減少と前部喫水の増加を加算したものである.

ゆえに,上式より,トリム変化は,

$$\mathrm{L'L''} = \mathrm{L}\tan\theta = \frac{w\cdot d\cdot L}{W\cdot \mathrm{GM_L}}$$

いま,L′L″ がメートルを単位として表わされているとする.これを t cm と表わすと,1 cm = 1/100 m であるから,

$$t\,\mathrm{cm} = \frac{w\cdot d\cdot L}{W\cdot \mathrm{GM_L}} \times 100\,\mathrm{cm} \tag{11.1}$$

として求まる.

この式において,1 cm のトリムに変化を生じさせる傾斜モーメント $w\cdot d$ の値を毎 cm トリム・モーメントといい,M.T.C. で表わす.したがって,(11.1) 式で $t=1$,$w\cdot d = $ M.T.C. とおいて,

$$\mathrm{M.T.C.} = \frac{W\cdot \mathrm{GM_L}}{100L}\,\mathrm{t\text{-}m} \tag{11.2}$$

この式における近似計算では $\mathrm{GM_L} \fallingdotseq \mathrm{BM_L}$ としてもよい.

なお,これに関して,次のようなノルマン (J. A. Normand) 氏の近似式がある.

$$\mathrm{M.T.C.} = 0.00076\,\frac{A_w^2}{B} = 7.2\,\frac{\mathrm{T}^2}{B}$$

また,(11.1) 式に (11.2) 式を代入すれば,トリムの変化は,

$$t = \frac{w\cdot d}{\mathrm{M.T.C.}} \tag{11.3}$$

次にまた,図 11.1 において,

WW′ = t_a ··· 船尾喫水の増減
WF = L_a ··· 浮面心より船尾端までの距離
LL′ = t_f ··· 船首喫水の増減
LF = L_f ··· 浮面心より船首端までの距離
L′L″ = t (cm) ··· トリムの変化
W′L″ = L ··· 船の長さ

とすれば，△WFW′ ∼ △LFL′ ∼ △L″W′L′ なので，

$$\frac{WW'}{WF} = \frac{LL'}{LF} = \frac{L'L''}{W'L''}$$

$$\left. \begin{array}{l} \therefore \quad t_a = t \times \dfrac{L_a}{L} = t - t_f \\[2mm] \quad\quad t_f = t \times \dfrac{L_f}{L} = t - t_a \end{array} \right\} \tag{11.4}$$

5. 船内重量物の移動に伴う喫水およびトリムの変化

 船内にすでにある重量物 w を船首尾方向に d 移動させたとき，次のように計算すれば，喫水およびトリムの変化を容易に求めることができる．

(1) トリムの変化量 t を求める．

$$t = \frac{w \cdot d}{\text{M.T.C.}}$$

(2) トリム変化による船首尾喫水の変化量を求める．

 図 11.2 において，3 つの三角形はそれぞれ相似形なので，浮面心に関する比例配分によって，船首尾喫水の変化量を求めると，

$$\text{船尾喫水の変化量} \quad t_a = t \times \frac{L_a}{L} = t - t_f$$
$$\text{船首喫水の変化量} \quad t_f = t \times \frac{L_f}{L} = t - t_a$$

(3) 新船首尾喫水 d'_f, d'_a を求める．

$$\text{新船尾喫水} \quad d'_a = d_a \mp t_a$$
$$\text{新船首喫水} \quad d'_f = d_f \pm t_f$$

 この式の正 (+)，負 (−) の符号の付け方は，図 11.3 により判断するこ

第11章 喫水およびトリム

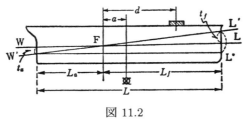

図 11.2

と．したがって，計算に際しては図示することを勧める．ただし，t_a, t_f の符号は必ず異符号によることを銘記すべきである．すなわち，浮面心を支点とした天秤と同じであると考えてよい．

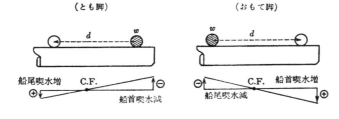

図 11.3

なお，以上を総合すると次のような式になる．

$$d'_a = d_a \mp \frac{w \cdot d}{\text{M.T.C}} \cdot \frac{L_a}{L}$$

$$d'_f = d_f \pm \frac{w \cdot d}{\text{M.T.C}} \cdot \frac{L_f}{L}$$

[例題1] 図 11.4 で示される大きさの船について，船首喫水 3.40 m，船尾喫水 4.00 m の船の No. 3 B.T.（中央より 17 m 後方）から No. 2 B.T.（中央より 15 m 前方）に海水を 30 キロトン移したときの船首尾の喫水を求めよ．ただし，船の長さ 68 m，毎 cm トリム・モーメントは 24 t-m，平均喫水における浮面心は長さの中央部より 1 m 後方である．

[解答1]　(1) トリム変化 t を求める．

$$t = \frac{w \cdot d}{\text{M.T.C.}} = \frac{30 \times 32}{24} = 40 \text{ cm}$$

(2) トリム変化による船首尾配分を求める．

船尾喫水変化　$t_a = t \times \dfrac{L_a}{L} = 40 \times \dfrac{33}{68} = 19.4$ cm $(-)$

船首喫水変化　$t_f = t \times \dfrac{L_f}{L} = 40 \times \dfrac{35}{68} = 20.6$ cm $(+)$

(3) 新船首尾喫水を求める．

新船尾喫水　$d'_a = d_a - t_a = 4.00 - 0.194 = \underline{3.806 \text{ m}}$(答)

新船首喫水　$d'_f = d_f + t_f = 3.40 + 0.206 = \underline{3.606 \text{ m}}$(答)

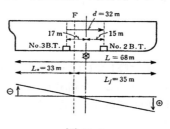

図 11.4

[例題 2] 船首喫水 4.30 m，船尾喫水 5.80 m で浮いている船が後部タンクよりどれだけの水を前部タンクへ移動すれば船尾を現喫水より 1.0 m 浮せることができるか．また，このときの喫水を求めよ．ただし，船の長さは，110 m，毎 cm トリム・モーメント 80 t-m，浮面心は船体中央より 2 m 後方，タンク間の距離は 75 m とする．

[解答 2]　(1) 水の移動量を求める．

移動すべき水の重量を w とすると，その移動のためのトリム変化に対する船尾喫水変化が 100 cm であるから，次式がなりたつ．

$$\text{船尾喫水変化 } t_a = t \times \dfrac{L_a}{L} = \dfrac{w \cdot d}{\text{M.T.C.}} \times \dfrac{L_a}{L}$$

$$100 = \dfrac{w \times 75}{80} \times \dfrac{53}{110}$$

$$\therefore w = \dfrac{100 \times 80 \times 110}{75 \times 53} \fallingdotseq 221.4 \text{ t}$$

(2) トリム変化を求める．

$$t = \dfrac{w \cdot d}{\text{M.T.C}} = \dfrac{221.4 \times 75}{80} \fallingdotseq 208 \text{ cm}$$

(3) 船首の喫水変化を求める．

船首喫水変化　$t_f = t \times \dfrac{L_f}{L} = 208 \times \dfrac{57}{110} \fallingdotseq 108$ cm

$$t_f = t - t_a = 208 - 100 = 108 \text{ cm}$$

(4) 新船首喫水を求める．

$$d'_f = d_f + t_f = 4.30 + 1.08 = \underline{5.38 \text{ m}}\text{(答)}$$
$$d'_a = d_a - t_a = 5.80 - 1.00 = \underline{4.80 \text{ m}}\text{(答)}$$

第 11 章 喫水およびトリム 205

6. 積荷（揚荷）に伴う喫水およびトリムの変化

　一般に船内に荷物を積み込むかあるいは船内から卸す場合には，喫水に変化を生ずると同時に，トリムの変化を相伴って生ずるので，船首・船尾の喫水は変化する．したがって，次のように計算すれば，喫水およびトリムの変化を容易に求めることができる．

(1) 　荷物 w を浮面心を通る鉛直線上に積み込むかまたはそこから揚荷するものとして，船の平行沈浮による喫水の増減を計算する．積荷後の場合の排水トン数は $W+w$ である．ただし，積荷は正 (+)，揚荷 (−) の符号となる．

(8.12) 式より，
$$\delta = \frac{w}{T}$$

(2) 　荷物を浮面心から，積荷または揚荷した所定の場所まで d (m) 移動したものとして，トリム変化を計算する．以下前項（重量物移動）と符号等総て同様である．
$$t = \frac{w \cdot d}{\text{M.T.C.}}$$
ただし，この場合の排水トン数は，$W \pm w$ となるので，(11.2) 式より

$$\text{M.T.C.} = \frac{(W \pm w)\,\text{GM}_L}{100L} \qquad (11.5)$$

であることに注意すること．

(3) 　トリム変化による船首尾喫水の変化量を計算する．これは，浮面心が船の長さの中央であれば，トリム変化量の 1/2 であるが，浮面心は一般に中央より後方位置なので比例配分する必要が生じる．

$$t_a = t \times \frac{L_a}{L} = t - t_f$$
$$t_f = t \times \frac{L_f}{L} = t - t_a$$

(4) 　船首尾喫水の全変化量 $t'_f,\ t'_a$ を求める．

$$\left.\begin{array}{l} t'_a = \pm \dfrac{w}{T} \mp t_a = \pm \dfrac{w}{T} \mp t \times \dfrac{L_a}{L} \\[2mm] t'_f = \pm \dfrac{w}{T} \pm t_f = \pm \dfrac{w}{T} \pm t \times \dfrac{L_f}{L} \end{array}\right\} \qquad (11.6)$$

(5) 新船首尾喫水 d'_f, d'_a を求める．

$$d'_a = d_a \pm t'_a$$
$$d'_f = d_f \pm t'_f$$

なお，以上を総合すると次のような式になる．

$$\left.\begin{array}{l} d'_a = d_a \pm \dfrac{w}{T} \mp \dfrac{w \cdot d}{\text{M.T.C.}} \cdot \dfrac{L_a}{L} \\[2ex] d'_f = d_f \pm \dfrac{w}{T} \pm \dfrac{w \cdot d}{\text{M.T.C.}} \cdot \dfrac{L_f}{L} \end{array}\right\} \quad (11.7)$$

[例題 1] 排水トン数 6800 キロトン，長さ 136 m，船首喫水 7.70 m，船尾喫水 9.44 m の船が 280 キロトンの貨物を水線の前端から 16 m の所に積んだときの船首尾喫水を求めよ（図 11.5）．ただし，浮面心は船体中央より 8 m 後方，毎 cm 排水トン数は 12 キロトン，縦メタセンタ高さは 158 m とする．

(1) 毎 cm トリム・モーメントを求める．

$$\text{M.T.C.} = \frac{(W+w) \cdot \text{GM}_L}{100 \cdot L}$$
$$= \frac{(6800 + 280) \times 158}{100 \times 136} \fallingdotseq 82.3 \text{ t-m}$$

(2) 平行沈下量を求める．

$$\delta = \frac{w}{T} = \frac{280}{12} \fallingdotseq 23.3 \text{ cm}$$

(3) トリム変化を求める．

$$t = \frac{w \cdot d}{\text{M.T.C.}} = \frac{280 \times 60}{82.3} = 204.1 \text{ cm}$$

(4) トリム変化による船首尾配分量を求める．

$$t_a = t \times \frac{L_a}{L} = 204.1 \times \frac{60}{136} = 90 \text{ cm} = 0.9 \text{ m}$$
$$t_f = t \times \frac{L_f}{L} = 204.1 \times \frac{76}{136} = 114.1 \text{ cm} = 1.14 \text{ m}$$

(5) 新船首尾喫水を求める．

$$d'_a = d_a + \frac{w}{T} - t \times \frac{L_a}{L}$$
$$d'_f = d_f + \frac{w}{T} + t \times \frac{L_f}{L}$$

∴	d_a	9.44		∴	d_f	7.70	
	δ	0.23	(+		δ	0.23	(+
		9.67				7.93	
	t_a	0.90	(−		t_f	1.14	(+
	d'_a	<u>8.77 m</u>			d'_f	<u>9.07 m</u>	(答)

第 11 章 喫水およびトリム

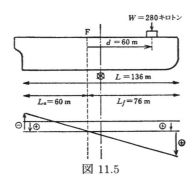

図 11.5

[例題 2] 排水トン数 5000 キロトン，長さ 120 m の船が，船首 7.00 m，船尾 7.60 m の喫水で浮んでいる（図 11.6）．いま，この船の船首より後方 30 m の位置にある重量 40 キロトンの貨物を陸揚げした場合の船首尾の喫水を計算せよ．ただし，浮面心の位置は船の長さの中央部より 10 m 後方，毎 cm トリム・モーメントは 50 t-m，毎 cm 排水トン数は 8 キロトンである．

[解答 2] (1) 平行浮上量を求める．
$$\delta = \frac{w}{T} = \frac{40}{8} = 5 \text{ cm}$$
(2) トリム変化を求める．
$$t = \frac{w \cdot d}{\text{M.T.C.}} = \frac{40 \times 40}{50} = 32 \text{ cm}$$
(3) トリム変化による船首尾配分を求める．
$$t_a = t \times \frac{L_a}{L} = 32 \times \frac{50}{120} \fallingdotseq 13.3 \text{ cm}$$
$$t_f = t \times \frac{L_f}{L} = 32 \times \frac{70}{120} \fallingdotseq 18.7 \text{ cm}$$
(4) 新船首尾喫水を求める．
$$d'_a = d_a - \frac{w}{T} + t_a$$
$$d'_f = d_f - \frac{w}{T} - t_f$$

d_a	7.60		d_f	7.00	
δ	0.05	(−	δ	0.05	(−
	7.55			6.95	
t_a	0.13	(+	t_f	0.19	(−
d'_a	7.68 m		d'_f	6.76 m	(答)

[例題 3] 船の長さ 110 m，排水トン数 6600 キロトンの船が積荷または揚荷をしても船尾喫水に変化を与えない位置を求めよ．ただし，浮面心は長さの中央より 3 m 船尾縦メタセンタ 140 m，毎 cm 排水トン数は 15 トンとする．

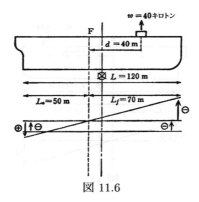

図 11.6

[解答3]　(1)　毎 cm トリム・モーメントを求める．

$$\mathrm{M.T.C.} = \frac{W \cdot \mathrm{GM_L}}{100L} = \frac{6600 \times 140}{100 \times 100} = 84 \text{ t-m}$$

(2)　船首尾喫水の全変化量による積荷の場合の計算式を求める．

$$t'_a = +\frac{w}{T} - \frac{w \cdot d}{\mathrm{M.T.C.}} \cdot \frac{L_a}{L}$$

$$\therefore 0 = \frac{w}{15} - \frac{w \cdot d}{84} \times \frac{52}{110}$$

(3)　船首尾喫水の全変化量による揚荷の場合の計算式を求める．

$$t'_a = -\frac{w}{T} + \frac{w \cdot d}{\mathrm{M.T.C.}} \cdot \frac{L_a}{L}$$

$$\therefore 0 = -\frac{w}{15} + \frac{w \cdot d}{84} \times \frac{52}{110}$$

(4)　題意により浮面心からの距離を求める．積荷，揚荷の場合の上の2式とも次のようになる．

$$\frac{w}{15} = \frac{w \cdot d \times 52}{84 \times 110}$$

$$\therefore d = \frac{84 \times 110}{52 \times 15} \fallingdotseq \underline{11.85 \text{ m 浮面心より前方}}\text{(答)}$$

[例題4]　船が 3 m の等喫水で後端が座礁しているとき，潮がひいて 0.3 m 海面が低くなったときの前部喫水を求めよ．ただし，船の長さ 90 m，浮面心は船の長さの中央から後方 1.8 m，毎 cm トリム・モーメントは 72 t-m，毎 cm 排水トン数は 8 キロトンである．

[解答4]　潮が 0.3 m ひいたということは，後端が座礁しているため，w だけ後端から揚荷をしたと同じことになる．

　　(1)　w を求める．

第11章 喫水およびトリム

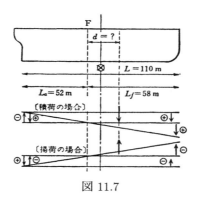

図 11.7

$$-t'_a = -\frac{w}{T} - \frac{w \cdot d}{\text{M.T.C.}} \cdot \frac{L_a}{L}$$
$$-30 = -\frac{w}{8} - \frac{w \times 43.2 \times 43.2}{72 \times 90}$$
$$-30 = -w\left(\frac{1}{8} + \frac{0.48 \times 43.2}{72}\right)$$
$$-30 = -w \times \frac{29.74}{72}$$
$$\therefore w = \frac{30 \times 72}{29.74} \fallingdotseq 72.6 \text{ t}$$

(2) 船首喫水の全変化量を求める.

$$t'_f = -\frac{w}{T} + \frac{w \cdot d}{\text{M.T.C.}} \cdot \frac{L_f}{L}$$
$$= -\frac{72.6}{8} + \frac{72.6 \times 43.2 \times 46.8}{72 \times 90}$$
$$= -9.08 + 22.65$$
$$= 13.57 \text{ cm}$$

(3) 新船首喫水を求める.

$$d'_f = d_f + t'_f = 3.00 + 0.136 = \underline{3.136 \text{ m}}(答)$$

7. 多数貨物の積荷（揚荷）に伴う喫水およびトリムの変化

前の2項では，単一貨物についてのみの計算であったので，ここでは2個以上の多数の貨物の積荷または揚荷に伴う喫水およびトリムの変化による計算について計算する．計算について理論的には全く変りはないので省略する．

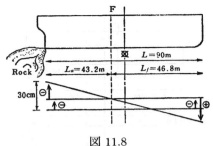

図 11.8

したがって，結論のみを記すので，多くの練習問題で理解を深めて欲しい．算出方法は次の順序に従う．

(1) 喫水の平均浮沈量を求める．

$$\delta = \frac{\sum w}{T} \tag{11.8}$$

$\sum w$ とは積荷の総重量と揚荷の総重量との差であり，この場合の排水トン数はもちろん $W \pm w$ である．また，積荷は正 $(+)$，揚荷は負 $(-)$ の符号となる．

(2) トリムの変化量を求める．

$$t = \frac{\sum w \cdot d}{\text{M.T.C.}} \tag{11.9}$$

$\sum w \cdot d$ とは積荷または揚荷によってトリムを生ずるが，総ての貨物のうち「とも脚」にする貨物の全トリム・モーメント $(w \times d)$ と「おもて脚」にする貨物の全トリム・モーメント $(w \times d)$ との差を求め，大きい方のモーメントを確かめて，その変化量を求める．

(3) 以下前項と同一方法に従って計算をすれば，喫水およびトリムの変化を容易に求めることができる．

[例題 1] 船首喫水 7.20 m，船尾喫水 7.80 m の船に下記のように貨物を揚げた場合，船首尾の喫水を求めよ（図 11.9）．ただし，毎 cm 排水トン数 15 キロトン，毎 cm トリム・モーメント 95 キロトン，浮面心は船体中央とする．

258 キロトンを中央より前方 58 m
492 キロトンを中央より後方 42 m

[解答 1] (1) 平均浮沈量を求める．

第 11 章 喫水およびトリム   211

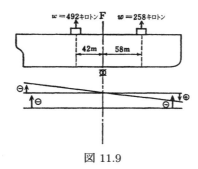

図 11.9

$$\delta = -\frac{\sum w}{T} = -\frac{(258 + 492) \text{ kt}}{15 \text{ kt/cm}} = -50 \text{ cm}$$

(2)　トリム・モーメントを求める．
とも脚になる $w \cdot d$: $258 \times 58 = 14\,964$
おもて脚になる $w \cdot d$: $492 \times 42 = 20\,664$　$(-$
船首方向へトリムする　←　5700 t-m

(3)　トリム変化量を求める．

$$t = \frac{\sum w \cdot d}{\text{M.T.C.}} = \frac{5700}{95} = 60 \text{ cm}$$

(4)　新船首尾喫水を求める．

d_a	7.80		d_f	7.20	
δ	0.50	$(-$	δ	0.50	$(-$
	7.30			6.70	
t_a	0.30	$(-$	t_f	0.30	$(+$
d'_a	7.00 m		d'_f	7.00 m （答）	

[例題 2]　水深 7.20 m の浅瀬を船首喫水を 7.20 m, 船尾喫水 7.80 m の船が喫水 7.00 m の等喫水 (even keel) として航過するには前部にある 1 番船倉および後部にある 5 番船倉の積荷を, それぞれ何トン瀬取りすればよいか. ただし, 浮面心から 1 番船倉および 5 番船倉の重心までの距離は前方へ 58 m, 後方へ 42 m で, この間一様に毎 cm トリム・モーメント 95 トン, 毎センチ排水トン数は 15 トンである (図 11.10).

[解答 2]　(1)　瀬取り前の平均喫水およびトリムを求める．

d_a	7.80		7.80	
d_f	7.20	$(+$	7.20	$(-$
	15.00		0.60	

平均喫水 $\cdots 15.00/2 = 7.50$ m,　トリム $\cdots 0.60$ m by the stern

(2)　瀬取り量 w を求める．

$$\delta = -\frac{w}{T}$$
$$\therefore w = -\delta \times T = -(750-700) \times 15 = -750 \text{ t}$$

ゆえに No.1 H. の瀬取量を x とすれば，No.5 H. の瀬取量は $750 - x$ となる.

(3) トリム・モーメント $w \times d$ を求める.
$$t = \frac{w \cdot d}{\text{M.T.C.}}$$
$$\therefore w \cdot d = t \times \text{M.T.C.} = 60 \times 95 = 5700 \text{ t-m}$$

(4) 瀬取量を求める.
$$\sum w \cdot d = t \times \text{M.T.C.}$$
$$(750 - x) \times 42 - 58x = 5700$$
$$31\,500 - 42x - 58x = 5700$$
$$100x = 25\,800$$
$$x = 258 \text{ t}$$

No.1. Hold より, <u>258 トン</u>
No.5. Hold より, $750 - 258 = \underline{492 \text{ トン}}$ （答）

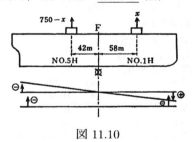

図 11.10

8. 過重量貨物の積荷（揚荷）に伴う喫水およびトリムの変化

喫水およびトリムの変化について，今までは，積荷または揚荷の重量が比較的小さい場合であったが，重量が相当大きくなると事情は違ってくる.

(1) 過重量貨物積載時における喫水およびトリム計算にあたっての注意事項ならびに修正法

喫水およびトリムの変化が大きいときは，今までの方法を用いる場合，次の理由に基づき修正を加えなければ真の値を求めることができない.

（イ） 過重量貨物を積み込んだ後の新水線の毎 cm 排水トン数は旧水線面のそれと同一でない.

第 11 章 喫水およびトリム

旧水線面の毎 cm 排水トン数 T で積荷の重量を割って増加した喫水を求める．その喫水に対する毎 cm 排水トン数 T' を排水量等曲線から求め，その平均値 $T_m (= (T + T') / 2)$ を新水線面の毎 cm 排水トン数とする．したがって，増加喫水の近似値は，

$$\delta = \frac{w}{T_m} = \frac{2w}{T + T'}$$

(ロ) 旧水線面の浮面心と新水線面の浮面心とは同一鉛直線上に位置せず，船首尾方向に移動する．

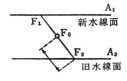

図 11.11

図 11.11 において，旧水線面積 A_2 の浮面心を F_2，新水線面積 A_1 の浮面心を F_1 とすれば，F_2 および F_1 を結び，その中点 F_0 を平行層の浮心の位置とする．

F_1, F_2 を結ぶ線分を両水線面積の反比に内分する点 F_0 が両水線面積の重心とみなされるから，求める浮面心 F_0 の位置は，

$$F_0 F_2 = \frac{A_1 \times F_1 F_2}{A_1 + A_2}$$

(ハ) 船全体の重心が移動する．

$$\text{重心の水平移動量} = \frac{w \times d}{W + w}$$

$$\text{重心の垂直移動量} = \frac{w \times h}{W + w}$$

(ニ) 浮心の位置が変化するから BM_L の値も変化する．したがって，毎 cm トリム・モーメントも変化する．

浮心 B の移動は浮心曲線から得た旧水線面の浮心の位置と新水線面の浮心の位置との差によって求められる．よって，新水線面の BM_L を求めれば G と B の位置がわかっているので，GM_L が求められる．したがって，毎 cm トリム・モーメントは新排水量 $W + w$ と新 GM_L を算式に代入して求めるか，または新喫水に対する値を排水量等曲線図より求める．それ以後の計算は今までと同様である．

(2) 過重量物積載時のトリム計算法

このことについて，前項のような修正を行わないで排水量等曲線図を用いて直接に求める方法がある．

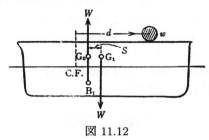

図 11.12

図 11.12 より，過重量物積載時のトリムを起こす原因を貨物の移動モーメントによるものとしないで，等喫水 (even keel) 状態の船の重心点が貨物の移動によって移動したために浮力と重力にくい違いが生じたとして，次式によりトリム変化を求める考え方である．

図 11.12 より，

$$\text{トリム変化} \quad t = \frac{W \times S}{\text{M.T.C.}} = \frac{w \times d}{\text{M.T.C.}}$$

なお，実際的な計算法としては，下記の要領で行うが，図 11.13 を参照すれば，容易に知ることができる．

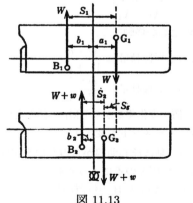

図 11.13

（イ）積載前の等喫水 (even) 状態の G_1 の船体中央からの距離 a_1 を求

める．

$$a_1 = S_1 - b_1$$
$$S_1 = \frac{(\text{M.T.C.}) \times t_1}{W}$$

ただし，

　t_1：現喫水のトリム

　b_1：船体中央から浮心（積載前）までの水平距離 (even keel)

b_1 (M.T.C.)，W は現喫水の等喫水（平均喫水ではない）における値を排水量等曲線図より求める．

（ロ）積載後のトリム変化 t_2 を求める．

$$t_2 = \frac{(W+w) \times S_2}{\text{M.T.C.}}$$

ただし，

$$S_2 = b_2 + (a_1 - S_g)$$
$$S_g = \frac{w \times d}{W+w}$$

　b_2：d_E における船体中央から浮心（積載後）までの水平距離

　M.T.C.：d_E における毎 cm トリム・モーメント

（ハ）新船首尾喫水 d_F，d_A を求める．

新排水量 $W+w$ の等喫水 d_E に加減して求める．（±）の符号は浮面心の船体中央からの位置によって変るので図から判断すること．

$$\left. \begin{array}{l} d_A = d_E \pm t_2 \cdot \dfrac{L_a}{L} \\[2ex] d_F = d_E \pm t_2 \cdot \dfrac{L_f}{L} \end{array} \right\}$$

9. 船内区画の一部に浸水する場合の喫水およびトリムの変化

図 11.14 のように，船尾区画の一部に浸水する場合には，この部分の浮力が失われるため，船は喫水の増加とともにトリムの変化を生ずる．図において，

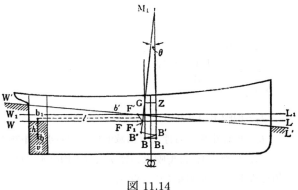

図 11.14

WL：浸水前の水線
A_w：浸水前の水線面積
W：浸水前の排水量
V：浸水前の排水容積
B：浸水前の浮心
G：浸水前の重心
v：浸水区画の容積
a：浸水区画の水平面積（断面積）
b：浸水区画の容積重心

　水線 WL で浮いている船が浸水によって平行に W_1L_1 まで沈下し，浸水区画は船外として W と G は一定不変であり，その後，水線 $W'L'$ にトリムするものと考える．

　まず，浸水後の水線面積は $(A_w - a)$ となり，浮面心は F から F_1 に移動する．平行沈下量は，

$$\delta = \frac{v}{A_w - a} \cdot 100 \text{ (cm)}$$

浸水後の水線面積 $(A_w - a)$ における WL と W_1L_1 の浮面心を F_1，F' とすれば，面水線間 (WL と W_1L_1) の $A_w - a$ の部分の重心 b' は F_1，F' の中点とみなされる．

　平行沈下によって B が B' に移動したのは，b が b' に移ったためである．

第 11 章 喫水およびトリム

$$\left. \begin{array}{ll} \text{B の水平移動} & \text{BB}_1 = \dfrac{v \cdot \ell}{V} \\ \text{B の垂直移動} & \text{B}_1\text{B}' = \dfrac{v \cdot h}{V} \end{array} \right\} \tag{11.10}$$

G の一定に対し B が B′ に移動したため，次式のように船尾にトリムさせるモーメントを生ずる（重力単位での表現）．

$$W \times \text{BB}_1 = \gamma V \times \frac{v \cdot \ell}{V} = \gamma \cdot v \cdot \ell \tag{11.11}$$

浮面心 F′ を通る横軸（船首尾線と直角）に対する慣性モーメントを I_{A_w-a} とすれば，

$$\text{B}'\text{M}_\text{L} = \frac{I_{A_w-a}}{V} \tag{11.12}$$

$\text{B}'\text{M}_\text{L} \fallingdotseq \text{GM}_\text{L}$ とみなしてよいから，毎 cm トリム・モーメントは，

$$\text{M.T.C.} = \frac{W \cdot \text{B}'\text{M}_\text{L}}{100L} = \frac{\gamma \cdot V \cdot \text{B}'\text{M}_\text{L}}{100L} = \frac{\gamma \cdot I_{A_w-a}}{100L} \tag{11.13}$$

(11.11), (11.13) 式によりトリム変化は，

$$t = \frac{W \cdot \text{BB}_1}{\text{M.T.C.}} = 100L \cdot \frac{v \cdot \ell}{I_{A_w-a}}$$

よって，

$$\left. \begin{array}{l} \text{船尾喫水変化} = \dfrac{100v}{A_w - a} \pm t \cdot \dfrac{F'W_1}{L} \\[2mm] \text{船首喫水変化} = \dfrac{100v}{A_w - a} \mp t \cdot \dfrac{F'L_1}{L} \end{array} \right\}$$

符号については今までと同様である．なお，M.T.C. を正確に算出するには，(11.10), (11.12) 式を用いて次式のように GM_L を求める．

$$\begin{aligned} \text{GM}_\text{L} &= \text{KB} + \text{B}_1\text{B}' + \text{B}'\text{M}_\text{L} - \text{KG} \\ &= \text{KB} + \frac{v \cdot h}{V} + \frac{I_{A_w-a}}{V} - \text{KG} \end{aligned}$$

10. 喫水等による正確な排水量の計算

排水量等曲線（または載貨重量尺度）によって求めた排水トン数はキールに平行な平均喫水線以下の排水トン数である．その平均喫水は標準海水比重（$\gamma_0 = 1.025$）に対するものである．以上のことから水線が平行でなく，トリムしている場合等には，別に排水量を計算しなければならない．

したがって，船型，トリム，歪み等により少なくとも現平均喫水に次のよう

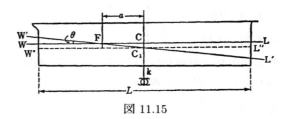

図 11.15

な修正を加えなければ曲線図から真の排水トン数を求めることはできない．

10.1 トリム・コレクション (trim correction)

等喫水のときは，排水量曲線図から直ちに真の排水トン数が得られるが，浮面心が船体中央部と一致しない船でしかもトリムのある場合には，トリムによる排水量の修正をしなければならない．

図 11.15 において，

W'L' : 現喫水線

WL : 現喫水における等喫水線

W''L'' : 現喫水における平均喫水線

KC_1 : 平均喫水

いま，図において，船首喫水を d_f，船尾喫水を d_a とすれば，平均喫水 d_m は，

$$d_m = \frac{d_f + d_a}{2}$$

となる．船体中央において，KC_1 を d_m に等しくとり，C_1 を通り計画水線に平行線を引いて，それを W''L'' とすれば，現在の水線 W'L' の浮面心 F を通り計画水線に平行に引いた水線 WL と，水線 W''L'' との間に平行層ができる．

W'L' の排水量としては，平均喫水 $KC_1(d_m)$ の排水量を排水量曲線図より求めれば，それは W''L'' の排水量を意味し，W'L' の実際の排水量（WL の排水量）と同一でない．すなわち，

(実際の W'L' の排水量) = (WL の排水量)

= (平均喫水 KC_1 の排水量 W''L'') ± (水層 WW''L''L)

第 11 章 喫水およびトリム

となって，WW″L″L の部分の平行層の修正が必要となる．ゆえに，

$$\tan\theta = \frac{t}{L} = \frac{CC_1}{a}$$
$$\therefore CC_1 = t \times \frac{a}{L}$$

したがって

真の平均喫水 $= d_m \pm CC_1$

また，修正トン数 C_t は，

$$C_t = \pm CC_1 \times T \times 100 = \pm t \cdot \frac{a}{L} \cdot T \cdot 100 \qquad (11.14)$$

この式における修正量の符号はトリムと浮面心の位置によって，下記に該当のものを採用すること．

浮面心＼トリム	by the stern	by the head
⊗ より前方	(−)	(+)
⊗ より後方	(+)	(−)

[例題] 船首喫水 7.20 m，船尾喫水 8.60 m，平均喫水 7.90 m の船の排水量を求めよ．ただし，船の長さ 130 m，排水量曲線より求めた喫水 7.90 m に対する排水量は 12 010 トン，毎 cm 排水トン数 21 トン，浮面心は船体中央より後方 1.3 m，船首は直立型とする．

[解答] (1) 平均喫水およびトリムを求める．

$$d_m = \frac{d_f + d_a}{2} = \frac{7.20 + 8.60}{2} = 7.90 \text{ m}$$
$$t = d_a - d_f = 8.60 - 7.20 = 1.40 \text{ m by the stern}$$

(2) 修正喫水および修正トン数を求める．

$$CC_1 = t \times \frac{a}{L} = 1.40 \times \frac{1.3}{130} = 0.014 \text{ m}$$
$$C_t = CC_1 \times T \times 100 = 0.014 \times 21 \times 100 = 29.4 \text{ トン}$$

(3) 排水量を求める．

真の排水量 $= 12\,010 + 29.4 = \underline{12\,039.4 \text{ トン}}$ (答)

10.2 ステム・コレクション (stem correction)

船首の形状に対しての喫水の修正を意味し，真の船首喫水は前部垂線を等間隔に等分したキール線上の読みで表わす．したがって船首が直立型かあるいは

等喫水であれば，この修正の必要はないが，実際は傾斜船首型が多いから，この型で現喫水がトリムのある場合，船首喫水の読み取り値に対して修正をしなければ真の排水トン数が得られない．

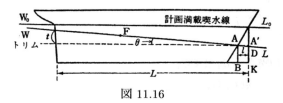

図 11.16

図 11.16 において，

W_0L_0：計画満載喫水線

WL：現喫水線

$A'D$：船首喫水の修正量 (C_s)

θ：縦傾斜角度

とすれば，

(真の船首喫水) = (測得船首喫水 AB) − (修正量 $A'D$)

$$\tan\theta = \frac{t}{L-\ell} = \frac{C_s}{\ell}$$

$$\therefore 船首喫水の修正量\ C_s = \pm t \times \frac{\ell}{L-\ell} \tag{11.15}$$

また，

$$平均喫水の修正量 = \frac{C_s}{2}$$

この場合の符号は by the head のときは正 $(+)$，by the stern のときは負 $(-)$ とする．

ただし，$t = d_a \sim d_f(AB)$，すなわち，測得トリム ℓ は一般配置図または線図から求める．

$L - \ell \fallingdotseq L_{pp}$ とみなしてよい．

[例題] 長さ 132 m の船の前部喫水は 5.80 m，後部喫水は 6.60 m である．この船の船首喫水を修正せよ．ただし，浮面心は船の中央であり，水線における船首材の交点から前部垂線までの水平距離は 4 m とする．

[解答]　(1)　平均喫水およびトリムを求める．

第 11 章 喫水およびトリム

$$d_m = \frac{d_f + d_a}{2} = \frac{5.80 + 6.60}{2} = 6.20 \text{ m}$$

$$t = d_f \sim d_a = 5.80 \sim 6.60 = 0.8 \text{ m by the stern}$$

(2) 船首喫水の修正量を求める．

$$C_s = -t \times \frac{\ell}{L-\ell} = -0.8 \times \frac{4}{132-4} = -0.025 \text{ m}$$

(3) 真の船首喫水を求める．

$$5.80 - 0.025 = \underline{5.775 \text{ m}}（答）$$

10.3 標準海水密度と異なる密度の水面における喫水の修正

排水量は標準海水（比重 $\gamma_0 = 1.025$）をもとにして作られている．したがって，これと異なった比重 γ_1 の水域における平均喫水に対しての排水トン数は真の排水トン数 W でなく，それぞれの比重 V_1（または V_2）に標準海水を満たした場合の見掛けの排水トン数 W_1（または W_2）である．

(1) 排水量曲線または載貨重量尺度 (dead weight scale) より求めた現水線の比重 γ_1 における平均喫水 d_1 に対する見掛けの排水トン数を W_1 とすれば，真の排水トン数 W は，

$$W = W_1 \cdot \frac{\gamma_1}{\gamma_0} \tag{11.16}$$

(2) 現水線 γ_1 における平均喫水 d_1 から排水量等曲線図または載貨重量尺度を用いて見掛けの排水トン数 W_1 および毎 cm 排水トン数 T_0 を得る．

したがって，平均喫水 d_1 を修正して求めるときは，次式の修正量を加減した平均喫水を用いて，排水量曲線の値を読み取ればよい．

$$\delta = \frac{W_1}{T_0}\left(\frac{\gamma_1}{\gamma_0} - 1\right) \tag{11.17}$$

10.4 船積による船体歪みに対する修正

積荷の状態により船体にかかる前後荷重分布の不均一および浮力により，船体は歪みを生じ図 11.17 のように，サギング (sagging)，ホギング (hogging) 状態となる．

したがって，船首と船尾の喫水を正確に測得しても，なお正確な排水量は得られない．

すなわち，図において船首喫水および船尾喫水より求める排水量は，水線 WM'L に相当するものであるが，真の排水量は WML に相当するので，平均喫

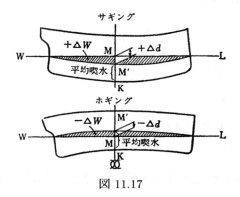

図 11.17

水より求めた排水量に斜線部分の排水量 ΔW を加減しなければならない．符号はサギングは正 (+)，ホギングは負 (−) となる．

(1) 慣例として，中央平均喫水（船体中央に両舷喫水の平均）を加味した次の平均喫水を使用して船体中央の歪みに対する修正としている．

$$\text{平均喫水} = \frac{\{(船首尾平均喫水) + (中央平均喫水)\}/2 + (中央平均喫水)}{2} \tag{11.18}$$

(2) 中央部におけるサギング、ホギングの量 δ （中央平均喫水〜船首尾平均喫水）に対し，次の修正量を船首尾平均喫水 (KM) あるいは測得排水量に加減する．

$$\left.\begin{array}{l}\Delta d = \pm\dfrac{2}{3}\delta(1 + C_w - C_w^2) \\ \Delta W = \pm\Delta d \cdot T = \pm\dfrac{2}{3}\delta(1 + C_w - C_w^2) \cdot T\end{array}\right\} \tag{11.19}$$

ただし，満載喫水線規程による喫水マークについては，サギング，ホギングにかかわらずマークにおける現喫水そのもので決定することに注意しなければならない．

第 11 章 喫水およびトリム

[練習問題]

【1】下記用語を説明せよ．
　(1) 縦メタセンタ　(2) 毎 cm トリム・モーメント　(3) 浮面心

【2】次式を証明せよ．
　(1) $\text{M.T.C.} = \dfrac{W \cdot \text{GM}_\text{L}}{100L}$　(2) $t = \dfrac{w \cdot d}{\text{M.T.C.}}$

【3】6.50 m の等喫水で浮んでいる長さ 130 m の船が船体中央にある 160 トンのバラストを移動して 50 cm のトリム・バイザスターンとするために必要な移動距離を求めよ．ただし，このときの毎 cm トリム・モーメントは 112 t-m で，浮面心は船体中央にあるものとする．

【4】前部喫水 7.35 m，後部喫水 7.60 m の船で 100 トンの貨物を移動して 50 cm の船尾トリムとするために必要な移動距離を求めよ．ただし，毎 cm トリム・モーメントは 160 t-m である．

【5】等喫水で浮んでいる船が冷凍魚 30 トンを 3 番魚倉から 1 番魚倉に移動したところ，トリムが 10 cm 変化した．冷凍魚の移動距離を 10 m として，この場合の毎 cm トリム・モーメントを求めよ．

【6】船首喫水 5.98 m，船尾喫水 6.10 m の船の船首タンクから船尾水タンクに清水を移動して 0.80 m by the stern とするには，どれだけの何トンを移動すればよいか．ただし，トリム 1 cm 変えるのに要するモーメントは 65.2 メートル・トン，船首水タンクおよび船尾水タンクの重心位置は，それぞれ浮面心まで 50 m，50.5 m にあるものとする．

【7】船首喫水 3.05 m，船尾喫水 4.15 m における M.T.C. は 60 t-m である．この状態から入渠のため平脚 (even keel) にするには No.4 B.T.（⊗ より後方 32 m）より No.1 B.T.（⊗ より前方 40 m）に何トンの水を移せばよいか．

【8】船首喫水 7.10 m，船尾喫水 7.30 m の船を 80 cm by the stern とするため，前部 Deep tank の清水を Boiler tank に移動してトリムを整える予定である．何トンを移動すればよいか．ただし，前部 Deep tank は浮面心から 68 m 前方，Boiler tank は浮面心から 8 m 前方，平均喫水 7.2 m に対するトリムを 1 m 変ずるに要するモーメントは 15640 トン，1 cm 排水トン数は 20.5 トンである．

【9】長さ 120 m，排水トン数 9300 キロトン，縦メタセンタ高さ 135 m，浮面心が船体中央より 5 m 後方である船において中央から 45 m 前方のタンクより 70 キロトンの水を中央から 35 m 後方のタンクへ移動した場合の船首尾喫水の変化量を求めよ．

【10】長さ 125 m のある船の船首喫水は 6.00 m，船尾喫水は 7.00 m である．浮面心は船体中央にあるものとし，これから前方 40 m の場所に 100 トン貨物を積んだ．この場合の船首尾喫水を求めよ．ただし，毎 cm トリム・モーメント 255 トン，毎 cm 排水トン数 25 トンとする．

【11】長さ 68 m，船首喫水 2.80 m，船尾喫水 3.00 m の船の浮面心は船体中央より 0.6 m 前方である．いま，船体中央より，6.0 m 前方に 110 トンの貨物を船積したときの船首尾喫水を求めよ．ただし，毎 cm トリム・モーメント 18 トン，毎 cm 排水トン数 5.5 トンとする．

【12】長さ 150 m，毎 cm 排水トン数 8 トン，毎 cm トリム・モーメント 72 トン，浮面心は長さの中央より後方 3 m にある．いま，この船に 120 トンを積んで，積込前の船尾喫水を 15 cm 減ずるにはどこに積めばよいか．

【13】船首喫水 6.50 m, 船尾喫水 7.20 m, 排水トン数 7000 キロトン, 長さ 120 m, 毎 cm 排水トン数 15 キロトン, 浮面心は中央より 4 m 後方, 縦メタセンタ高さ 125 m である. この船に 450 キロトンの貨物を積む予定である. 積荷後の船尾喫水を 10 cm 増すためには何処に積めばよいか. なお, 積荷後の前部喫水はいくらか.

【14】長さ 110 m の船が W の積荷をしても, 船尾喫水に変化を与えないようにするには, どこに積めばよいか. ただし, 毎 cm 排水トン数は 8 トン, 毎 cm トリム・モーメントは 90 t-m で浮面心は船体中央より 3 m 後方にあり, 積荷によって変化しないものとする.

【15】船首喫水 5.50 m, 船尾喫水 6.20 m で浮んでいる船が, 船尾喫水を変えずに 300 トンの揚荷をするには, どこから揚げればよいか. また, 揚荷後の船首喫水を求めよ. ただし, この船の長さは 120 m, 毎 cm 排水トン数は 20 トン, 毎 cm トリム・モーメントは 190 t-m で, 浮面心は船体中央より 3 m 後方にあり, 揚荷によって変化しないものとする.

【16】長さ 110 m, 排水量 19500 トンの船が船首喫水 5.22 m, 船尾喫水 5.86 m で浮び, 浮面心は船体中央より 5 m 後方である. いま, 船首喫水をそのままにして 300 トンの揚荷をしたい. どこから揚荷をすればよいか. また, 船尾喫水はいくらか. ただし毎 cm 排水トン数は 15 トンであって, GM_L は 120 m である.

【17】水線の長さ 130 m, 浮面心は長さの中央から 2.6 m 船尾にあり 1 cm 沈下に要する重量は 25 トン, 毎 cm トリム・モーメント 200 t-m の船が 5 m の等喫水で浮んでいる. いま, この船尾端が乗り揚げ, ド げ潮で水深が 0.3 m 減ったとする. このときの船首喫水を求めよ.

【18】船首喫水 5.40 m, 船尾喫水 6.50 m の船が次に記すように貨物を積んだ場合, その喫水はいくらか. ただし, 毎 cm 排水トン数は 9 トン, 毎 cm トリム・モーメントは 49.5 t-m, 浮面心は船体中央にあり, 変動はないものとする.

60 トン	⊗ より前方	23 m
80 トン	⊗ より前方	26 m
70 トン	⊗ より後方	17 m
40 トン	⊗ より後方	8 m

【19】船の長さが 100 m, 排水トン数 6000 キロトン, 縦メタセンタ高さ 90 m の船が, いま, 船首 5.30 m, 船尾 6.40 m の喫水で某港の岸壁に係留している. この船が下記のように貨物を積載した場合の前後喫水を求めよ. ただし, 毎 cm 排水トン数は 8 キロトンで, 浮面心は船の長さの中央にあるものとする.

80 キロトン	⊗ より前方	20 m
50 キロトン	⊗ より前方	24 m
70 キロトン	⊗ より後方	18 m
40 キロトン	⊗ より後方	10 m

【20】船の長さ 68 m, 船首喫水 3.80 m, 船尾喫水 4.50 m の船において下記の重量物を積み揚げしたときの船首尾喫水を求めよ. ただし, 浮面心は船体中央より 1.5 m 後方, 毎 cm 排水トン数 6 キロトン, 毎 cm トリム・モーメントは 23.5 メートル・トンで, いずれも変動はないものとする.

第 11 章 喫水およびトリム

　　　24 キロトン積　　船体中央から 13.5 m 前方
　　　42 キロトン積　　船体中央から 16.0 m 後方
　　　80 キロトン揚　　船体中央から 19.0 m 後方
　　　61 キロトン揚　　船体中央から 3.5 m 前方

【21】 船の長さ 120 m, 船首喫水 5.20 m, 船尾喫水 6.50 m, 毎 cm トリム・モーメント 100 t-m, 毎 cm 排水トン数 20 k-t, 浮面心は船体中央より 6 m 後方の船において, 船体中央より 30 m 後方の船倉の 250 k-t を積み, 船体中央より 14 m 前方の水槽より 80 k-t の水を排出した. この船の前後部喫水を求めよ.

【22】 船の長さ 100 m, 船首喫水 4.00 m, 船尾喫水 4.45 m, 毎 cm 排水トン数 20 k-t, 毎 cm トリム・モーメント 150 t-m, 浮面心は船体中央より後方 6 m, この船の船首より 7 m のところに 60 k-t, 船尾より 12.5 m のところに 180 k-t を積んだ. 船首尾の喫水を求めよ.

【23】 船の長さ 140 m, 船首喫水 6.50 m, 船尾喫水 6.70 m, 毎 cm トリム・モーメント 160 t-m, 毎 cm 排水トン数 24 k-t, 浮面心が船体中央より後方 5 m の船において 500 キロトンを浮面心より 40 m 前方および 30 m 後方の船倉に分割積載し, 積荷後の喫水を等喫水にするために各船倉に積む重量および積荷後の喫水を求めよ.

【24】 水深 6.70 m の浅州を, 船首喫水 6.70 m, 船尾喫水 7.30 m の船が喫水 6.50 m の平脚として航過するには, 前部にある 1 番船倉および後部にある 5 番船倉の積荷を, それぞれ何トン瀬取りすればよいか. ただし, 浮面心から 1 番船倉および 5 番船倉の重心までの距離は, 前方へ 54 m, 後方へ 46 m で, この間一様に毎 cm トリム・モーメントは 95 トン, 毎 cm 排水トン数は 15 トンである.

【25】 船首喫水 4.95 m, 船尾喫水 7.05 m で浮面心は船体中央より 3.70 m 後方にある船がある. この船の長さ 100 m, 平均喫水 6.00 m における排水トン数は 5380 トン, 毎 cm 排水トン数 10.5 トンである. この船の真の排水トン数を求めよ.

【26】 船首が直立型で長さ L (m) の船が t (m) のトリムで浮ぶ場合の平均喫水の修正量を求める算式を述べよ.

【27】 長さ 150 m, 平均喫水 7.5 m における排水トン数は 11900 トンの船が, 船首 6.80 m, 船尾 8.20 m の喫水で浮んでいる. この船の計画トリムが 0 である場合の排水トン数を求めよ. ただし, 毎 cm 排水トン数は 20.3 トンで, 浮面心は船の長さの中央より 1.25 m 後方にあり, 船首は直立型である.

【28】 船の喫水から正確な排水トン数を求めるとき, 読み取った喫水の修正を行わなければならない場合 4 つをあげて説明せよ.

【29】 5.80 m の等喫水で浮んでいるときの排水量 8000 トンの船が揚荷し, 船首 4.70 m, 船尾 6.20 m の喫水で浮ぶ場合の正しい排水量を求めよ. ただし, この船の長さは 125 m で, 浮面心は中央から 3 m 後方にあり, 毎 cm 排水トン数は 20 トンである.

【30】 船の喫水から排水量を求める場合, 船首の形状によって必要な船首喫水の修正量について説明せよ.

【31】 長さ 145 m の船の正しい船首喫水は 6.05 m, 船尾喫水は 7.50 m である. この船の浮面心は船の中央より後方に水平距離 4.5 m のところにある. 正確な平均喫水を算出せよ.

【32】 5.2 m の等喫水で浮んでいるときの排水量 18 000 トンの船が現在船首 3.92 m, 船尾 5.54 m の喫水になっている. 現喫水に対する正しい排水量を求めよ. ただし, 船の長さ 150 m で浮面心は中央から 15 m 後方にあり, 毎 cm 排水トン数は 22 トンである.

【33】 密度 1001 kg/m^3{比重 1.001} の河港で平均喫水 2.0 m で停泊中の箱船に貨物を積んだ. 積載終了時の密度 1005 kg/m^3{比重 1.005} で, このときの平均喫水 6.5 m であった. 貨物の積載量を求めよ. ただし標準海水における毎 cm 排水トン数は 5 トンである.

【34】 河港(密度 1000 kg/m^3{比重 1.000})に停泊している船の平均喫水は 7.83 m である. 排水量等曲線図によるその喫水に対する排水量は 11 968 トンで, 毎 cm 排水トン数は 17.193 トンである. この船が河港を出港し海水密度 1030 kg/m^3{比重 1.030} の港に入港するとき, その平均喫水はいくらとなるか. ただし, その間の航海中の諸消費量は合計 172 トンとし, 毎 cm 排水トン数は一様とする.

【35】 箱船が河港に停泊して石炭の積載を始めようとするとき, その喫水は 2.2 m, そのときの河水密度は 1004 kg/m^3{比重 1.004}, 積載終了時の平均喫水は 6.5 m, そのときの河水密度は 1006 kg/m^3{比重 1.006} であった. この船の積載石炭重量はいくらか. ただし, この船の諸消費量は, 一日あたり 14 トン, 積載所要日数は 4.5 日とする. また, 本船の海水中における毎 cm 排水トン数は 15 トンである.

第12章　船の動揺

1. 船の動揺の種類

　船が安定のつりあいで直立平衡の状態からこれに何らかの原因による外力が作用して，その平衡が乱されるとき，その外力または偶力の不つりあいによって起こる運動は，一般に振動の形をとる．これを動揺といい，その種類は次のとおりであるが，船が波に出会うと必ずこの幾つかの種類の運動が相伴って起きる．

(1) 横揺 (rolling)

　　船の重心を通る水平縦軸（船首尾線方向）の周りの回転運動で最も強く感じ，その影響も大きいので，船舶の安全に重要な関係を有する．

(2) 縦揺 (pitching)

　　船の重心を通る水平横軸（船首尾線と直角方向）の周りの回転運動で，船の前後端でその影響が大きい．

(3) 船首揺 (yawing)

　　船の重心を通る垂直軸の周りの回転運動で，船の針路保持や速力にその関係が深い．

(4) 上下動 (heaving)

　　船の重心を通る垂直軸の方向に船体が平行のまま上下に運動するもの．

(5) 左右動 (drifting)

　　船が平行のまま左右に運動するもの．

(6) 前後動 (surging)

　　船が平行のまま前後に運動するもの．

2. 横揺周期

　静水中において，船をその直立平衡の状態から小角度傾けてこれを放つと，横揺れを行っても，そのときに生ずる水の抵抗のため，しだいにエネルギを消耗して静止する．

　そこで，

(1) 水の粘性はない.
(2) 船体の水中運動のために生ずる水の動圧はない.
(3) 船体運動と周囲の水が一緒に動くための見掛けの質量および見掛けの回転半径はない.
(4) 動揺の中心軸は船の重心を通る船首尾線と常に一致している.

以上の仮定のもとでは，船が静水中において小角度の無抵抗横揺，すなわち，復原力の運動エネルギによる自由運動をする.

その場合の周期は次式のとおりである.

$$T_R = 2\pi\sqrt{\frac{k^2}{g \cdot \mathrm{GM}}} \tag{12.1}$$

ただし，

T_R：横揺周期

k：回転半径 $\left(=\sqrt{I_R/M} \doteqdot C_R \cdot B\right)$

I_R：縦軸に対する慣性モーメント $(= Mk^2)$

C_R：常数 k/B にして，その値は $0.32 \sim 0.43$

B：船の幅

したがって，(12.1)式は $C_R = 0.4$ として，

$$T_R = \frac{2k}{\sqrt{\mathrm{GM}}} \doteqdot \frac{2C_R \cdot B}{\sqrt{\mathrm{GM}}} \doteqdot \frac{0.8B}{\sqrt{\mathrm{GM}}} \tag{12.2}$$

上式から明らかなように，周期は復原てこ GZ = GM・θ の関係が成立する範囲内では，θ すなわち振幅（傾斜角）に関係なく一定である．これは単振り子と同様であって，このような動揺を等時動揺(isochronous rolling)という．

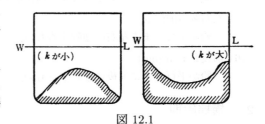

図 12.1

周期は回転半径 k に比例して変化する((5.4)式参照)．すなわち，積載重量物の水平横方向の配分によって変化するもので，図 12.1 のように，重量が中央（重心に近い）に偏しておれ

第12章 船の動揺

ば k は小さく T_R も小となり,両舷に偏している場合は k は大きく T_R も大となる.

また,周期は GM の平方根に反比例して変化する.そのため GM の大きい船(軽頭船:stiff ship)は短い周期を有し,GM の小さい船(重頭船:tender ship)は長い周期を有する.

したがって,重量物を積載した場合には k と GM がともに変化するから,周期に二重に影響する.すなわち,比重の大きい鉱石類の積載では,一般にボトム・ヘビー(bottom heavy)になりやすく,横揺・縦揺が激しいので,貨物の移動防止,船体の防蝕処理を行い,特に復原力の調節,船体強度の保護等の観点から次のことに留意しなければならない.

① $\frac{1}{3}$ 程度を中甲板に積み船の重心を高くする.
② 倉内の重量配分は山形に中央倉程多く積む.
③ 局部的な加圧による船体の破損防止のため木材で補強する(特にシャフト・トンネル).

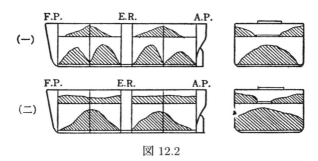

図 12.2

図 12.2 は具体的な積載方法の一例であるが,特に図(二)は積荷で隔壁の補強に役立ち,縦揺に強く,また中甲板の両側に縦方向に平均に積み付けた方法(wing out)は k が大きく,かつ重心も高くなり,適当な横揺が得られるとされている.

実際には上甲板付近の両舷または船底両舷にタンクを備えて復原力の調節をしている.

[例題] 船幅が 18 m である船の横揺周期を測ったら,14 秒であった.この船の GM を求めよ.

[解答]

$$T_R = \frac{0.8B}{\sqrt{\text{GM}}}$$

$$\therefore \text{GM} = \frac{0.64B^2}{T_R^2} = \frac{0.64 \times 18^2}{14^2} = \frac{207.36}{196} \fallingdotseq \underline{1.06 \text{ m}} (答)$$

3. 同調動揺とその防止

水波は水がある原因で，そのつりあいの位置を離れたとき，これを元の位置にもどそうとする力が作用して起こる現象である．その力は表面張力および重力で，波長の小さいさざ波は表面張力が主であり，これを表面張力波という．波長の大きい波では重力が主であって，これを重力波といい，トロコイド波となる．

重力波は波長の1/2以上の深さの所では，深海波といって図12.3のように水の分子が一定の円軌道を描いて運動し，その影響は海底にまで及ばないで波形だけが伝搬するものである．

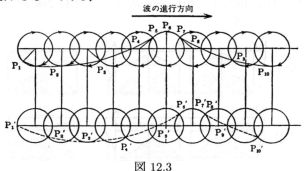

図 12.3

大洋中に実際に起こる波は，ほぼトロコイド波とみてよく，水面は波の山で進行方向に，波の谷では後方に動いている．

この場合，波の伝搬速度とその周期（波頂が1波長進むに要する時間）は，

$$V_w = \sqrt{\frac{g\lambda}{2\pi}} \fallingdotseq 1.25\sqrt{\lambda} \text{ m/s} \tag{12.3}$$

$$T_w = \frac{\lambda}{V_w} = \sqrt{\frac{2\pi\lambda}{g}} \fallingdotseq 0.80\sqrt{\lambda} \text{ s} \tag{12.4}$$

ただし，

V_w：波の速度 (m/s)

λ：波長 (m)

T_w：波の周期 (s)

波浪中で船が停止または航走中，船の横揺固有周期と波の出会い周期すなわち船から観測した波の見掛けの周期とが一致すれば，横揺は等差級数的に増大し，ついには転覆の危険に陥るもので，これを横揺の同調作用または同期横揺 (synchronous rolling) という．

実際には，荒天中に起こる大洋波は不規則であり，また傾斜角の増大に伴う船の周期も変化するため完全に同調することはないが，これに近い状態になることがあり，船尾斜方向から波浪を受ける場合に，その発生率が高い．特に波の周期と近い小型船にとっては危険である．

このような状態に遭遇した場合，必ずしも転覆はしないが横揺れが激しくなると，貨物の移動や船体に損傷を起こすようになる．

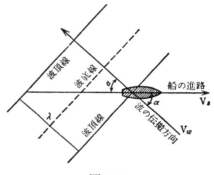

図 12.4

したがって，これを防止するには，針路および速力を変更して波との出会い周期 (encountering period) を本船の横揺固有周期と一致させないことで，両者の間には次のような相互関係があるが，一般には減速するか，風浪を船首 2～3 点に受けるようにするかの大幅な変速や変針の方法等を採用するとよい．

図 12.4 において，

V_s：船の速度 (m/s)

V_w：波の速度 (m/s)

T_R：船の横揺固有周期 (s)

T_w：波の周期 (s)

λ：波長 (m)

α：波の進行方向と船の進路との角

T_E：波と出会い周期 (s)

いま，波の船に対する相対速度は，

$$V_w + V_s \cos\alpha$$

である．波の周期は波頂が1波頂進むに要する時間であるから，船に対する波の出会周期は，

$$T_E = \frac{\lambda}{V_w + V_s \cos\alpha} \tag{12.5}$$

船が波長 λ の波を正横前より受けて航走する時，この波に対して船が同調動揺を起こす相対進路は，船の横揺固有周期 T_R と波の出会周期 T_E を等しくおくと $(T_R = T_E)$，上式より，

$$T_R = \frac{\lambda}{V_w + V_s \cos\alpha}$$

$$T_R \cdot V_w + T_R \cdot V_s \cos\alpha = \lambda$$

$$\therefore \cos\alpha = \frac{\lambda - T_R \cdot V_w}{T_R \cdot V_s}$$

この式の $\cos\alpha$ の符号が正 $(+)$ のときは波を船の正横より前方から受け，負 $(-)$ のときは，正横後から受けて航走していることを意味するが，いずれにしてもこの波を α の方向から受けるとき，船は同調動揺する．

したがって，(12.5) 式から追い波 $(\alpha > 90°)$ のとき，波との出会周期は，波の固有周期 $(T_w = \lambda/V_w)$ よりも長くなる．一方，船の横揺固有周期は波の固有周期よりも長いため，同調作用は追い波に多い．またヨーイングのある船では追い波の場合進路 (α) のわずかの変化に対し同調する危険が多く，この傾向は速力が速くなるとともに多くなる．

なお，船体設備等に関し，同調動揺も含めた横揺防止法として次のことを簡単に付記する．

3.1 ビルジキール (bilge keel)

(1) 水の抵抗による制止
(2) 重心まわりの偶力による抑止
(3) 船首尾線に関する慣性モーメントの増大
(4) 湾曲部は重心からの距離が大である

3.2 安定びれ

第 12 章 船の動揺

図 12.5 に示すように，横揺の度ごとに湾曲部から幅広の大きい板（長さ 3 m，幅 1.5 m）を船外に出し横揺周期と同調させて水流に対する仰角を交互に変えると，ひれに生ずる揚力が横揺に抵抗するモーメントとなり横揺を軽減する．

元良式安定びれは，この機構をジャイロスコープを使って自動的に作動させた．その後，英国のブラウン社が自動制御方式ならびにひれの形状を改善して性能の向上を図った．

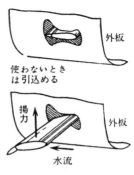

3.3 Gyro-stabilizer(ジャイロ・スタビライザ)

ジャイロの特性すなわち軸旋回 (precession) を応用したものである．回転体は軸の方向保持性を有するので，船内にて大きい転輪を回転するとその軸はある一定方向を保持する．これに地盤の東方傾斜の修正を施し，常に鉛直に保つように工夫したものである．

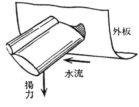

図 12.5

この装置は，排水量の 1.72%の重量と総トン数の 1.4%の容積を必要とするから，大型客船や航空母艦等のように動揺を極端にきらう船以外にはあまり使われない．

3.4 Anti-rolling-tank(アンチ・ローリング・タンク)

自由表面を有する水が，それ自体 1 個の振動体であることを応用したもので，フラム (Flamm) 氏の考察による．これは船内に設けた横向きの U 字形タンクの中に水を入れたもので舷側に上端を開き外海に通じた管を立てておく．動揺するとその管に海水が入るが，外海との間には水位の差ができるので，この水位の差だけの偶力をもって動揺を防止しようとするもので，動揺の周期とタンクの水位による偶力に位相差を与えて，横揺を防止する方式である．その後，種々の改良型が生まれて今日でも小型客船等に利用されている．

[例題 1] ある船が速力 5 m/s にて航走するとき，波長 150 m の波を船体のどの方向から受けるとき，船の動揺は最も激しくなるか．ただし，この船の固有横揺周期は，11.7 秒とする．

[解答 1] (1) 波の速度を求める．

$$V_w = 1.25\sqrt{\lambda} = 1.25\sqrt{150} \fallingdotseq 15.31 \text{ m/s}$$

(2) 波の進行方向と船の進路との角度を求める.
最も激しく横揺するのは波と船の周期が同調するときであるから,

$$\cos\alpha = \frac{\lambda - T_R \times V_w}{T_R \cdot V_s} = \frac{150 - 11.7 \times 15.31}{11.7 \times 5} \fallingdotseq -0.5$$

$$\therefore \alpha \fallingdotseq 60°$$

ゆえに波を船尾より 60° の方向から受けて航走するとき, 船は波の周期と同調し最も激しい横揺となる.

[例題 2] 同調作用は波長が船幅の約 20 倍のときに起こりやすい理由を説明せよ. ただし, GM の値を船幅の 5% と仮定する.

[解答 2] 題意によると GM $= B/20$ である. なお, $k = 0.4B$ とする. (12.2) 式より,

$$T_R^2 = \frac{0.64B^2}{\text{GM}} = 20 \times 0.64B = 12.8B$$

$T_R = T_w$ において, (12.4) 式より

$$T_w^2 = 0.64\lambda$$

$$\therefore \lambda = \frac{T_w^2}{0.64} = \frac{T_R^2}{0.64} = \frac{12.8B}{0.64} = 20B$$

ゆえに上式より, 船幅の約 20 倍の波長のときに同調作用が起こりやすい.

4. 縦揺周期

横揺周期 T_R, 縦揺周期 T_P, 上下動周期 T_H の相互間には, 次のような関係がある.

$$T_R > T_P > T_H$$

縦揺周期は短く約 2〜5 秒で, 横揺周期の約半分の場合 (T_P は T_R の 35〜60%) が多い.

したがって, 横揺が同調するおそれがあるとみて, これを避けるために針路や速力を変更した場合, 波との出会い周期がかえって縦揺の固有周期に近づき, 縦揺, 上下動が同調して波による破壊作用が伴うことがある. この同調縦揺は向かい波に多いといわれているので, これを極力避けるには次の方法がよいとされている.

① 低速, すなわち 船速（ノット）$= 2.43\sqrt{L}$ 以下に落とす.
② 針路を変更する.
③ バラストタンクに注水して喫水を深くする.

縦揺周期は横揺の場合と同様で次式のとおりである. (12.1), (12.2) 式より,

$$T_P = 2\pi\sqrt{\frac{K_p^2}{g \cdot \mathrm{GM_L}}} = 2\pi\sqrt{\frac{I_\mathrm{L}}{M \cdot g \cdot \mathrm{GM_L}}}$$

$$T_P = \frac{2k_p}{\sqrt{\mathrm{GM_L}}} = \frac{2 \cdot C_P \cdot L}{\sqrt{\mathrm{GM_L}}}$$

ただし，

　T_P：縦揺周期 (s)

　k_p：縦揺軸の回りの回転半径 (m)

　$\mathrm{GM_L}$：縦メタセンタ高さ (m)

　I_L：G を通る縦揺軸回りの慣性モーメント

　L：船の長さ (m)

　C_P：常数 k/B にして，その値は 0.25〜0.33

5. ヨーイング（船首揺）の原因

荒天航行では，風浪の作用とそれに伴う船体の動揺によって船首揺れ運動 (yawing) を起こす．その主な原因は次のとおりである．

5.1　変動する風圧の作用（船舶運用学の基礎「風の影響」参照）

船が航行中にその正船首尾以外から風圧を受けるときは，船体が風上に旋回する向風性（船速に比し風速小）と風下に旋回する離風性（船速に比し風速大）の性質があるため，鉛直軸周りのモーメントを受けるもので，特に荒天中はその風位，風力は周期的に大きく変動するので保針に影響し船首揺れを与える．

5.2　波浪の作用（船舶運用学の基礎 p.234）

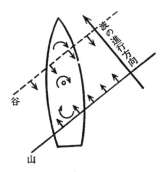

図 12.6

波浪は，これを構成する水粒子が波の山の部分では波の進行方向に，谷の部分ではこれと反対方向に進む．したがって，ある瞬間には，図 12.6 のように，船体の山に乗った部分（船尾）では波の進行方向の，谷の部分（船首）ではこれと反対方向の力を受けるため鉛直軸周りの回

転モーメントを受けることとなる．

しかし，波は船に対し周期的に通過するので，この回転モーメントの方向も周期的に変化するため，船は左右に船首揺れ運動を起こす．

5.3 縦揺と横揺によるジャイロ現象

船体横軸周りの縦揺と船首尾軸周りの横揺の両者の運動をともにそれぞれ交互に起こすことによって，プレセッション (precession) を生じる．したがって，鉛直軸周りの回転モーメントも交互に生じるため船首揺れ運動を誘起する．

5.4 横揺中の左右非対称の水圧作用

横揺するとき，船体は左右に非対称の水圧を受けるため，船首揺れモーメントを与えるようになる．

6. 上下動周期

平行移動運動には，前述のように3種類あるが，船舶の動揺で問題として取り上げられるのは上下動くらいのものである．

その周期の式は次のように結果だけを示す．

$$T_H = 2\pi \sqrt{\frac{W}{100T \cdot g}}$$

ただし，

T_H：上下動の周期 (s)

W：排水量 (k-t)

T：毎 cm 排水トン数 (k t)

第 12 章 船の動揺

[練習問題]

【1】 ある船の横揺周期は 18 秒であった．この船のメタセンタ高さを 0.70 m として，その回転半径を求めよ．

【2】 ある船の横揺周期は 15 秒であって，そのときの GM は 1.00 m である．その船内の重量を移動して，横揺周期が 20 秒となったとすれば，そのときの GM を求めよ．ただし，回転半径は一定とする．

【3】 長さ 169 m の波の速度および周期を求めよ．

【4】 出港時の KG が 6 m，横揺周期が 12 秒の船がキール上 4 m にある石炭を 600 トン分だけ使用したため，入港時の周期が 13 秒となった．船幅を 14 m とすれば，この船の出港時の排水量はいくらであったか．

【5】 長さ 128 m の船の縦揺周期を求めよ．ただし，縦メタセンタの高さは 120 m とし，その回転半径は船の長さの 1/4 とする．

【6】 排水量 7700 トンの船の上下動周期を求めよ．ただし，毎 cm 排水トン数は 19.5 トンとする．

【7】 ある船が速力 5 m/s にて航走するとき，波長 150 m の波を，船首より 45° の方向から受けた場合，下記について答えよ

(1) 波の固有速度
(2) 波の固有周期
(3) 船に対する波の相対速度
(4) 船に対する波の相対周期

【8】 船の横揺周期を測って，GM を推知する方法を説明せよ．また，船幅 20 m の船が，その周期を 15 秒に測った時の GM を求めよ．

【9】 船の復原力が大なるときは，横揺周期は短くなり，復原力が小なるときは，周期が長くなる理由を説明せよ．また，安定状態のとき，横揺周期 15 秒で GM が 1 m である船が破口浸水のため，その周期が 30 秒となったときの GM を求めよ．

【10】 速力 8 m/s で航行中の船舶は，波長 130 m，速度 14 m/s のうねりを船体のどの方向から受けて航走したときに，その横揺が最も激しくなるか．ただし，この船の固有横揺周期を 12 秒とする．

第13章　流体

1. 圧力の伝達

液体の中では，同一の点でどんな面においても圧力は等しいということから液体を密閉して，その一部に圧力を加えると，その圧力は流体全体に一様に伝達される．このことをパスカルの原理という．

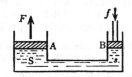

圧力伝達の速さは，水の中では音速と等しく常温で 1450 m/s 程度である．

図 13.1 において，ピストン A, B の面積をそれぞれ S, s とし，B に加える力を f，A に生ずる力を F とすれば，A, B 両面における圧力の強さは等しいから，

$$\frac{F}{S} = \frac{f}{s}$$

$$\therefore F = f \cdot \frac{S}{s}$$

したがって，$S > s$ としておけば，小さい力を加えて大きい力を出すことができるので，水

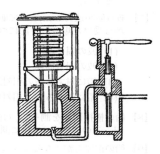

図 13.1

圧機や船舶におけるタンクの水圧検査等は，この原理を応用している．

[例題] 水圧機において，小円筒，大円筒のピストンの直径を，それぞれ 3.0 cm, 50 cm として，小円筒のピストンに 147 N{15 kgf} の力を加えたとすれば大円筒のピストンには，どれだけの力が表われるか．

[解答] 求める力を F とすれば，各ピストンにかかる圧力の強さは等しいから，

$$F = f \cdot \frac{S}{s} = 147 \times \frac{\pi(0.5/2)^2}{\pi(0.03/2)^2} \fallingdotseq \underline{408 \times 10^3 \text{ N}} \text{(答)}$$

·······················(重力単位系)························

$$F = f \cdot \frac{S}{s} = 15 \times \frac{\pi(0.5/2)^2}{\pi(0.03/2)^2} \fallingdotseq \underline{4.2 \times 10^3 \text{ kgf}} \text{(答)}$$

2. 液体内の圧力

図 13.2 において

h：液体までの表面までの高さ
S：底面積
F：底面 CD 全体に下から働く力
ρ：液体の密度
p：深さ h の点の液体による圧力
p_0：大気圧

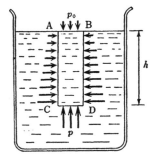

図 13.2

側面に働く圧力は，同一水平面上の各部分ごとに，それぞれ互いにつりあう．次に液体の柱の重さと底面全体に下から働く力とがつりあうから，

$$F = \rho \cdot h \cdot S \cdot g$$

したがって，液面から深さ h の点の液体による圧力 p は，

$$p = \frac{F}{S} = \rho \cdot h \cdot g$$

普通，液面には大気の圧力が働いているから，深さ h の点の真の圧力 P は，

$$P = p_0 + p = p_0 + \rho \cdot h \cdot g$$

このことから，深さが d だけ異なる同じ液体内の 2 点間の圧力の差は $\rho \cdot d \cdot g$ となる．

............................（重力単位系）............................

h：液体までの表面までの高さ
S：底面積
F：底面 CD 全体に下から働く力
γ：液体の比重
p：深さ h の点の液体による圧力
p_0：大気圧

側面に働く圧力は，同一水平面上の各部分ごとに，それぞれ互いにつりあう．次に液体の柱の重さと底面全体に下から働く力とがつりあうから，

$$F = \gamma \cdot h \cdot S$$

したがって，液面から深さ h の点の液体による圧力 p は，

$$p = \frac{F}{S} = \gamma \cdot h$$

普通，液面には大気の圧力が働いているから，深さ h の点の真の圧力 P は，

$$P = p_0 + p = p_p + \gamma \cdot h$$

このことから，深さが d だけ異なる同じ液体内の 2 点間の圧力の差は $\gamma \cdot d$ となる．

....

3. 連続の法則

流体粒子が管内をきわめて静かに一種の線のように層状に整然と流動する場合の流れを層流という．この層流の速さが一定の値より大きくなり，流れが乱れ一種のうずをなして流動する場合の流れを乱流という．

この層流から乱流に移る際の速度を臨界速度といい，この速度は管の直径の大小や流体の粘性係数等によって異なる．

流体粒子の運動経路を軌線または流跡線といい，運動している流体の中で同時刻の各点の速度ベクトルを求め，それらのベクトルに接する曲線すなわち，その曲線の各点における接線がその点における速度の方向と一致しているとき，この曲線を流線 (stream line) と呼んでいる．

流線の形が時間とともに変らないような流れを定常の流れ (stationary flow) という．すなわち，このような定常運動では，時間とともに流線は変化せず流跡線と流線は一致する．

図 13.3 のように，非定常運動では常に運動状態が変化しているから，流線の形も時間につれて変化し流跡線と流線とは一致しない．

定常運動の流体内に任意の閉曲線を考え，その上の各点を通る流線によって囲まれた 1 つの管を流管 (tube of flow) という．

粘性のない仮想的な流体を完全流体といい，粘性がなく，しかも圧縮できない流体を完全液体という．

図 13.3

図 13.4 のような流管内において，完全流体が定常運動をする場合，任意の 2 点 P, Q で流線に直角な断面積，速度および密度をそれぞれ (A_1, A_2), (v_1, v_2)

および (ρ_1, ρ_2) とし，ある時間 Δt 内に P から流入する液体の質量 m は，その時間内に Q から流出する質量に等しくなければならないから，次のような関係が成立する．

$$m = \rho_1 A_1 v_1 \Delta t = \rho_2 A_2 v_2 \Delta t \tag{13.1}$$
$$\therefore \rho_1 A_1 v_1 = \rho_2 A_2 v_2 = (\text{一定})$$

完全液体では $\rho_1 = \rho_2$ であるから単位時間に通り抜ける流出量 Q は次のとおり流管内のどの断面についても一定である．

$$\left.\begin{array}{c} Q = A_1 \cdot v_1 = A_2 \cdot v_2 \\ \therefore \dfrac{v_1}{v_2} = \dfrac{A_2}{A_1} \end{array}\right\} \tag{13.2}$$

すなわち，流管内の 2 点において，流線に垂直の断面積とその点の流速とは反比例する．これを連続の法則 (law of continuity) といい，断面積の小さいところほど流速は大となる．

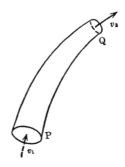

図 13.4

4. ベルヌーイの定理

4.1 ベルヌーイの定理

図 13.5 のような流管内の完全流体の定常運動においては，連続の法則によって時間 Δt 内に P から流入した質量と Q から流出する質量とは等しいので，P から Q へ流体が流動する時のエネルギは，

$$\text{運動エネルギの増加} = \frac{1}{2}mv_2^2 - \frac{1}{2}mv_1^2$$
$$= \frac{1}{2}m\left(v_2^2 - v_1^2\right)$$

位置エネルギの増加 $= mg(h_2 - h_1)$

よって，時間 Δt 内の全力学的エネルギの増加 E は，

$$E = \frac{1}{2}m\left(v_2^2 - v_1^2\right) + mg(h_2 - h_1)$$

この式の力学的エネルギの増加量 E は，時間 Δt 内に，この部分の流体に対してなした仕事量 W に等しい．P, Q に作用する圧力を p_1, p_2 とすれば，

$$W = p_1 A_1 v_1 \Delta t - p_2 A_2 v_2 \Delta t$$

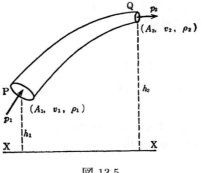

図 13.5

(13.1) 式から

$$W = m\left(\frac{p_1}{\rho_1} - \frac{p_2}{\rho_2}\right)$$

$E = W$ であるから，上の 2 式より，

$$\frac{1}{2}m(v_2^2 - v_1^2) + mg(h_2 - h_1) = m\left(\frac{p_1}{\rho_1} - \frac{p_2}{\rho_2}\right)$$

$$\therefore \frac{p_1}{\rho_1} + \frac{v_1^2}{2} + gh_1 = \frac{p_2}{\rho_2} + \frac{v_2^2}{2} + gh_2 = (一定)$$

これを，ベルヌーイの定理 (Bernoulli's theorem) という．

この式において，$\rho_1 = \rho_2 = \rho$ とすると，

$$\frac{p_1}{\rho} + \frac{v_1^2}{2} + h_1 \cdot g = \frac{p_2}{\rho} + \frac{v_2^2}{2} + h_2 \cdot g \tag{13.3}$$

さらに，一般的には流管内のどの点についても，次のような関係式でベルヌーイの定理を表わすこととなる．

$$\frac{p}{\rho} + \frac{v^2}{2} + h \cdot g = H = (一定)$$

.... (重力単位系) ....

p_1, p_2 を重力単位で表わすと，

$$\frac{p_1}{\rho} + \frac{v_1^2}{2g} + h_1 = \frac{p_2}{\rho} + \frac{v_2^2}{2g} + h_2 \tag{13.4}$$

さらに，一般的には流管内のどの点についても，次のような関係式でベルヌーイの定理を表わすこととなる．

第 13 章 流体

$$\frac{p}{\rho} + \frac{v^2}{2g} + h = H = (一定)$$

上式の各項は長さを表わし，工学上は，p/ρ は圧力水頭 (pressure head)，$v^2/2g$ を速度水頭 (velocity head)，h を位置水頭 (potential head) といい，これらを総称して水頭 (head) という．

....

4.2 ベルヌーイの定理の応用

図 13.6 のように，流管が水平 ($h_1 = h_2$) で，P, Q の断面積がそれぞれ A_1, A_2 であるとすると，(13.3), (13.2) 式より，

$$\begin{aligned} p_1 - p_2 &= \frac{\rho}{2}\left(v_2^2 - v_1^2\right) \\ &= \frac{\rho}{2}v_1^2\left\{\left(\frac{v_2}{v_1}\right)^2 - 1\right\} \\ &= \frac{\rho}{2}v_1^2\left\{\left(\frac{A_1}{A_2}\right)^2 - 1\right\} \end{aligned} \quad (13.5)$$

.............（重力単位系）.............

$$\begin{aligned} p_1 - p_2 &= \frac{\rho}{2g}\left(v_2^2 - v_1^2\right) \\ &= \frac{\rho}{2g}v_1^2\left\{\left(\frac{v_2}{v_1}\right)^2 - 1\right\} \\ &= \frac{\rho}{2g}v_1^2\left\{\left(\frac{A_1}{A_2}\right)^2 - 1\right\} \end{aligned}$$

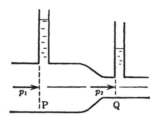

この式より，$A_1/A_2 > 1$　∴ $P_1 > P_2$

図 13.6

すなわち，断面積の小さいところでは，流速は大であるが，その圧力は小である．

この現象は気体の流動にも適用でき，これらの関係を利用したものが霧吹き，吸入器，野球のカーブ等である．

このように流線の疎に対し流速が大で，流線の密の側の方に偏するような現象をマグナス効果 (Magnus effect) という．また，船舶では吸引作用の因となすものである．

図 13.7 のように，A, B の形をした垂直管の付いた太さの一様な水平管内を流体が流れているとき，A 管の端 P 点での流速は v_1 であるが，B 管の端 Q 点

では流速 v_2 は 0 である．

また，$h_1 = h_2$ であるから，ベルヌーイの定理を応用すると，(13.3) 式より，

$$\frac{p_2}{\rho} = \frac{p_1}{\rho} + \frac{v_1^2}{2} = \frac{p_1}{\rho} + h \cdot g$$

$$\therefore p_2 = p_1 + \frac{\rho v_1^2}{2} = p_1 + \rho \cdot h \cdot g$$

………（重力単位系）…………

(13.4) 式より，

$$\frac{p_2}{\rho} = \frac{p_1}{\rho} + \frac{v_1^2}{2g} = \frac{p_1}{\rho} + h$$

$$\therefore p_2 = p_1 + \frac{\rho v_1^2}{2g} = p_1 + \rho h$$

(13.6)

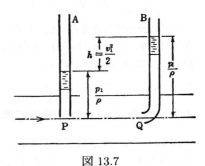

図 13.7

この式より，流速が v_1 である P 点の圧力 P_1 を静圧 (static pressure) といい，流速が 0 である Q 点では P 点よりも（重力単位系で表わして）$\rho v_1^2/2g$ だけ圧力が増すことになる．これを動圧 (dynamic pressure) といい，Q 点では速度を失ったために速度水頭が圧力水頭に変じ圧力が増加したのである．

一般的に流速は上式より，

$$v = \sqrt{\frac{2(p_2 - p_1)}{\rho}} = \sqrt{2gh}$$

となり，差 h を測定すると流速 v を求めることができる．

………（重力単位系）…………

$$v = \sqrt{\frac{2g(p_2 - p_1)}{\rho}} = \sqrt{2gh}$$

となり，差 h を測定すると流速 v を求めることができる．

この目的のために考察された装置がピトー管 (pitot tube) であり，動圧式測程儀は，このピトー管の原理を応用し，船底にピトー管と静圧管を設けて水流による動圧をレバー装置に伝え，指針を

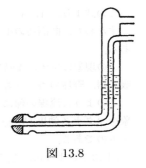

図 13.8

第 13 章 流体

作動させて瞬間速力を指示させるとともに積算して航程を表示させている．
　図 13.8 はピトー管の一例を示したものであるが，この場合の流速 v は，

$$v = C\sqrt{2gh}$$

　ただし，C は係数で 0.98〜1.03 であり，あらかじめ測定しておく．

5. トリチェリの定理

　図 13.9 のように，液体を入れた器の側壁または底面にうがった小破口のある状態で，定常の流れの場合には，液体を絶えず供給して液面 P の高さを一定にしておかなければならないが Q 点の孔口面積 A が P 点の器の横断面積 A_0 に比しきわめて小さいときは，その供給がなくても短時間の間は定常運動とみなしてもよい．

　このとき，$v_1 = 0, h = h_1 - h_2$，液柱の内部の圧力 P_2 も液面に加わる圧力 P_1 も大気圧に等しく，これを P_a, v_2 を v と表わせば (13.3) 式から，

$$\frac{P_a}{\rho} + \frac{0}{2} + h_1 \cdot g = \frac{P_a}{\rho} + \frac{v^2}{2} + h_2 \cdot g$$

$$v^2 = 2g(h_1 - h_2) = 2gh$$

$$\therefore v = \sqrt{2gh}$$

………（重力単位系）………

$$\frac{P_a}{\rho} + \frac{0}{2g} + h_1 = \frac{P_a}{\rho} + \frac{v^2}{2g} + h_2$$

$$v^2 = 2g(h_1 - h_2) = 2gh$$

$$\therefore v = \sqrt{2gh}$$

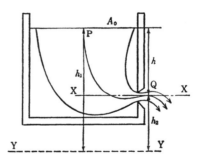

図 13.9

　この関係をトリチェリの定理 (Torricelli's theorem) という．

　この定理は，図 13.10 のように，船体外板の破口から海水が浸入する場合にも同様に応用され，v は，図 13.9 のときは流出する水流の速度，図 13.10 のときは浸入する水流の速度で，いずれも，その水流速度は液体が重力の作用で破口の深さに等しい高さから自由落下したときに得る速度に等しい（(1.8) 式参照）．

図 13.10

実際には粘性等による多少のエネルギの損失があるため、実際速度は次式のように、いくぶん小さくなる．

$$v = C_v \sqrt{2gh}$$

ただし，C_v は速度係数で，破口の構造によって異なり 0.96〜0.99 の値であるといわれる．

このような噴流する孔をオリフィスとよぶが，図 13.11 のように，噴流は孔の入口で急に転向できず，そのため噴流の切口面積 A_c は孔の面積 A よりも縮小する．この現象を縮流という．その割合は次式となる．

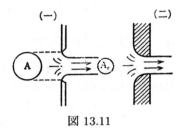

図 13.11

$$A_c = C_c \cdot A$$

ただし，C_c を収縮係数といい，円形オリフィスの縁が刃形のときは 0.61〜0.66 の値であるが，図（二）のように縁が丸味を帯びるときは 1.0 に近い値となる．

トリチェリの定理における v は，この縮流部の速度であるから，(13.2) 式より，その流量 Q は，

$$Q = A_c \cdot v = C_c \cdot A \cdot C_v \sqrt{2gh}$$

ここで，$C = C_c \cdot C_v$ とすると，

$$Q = C \cdot A \sqrt{2gh}$$

ただし，この C を流量係数 (flow coefficient) といい，0.60〜0.98 である．

次に，容器の液体が全部放出するのに要する時間は，液体放出の平均速度による平均放出流量で全液量を除したものに等しい．ゆえに全放出時間 T は，

$$T = \frac{2A_0 h}{CA\sqrt{2gh}}$$

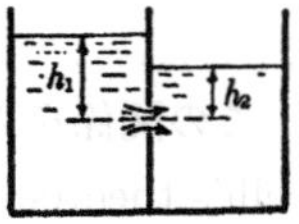

また，図 13.12 のように，同じ液体内へ噴出する場合は，もぐりオリフィスといい，このときの速度は次式のとおりである．

図 13.12

$$v = C_v \sqrt{2g(h_1 - h_2)}$$

第13章 流体

この定理の応用として，以上のことに基づき船舶の水線下破口の浸水量について説明すると，

h：水線下破孔中心までの水深 (m)

A：破口面積 (m^2)

v：縮流部の浸水速度 (m/s)

Q：浸水量 (m^3/s)

Q_w：浸水重量 (t/s)

g：重力加速度

ρ：流体の密度

C：流量係数（$= 0.6$ とする）

として浸水量を求めると次のようになる．

$$Q = CA\sqrt{2gh} \ (\text{m}^3/\text{s})$$
$$= 0.6A\sqrt{2 \times 9.8 \times h} \times 60 \fallingdotseq 159.4A\sqrt{h} \ (\text{m}^3/\text{min}) \quad (13.7)$$
$$Q_w = CA\sqrt{2gh} \cdot \rho \ (\text{t/s}) \quad (13.8)$$

したがって，その状態で人為的防水可能な限度は大体喫水線下 1.5 m，破孔直径 20 cm 程度といわれている．

[例題] 水面下 1.5 m の船側に直径 20 cm の円形破孔を生じた場合，1 分間にどれだけの重量の海水が船内に浸入するか．ただし，流量係数は 0.6 とする．

[解答] (1) 破孔の面積を求める．
$$A = \pi r^2 = 3.14 \times 100 = 314 \ \text{cm}^2$$

(2) 浸入量を求める．
$$Q = C \cdot A\sqrt{2gh}$$
$$= 0.6 \times 314 \times \sqrt{2 \times 980 \times 150}$$
$$= 188.4\sqrt{294\,000}$$
$$= 102.2 \times 10^3 \ \text{cm}^3/\text{s}$$
$$= 102.2 \times 10^3 \times 10^{-6} \ \text{m}^3/\text{s} = 102.2 \times 10^{-3} \ \text{m}^3/\text{s}$$

ゆえに，1 分間の海水浸入質量は，海水密度を $\rho = 1025 \ \text{kg/m}^3$ として，
$$102.2 \times 10^{-3} \times 1025 \times 60 = 6285.3 \ \text{kg/min} = \underline{6.3 \ \text{t/min}}\text{(答)}$$

................................（重力単位系）................................

(1) 破孔の面積を求める．

$$A = \pi r^2 = 3.14 \times 100 = 314 \text{ cm}^2$$

(2) 浸入量を求める.

$$\begin{aligned} Q &= C \cdot A\sqrt{2gh} \\ &= 0.6 \times 314 \times \sqrt{2 \times 980 \times 150} \\ &= 188.4\sqrt{294\,000} \\ &= 102.2 \times 10^3 \text{ cm}^3/\text{s} \\ &= 102.2 \text{ L/s} \end{aligned}$$

ゆえに, 1 分間の海水浸入量は, 海水比重を 1.025 として,

$$102.2 \times 1.025 \times 60 = 6285.3 \text{ kg/min} \fallingdotseq \underline{6.3 \text{ t/min}} \text{(答)}$$

....

[別解]　(13.7) 式より,

$$\begin{aligned} 1 \text{ 分間の海水侵入重量} &= C \cdot A\sqrt{2gh} \times 60 \times \gamma \\ &\fallingdotseq 159.4\, A\sqrt{h} \cdot \gamma \\ &= 159.4 \times 3.14 \times 0.01 \times 1.224 \times 1.025 \\ &\fallingdotseq \underline{6.3 \text{ t/min}} \text{(答)} \end{aligned}$$

6. 流体の粘性

　完全流体においては, その内部に相対運動があるときでも, 相接する層の間には何らの力も作用しない. すなわち, せん断応力は存在しないので剛性率は 0 である.

　しかし, 実在の流体においては, このとき分子と分子との間に作用する引力のために, 各層の接触面に沿い, 図 13.13 のように速度の大きな層 A は, その小さな層 B を引きずろうとし, 速度の小さな層はその大きな層 A を引き止めようとする力を及ぼしあう. これを流体の粘性という.

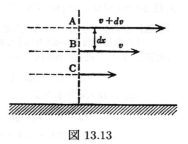

図 13.13

　A, B 両層間に作用する粘性 (viscosity) f は, 接触面の面積 s および両層間の相対速度 dv と垂直距離 dx との比 dv/dx に比例する. これを速度こう配という.

$$f = \mu \frac{dv}{dx} s$$

ただし, μ は流体による定数で, 温度によって, その値は変化する. これを

その流体の粘性係数という．

上式で $dv/dx = 1, s = 1$ とすると $f = \mu$ となり，よって，粘性係数とは，相対的な速度こう配が単位のとき，速度を異にする2層の単位接触面に作用する内部摩擦のことである．特に流体が流管中を流れるときの速度の分布は図 13.14 のようになる．これは流体同士に摩擦力が働くと考えて説明される．これを内部摩擦といい，流体のこの性質を粘性という．

図 13.14

7. 流体の抵抗

7.1 平板抵抗

物体が流体内を運動するか，または運動する流体中に物体があるかすると，物体は抵抗を受ける．このように物体は，総て流体から力の作用を受ける．

これを流体抵抗 (fluid resistance) または流体抗力という．この抵抗は物体の運動方向に垂直な2平面上におけるその射影に比例し，物体の速さ（または流れの速さ）や流体の密度，粘性によって異なる．

いま，静水中を運動する物体について，

A：運動方向に直角な面への物体の正射影面積

v：物体の速度

ρ：流体の単位体積あたりの質量

P：物体の作用する力

とすれば時間 Δt の間に物体によって押し進められる流体の質量 m は，

$$m = \rho A v \Delta t$$

運動量 mv は，

$$mv = \rho A v \Delta t \times v = \rho A v^2 \Delta t$$

運動の第2法則より，上式の運動量の変化は力積（力と時間との積）に等しいから，

$$P \times \Delta t = \rho A v^2 \times \Delta t$$

$$\therefore P = \rho A v^2$$

流体と物体との境界面の摩擦や粘性があるので前式は次のように表わす．

流体抵抗 $P = C \cdot A \dfrac{\rho v^2}{2}$

ただし，C は抵抗係数 (drag coefficient) で，$\rho v^2/2$ は動圧にあたる．これをニュートンの抵抗法則という．

この法則より，流体に垂直な平板の受ける抵抗については，

$$P = C \cdot \dfrac{\rho}{2} A v^2 = \mathrm{K} A v^2$$

また，流体に対し傾斜角 θ を有する平板の垂直に受ける抵抗については，

$$P = C \cdot \dfrac{\rho}{2} \cdot A v^2 \sin\theta = \mathrm{K} A v^2 \sin\theta$$

ただし，上の 2 式において K は定数である．

.... （重力単位系）................

いま，静水中を運動する物体について，

　　A：運動方向に直角な面への物体の正射影面積

　　v：物体の速度

　　γ：流体の単位体積あたりの重さ

　　P：物体の作用する力

とすれば時間 Δt の間に物体によって押し進められる流体の質量 m は，

$$m = \dfrac{\gamma}{g} A v \Delta t$$

運動量 mv は

$$mv = \dfrac{\gamma}{g} A v \Delta t \times v = \dfrac{\gamma}{g} A v^2 \Delta t$$

運動の第 2 法則より，上式の運動量の変化は力積（力と時間との積）に等しいから，

$$P \times \Delta t = \dfrac{\gamma}{g} A v^2 \times \Delta t$$

$$\therefore P = \dfrac{\gamma}{g} A v^2$$

流体と物体との境界面の摩擦や粘性があるので上式は次のように表わす．

流体抵抗 $P = C \cdot \dfrac{\gamma}{2g} \cdot A \cdot v^2 = C \cdot A \dfrac{\gamma v^2}{2g}$

ただし，C は抵抗係数 (drag coefficient) で，$\gamma v^2/2g$ は動圧にあたる．これをニュートンの抵抗法則という．

第 13 章 流体

この法則より，流体に垂直な平板の受ける抵抗については，

$$P = C \cdot \frac{\gamma}{2g} A v^2 = \mathrm{K} A v^2$$

また，流体に対し傾斜角 θ を有する平板の垂直に受ける抵抗については，

$$P = C \cdot \frac{\gamma}{2g} \cdot A v^2 \sin\theta = \mathrm{K} A v^2 \sin\theta$$

なお，ボーフォイ (Beaufoy) 氏は K を海水の抵抗としての定数で，$A(\mathrm{m}^2)$，$v\,(\mathrm{m/s})$，$P\,(\mathrm{kgf})$ として，$K = 58.8$ の実験値を求めている（船舶運用学の基礎 p.210 参照）．

....

流体が物体に衝突するとき，流体は物体によって加速度を与えられる．したがって，物体は流体に力を作用し，流体はまた反作用として物体に力を及ぼす．この反作用として，流体が物体に及ぼす力が動圧力である．

動圧力は物体の前後における圧力差によって起こり，物体の前面は流体との間に相対速度がない場合よりも圧力が上昇し，反対に背面においては，圧力が下降してうず流を生ずる．

この前面の押される力を前面抵抗，背面の吸引される力を背面抵抗といい，両者の和が反作用としての動圧力である．

以上の関係は船舶の舵効についても応用される．

なお，舵に関し流体抵抗中心（舵圧中心）について，長方形平板面に対する圧力中心として，ジェッセル (Joessel) 氏の実験式は次のとおりである．

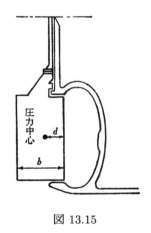

図 13.15

$$d = (0.195 + 0.305 \sin\theta)\, b$$

ただし，図 13.15 のとおり．

d：舵板の前縁から圧力中心までの水平距離 (m)

θ：傾斜角度すなわち舵角

b：舵板の幅 (m)

上式から，θ と d との関係は次の表 13.1 のとおりである．

表 13.1

θ	5°	10°	15°	20°	25°	30°	35°
d	0.2216	0.2480	0.2739	0.2993	0.3239	0.3475	0.3699

7.2 船舶における抵抗

(1) 摩擦抵抗 (R_f: frictional resistance)

　流体は粘性を有し，また船底もなめらかでないから，船体に接する水の層は船とともに運動し，さらに隣接する次々の水の層に影響する．このように流体が船体表面と摩擦を生じて，船の進行に抵抗する．これを摩擦抵抗といい，船舶における水の全抵抗の 70〜90%で，その大小は下記のことと関係がある．

① 　船底表面のあらさ
② 　粘性
③ 　接触する物体の表面積，ぬれ面積，浸水面積
④ 　流体の密度
⑤ 　物体と流体との相対速度の n 乗

この抵抗をフルード (Froude) の抵抗ともいう．

$$R_f = fAv^n$$

ただし，

　f : 摩擦係数
　n : 1.83〜2.16
　A : 浸水面積

また，この浸水面積を求める近似式として，デニー (Denny) の公式がある．

$$A = 1.7L \cdot d + \frac{V}{d}$$

ただし，

　L : 垂線間長 (m)
　V : 排水容積 (m^3)
　d : 平均型喫水 (m)

(2) 造波抵抗 (R_w : wavemaking resistance)

船が航走すれば，船首や船尾より規則正しい波を生ずる．この波を造るのに要する船のエネルギの損失は船の運動に対する一種の抵抗となる．これが造波抵抗である．方形係数 (C_b)，排水量，速力に比例し，船の長さに反比例する．

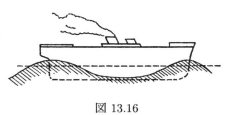

図 13.16

$$R_w = C_w \frac{\rho}{2} V^{\frac{2}{3}} v^2$$

（ただし，C_w は造波抵抗係数）

............................（重力単位系）............................

$$R_w = C_w \frac{\gamma}{2g} V^{\frac{2}{3}} v^2$$

....

船が前進航走すれば，その船首部にあたる水を圧迫排除するために図 13.16 のように船首部の水位を高めると同時に水圧を増し，船尾部は船の航走後の水の空積を埋めるために，周囲から船尾の軌跡に流入する水の流れによって，船尾部が水位も高まり水圧を増大する．これに反して船首で排除された水が船尾の航跡に向って船側を急速に流れるために船側は水位が低下し，水圧は減少する．

このように長さの方向に水位の高低を生ずる波を停止波という．

また，図 13.17 の A のように，船首のかく乱により波を生じ，船尾に行くに従い船から離れて，その波頂は一直線に並び，船の船首尾線に対して約 19.5° の角をなして生ずる波を八字波 (diverging) という．

この他に図の B のように，波頂が前進方向に対し直角方向をなして発生する別の波を横波 (transverse wave) という．

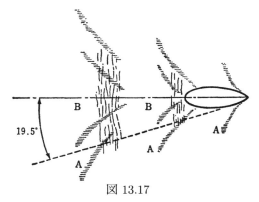

図 13.17

(3) うず抵抗 (R_e : eddy resistance)

物体が流体内を運動するか,運動する流体内に物体があるときは,流線は,図 13.18 のように分布する.

図 (一) において,速度がほとんど 0 で,圧力が大きくなる C 点をよどみ点という.A 点では速度が大きくなり圧力は減ずる.A を過ぎて物体の後方に行く

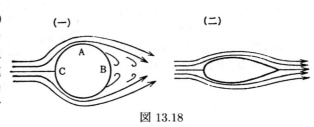

図 13.18

とまた圧力を増してくるが,物体直後の B 点では圧力が低く,ここにうず流れを生ずる.このうず流れのための抵抗がうず抵抗である.

したがって,この抵抗を減少させるためには図 (二) のように,物体の形状を流線型,すなわち,物体の後方を長くして流線に沿うようにすればよい.そのうず抵抗は,

$$R_e = C_e \frac{\rho}{2} A v^2$$

ただし,C_e はうず抵抗係数

.... (重力単位系) ....

$$R_e = C_e \frac{\gamma}{2g} A v^2$$

....

上式より,この抵抗は v の 2 乗に比例するから,航空機のように高速なものは重要であるが,水平縦断面が流線型化した船舶では,さほど問題ではなく,全抵抗の 2~4% である.

なお,$(R_w + R_e)$ を剰余抵抗 (residuary resistance) という.

(4) 空気抵抗 (R_a : air resistance)

水線上部船体や上部構造物が空気によって受ける抵抗で,無風状態において,一般に水抵抗の 2~3% の空気抵抗を生ずる.低速船では極くわずかで,考慮の必要はないが高速船や強風の向かい風では相当量に達する.その空気抵抗は,

$$R_a = C_a \frac{\rho_a}{2} A v_a^2$$

ただし,

    v_a : 船に対する風の速度 (m/s)

    A : 水面上の船の風方向の投影断面積 (m^2)

    ρ_a : 空気の単位体積の質量 (kg/m^3)

    C_a : 空気抵抗係数

................................（重力単位系）................................

$$R_a = C_a \frac{\gamma_a}{2g} A v_a^2$$

ただし,

    γ_a : 空気の単位体積の重さ (kgf/m^3)

....

上式より，その抵抗は船に対する風速の2乗に比例するからたとえば船の倍速の向かい風を受けると相対速度は3倍になる．したがって，空気抵抗は9倍となり，水抵抗の約25%にもなる．

海上に停止している船が正横方向から一様な風を受けて風下へ圧流されている場合，風圧中心と海水抵抗中心が同一横断面にあれば，

    風圧 = 流圧

$$C_a \frac{\rho_a}{2} A v_a^2 = C \frac{\rho}{2} A' v^2$$

ただし,

    A' : 水線下部分の船の風方向の投影断面積 (m^2)

    v : 圧流速度

$$\frac{v}{v_a} = \sqrt{\frac{C_a \rho_a A}{C \rho A'}}$$

$\rho_a = 1.16$ kg/m^3, $\rho = 1025$ kg/m^3

とすれば,

$$\sqrt{\frac{\rho_a}{\rho}} = \sqrt{\frac{1.16}{1025}} \fallingdotseq \frac{1}{30}$$

$C_a \fallingdotseq C$ とすれば，圧流速度は，

$$v \fallingdotseq \frac{1}{30} v_a \sqrt{\frac{A}{A'}}$$

............................（重力単位系）............................

風圧 ＝ 流圧

$$C_a \frac{\gamma_a}{2g} A v_a^2 = C \frac{\gamma}{2g} A' v^2$$

ただし，

A' : 水線下部分の船の風方向の投影断面積 (m^2)

v : 圧流速度

$$\frac{v}{v_a} = \sqrt{\frac{C_a \gamma_a A}{C \gamma A'}}$$

$\gamma_a = 0.00116$ tf/m^3, $\gamma = 1.025$ tf/m^3

とすれば，

$$\sqrt{\frac{\gamma_a}{\gamma}} = \sqrt{\frac{0.00116}{1.025}} \fallingdotseq \frac{1}{30}$$

$C_a \fallingdotseq C$ とすれば，圧流速度は，

$$v \fallingdotseq \frac{1}{30} v_a \sqrt{\frac{A}{A'}}$$

....

(5) 推進器抵抗 (R_p : propeller dragging resistance)

船がえい航される場合，推進器にあたる抵抗で，推進器が回転しないで航走することは相当の抵抗となる．

$(R_f + R_w)$ の 1.2～1.4 倍くらいとなるが，誘転するときは 0.4～0.5 倍くらいに減る．

8. スラミング（船首底衝撃）

荒天時に向かい波で，かなりの速度でもって航走する船には，縦揺れも上下動も激しくなり，ある瞬間船首部船底が波の表面から離れて，次の瞬間に波面

第 13 章 流体

を激しくたたきつける現象が起こるため,船首部船底に損傷をこうむるばかりでなく,加えられた衝撃力によって,船体に周期 1 秒程度以下の振動が 10 数秒持続する身震い振動を引き起こすものである.

この現象をスラミング (slamming) という.スラミング発生の主な原因は船と波との出会周囲と船の縦揺周期の関係で図 13.19 のように,船固有の縦揺周期 $T_p =$ 一定(船速が増しても余り変らない)とすると,出会周期 T_e 曲線が T_p 曲線と交わる付近の船の速度 V_s で,スラミングが最もきびしくなることがわかる.もし,波長の長い波に遭遇すれば,T_e 曲線が上方になるから,交点は右方にずれ,V_s も高速の方に移動する.また,波長の短い波の場合はその逆となる.

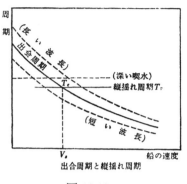

図 13.19

すなわち,スラミングは船が波長の大きい波に遭遇すれば,高速で起こり,波長の短い波に遭遇すれば低速で起こりやすい.また,喫水が深くなると T_p 値も増すので,同一波長との交点は低速の方に移動する.スラミングは深喫水では低速できびしく,浅喫水では高速できびしくなる.

したがって,この現象は波と船との出会周期が船の固有縦揺周期と同調運動を引き起こすようになることである(縦揺周期の項参照).

[練習問題]

【1】水線下 2 m の船速に，直径 10 cm の円形破孔を生じた．1 分間に何トンの重量の海水が船内に浸入してくるか．ただし，流量係数は 0.6 とする．

【2】水面下の破口から浸入する海水の量を略算する式をあげ，船内の防水作業により，防水可能の破口限度を述べよ．いま，水面下 40 cm に直径 16 cm の円形破孔を生じた場合，1 分間に，どれだけの海水が浸入するか．小数第 1 位まで求めよ．

【3】水頭 7.5 m の下で円形孔から 5 分間に 10 m³ の水が流出した．孔の直径を 7.5 cm とすれば流量係数はいくらか．

【4】その中心軸が，鉛直方向におかれた半径 0.5 m の円筒形水槽に，深さ 2.0 m まで水が充満されている．いま，この底部から高さ 10 cm の所を中心とした半径 5 cm の円形孔から排水する場合，その排水始めの排水孔からの流速を求めよ．また，流量係数を 0.6 として，排水孔中心高さまで排水し終るまでに要する時間はいくらか．

【5】水頭 3.0 m のもとで毎分 1 m³ の水を流出させるには，直径いくらの円形孔をあけたらよいか．ただし流量係数 $C = 0.62$ とする．

【6】水線間長 160 m の船の横投影面積は 2700 m²，平均喫水 8 m で海上に浮び停止している．このとき風速 30 ノットの風を正横方向から受けていれば，船の圧流速度はいくらか．

重要公式一覧

1. 相対運動

A, B 両船が航走しているとき，1 船を静止していると仮定して，1 船から見た他船の運動

(1) 相対速度：$v = \sqrt{v_a^2 + v_b^2 - 2v_a v_b \cos\theta}$ (1.27)

(2) 両船の最接近距離：$\mathrm{AH} = \mathrm{AB}\sin\beta$ (1.28)

(3) 両船の最接近距離までの所要時間：$t = \dfrac{\mathrm{BH}}{v} = \dfrac{\mathrm{AB}\cos\beta}{v}$ (1.29)

2. 風向，風速

(1) 真風向：$\tan\beta = \dfrac{\mathrm{WK}}{\mathrm{KT}} = \dfrac{\mathrm{WA}\sin\theta}{\mathrm{WA}\cos\theta - \mathrm{TA}}$ (1.30)

(2) 真風速：$\mathrm{WT} = \dfrac{\mathrm{WK}}{\sin\beta} = \mathrm{WA}\dfrac{\sin\theta}{\sin\beta}$ (1.31)

3. 慣性モーメント

$$I = m_1 r_1^2 + m_2 r_2^2 + m_3 r_3^2 + \cdots \tag{5.2}$$

$$I = Mk^2 = \dfrac{Wk^2}{g} \tag{5.4}$$

$$I = nLB^3 \tag{5.5}$$

4. 遠心力

$$F_c = m\alpha = m\omega^2 r = m\dfrac{v^2}{r} = \dfrac{w}{g}\omega^2 r \tag{5.7}$$

5. 3 力のつりあいにおけるサイン比例

$$\dfrac{\mathrm{P}}{\sin\alpha} = \dfrac{\mathrm{Q}}{\sin\beta} = \dfrac{\mathrm{T}}{\sin\gamma} \tag{6.1}$$

6. デリックにおける力のつりあい

(1) 単につるした場合

ブームに加わる圧縮力 $\mathrm{CE} = W \times \dfrac{b}{m} = W \times \dfrac{\sin\beta}{\sin\gamma}$ (6.3)

トッピングリリフトの張力 $\mathrm{CF} = W \times \dfrac{\ell}{m} = W \times \dfrac{\sin\alpha}{\sin\gamma}$ (6.4)

(2) カーゴホールをブームに沿わせて巻く場合

トッピングリフトの張力
$$\mathrm{CF} = W \times \frac{\ell}{m} = W \times \frac{\sin\alpha}{\sin\gamma} \tag{6.6}$$
ブームに加わる圧縮力
$$\mathrm{CK} = P + W \times \frac{b}{m} = P + W \times \frac{\sin\beta}{\sin\gamma} \tag{6.7}$$
滑車 C に加わる合成力
$$\mathrm{CH} = \sqrt{P^2 + W^2 + 2PW\cos\alpha} \tag{6.8}$$
  (3) カーゴホールをトッピングリフトに沿わせて巻く場合
ブームに加わる圧縮力
$$\mathrm{CE} = W \times \frac{b}{m} = W \times \frac{\sin\beta}{\sin\gamma} \tag{6.9}$$
トッピングリフトの張力
$$\mathrm{EH} = P - W \times \frac{\ell}{m} = P - W \times \frac{\sin\alpha}{\sin\gamma} \tag{6.10}$$
滑車 C に加わる合成力
$$\begin{aligned}\mathrm{CH} &= \sqrt{P^2 + W^2 - 2PW\cos\beta} \\ &= \sqrt{P^2 + W^2 + 2PW\cos(\alpha+\gamma)}\end{aligned} \tag{6.11}$$

7. 浮力
$$W = V \cdot \rho \cdot g \tag{8.1}$$

8. 排水トン数
$$W = V \cdot \gamma = L \cdot B \cdot d \cdot C_b \cdot \gamma \tag{8.2}$$

9. 方形係数
$$C_b = \frac{V}{L \cdot B \cdot d} = \frac{W}{L \cdot B \cdot d \cdot \gamma} \tag{8.3}$$

10. 水線面積係数
$$C_w = \frac{A_w}{L \cdot B} \tag{8.4}$$

11. 毎 cm 排水トン数
$$\mathrm{T.P.C.} = \frac{A_w}{100} \cdot \gamma \tag{8.10}$$

12. 船舶に重量を積載または揚荷した場合の喫水の平行沈下または浮上量
$$\delta = \frac{w}{T}$$
$$w = \delta \cdot T$$

13. 比重の変化による喫水の変化量

重要公式一覧

$$\delta = \frac{W}{T_1}\left(\frac{\gamma_1}{\gamma_2} - 1\right) \tag{8.13}$$

14. 排水量一定の場合排水容積は比重に反比例する

$$\frac{V_2}{V_1} = \frac{\gamma_1}{\gamma_2} \tag{8.14}$$

15. 排水容積一定の場合排水量は比重に比例する

$$\frac{W_2}{W_1} = \frac{\gamma_2}{\gamma_1} \tag{8.15}$$

16. 比重一定の場合排水量は排水容積に比例する

$$\frac{W_2}{W_1} = \frac{V_2}{V_1} \tag{8.16}$$

17. 水線面積一定の場合毎 cm 排水トン数は比重に比例する

$$\frac{T_2}{T_1} = \frac{\gamma_2}{\gamma_1} \tag{8.17}$$

18. 積荷または揚荷した場合船全体の新重心位置（キールからの高さ）

$$KG' = H = \frac{WH_0 \pm w_1 h_1 \pm w_2 h_2 \pm w_3 h_3 \pm \cdots}{W \pm w_1 \pm w_2 \pm w_3 \pm \cdots} \tag{9.3}$$

19. 重心の移動距離

(1) 一部重量を船内で移動した場合： $GG' = \dfrac{w \cdot d}{W}$ (9.5)

(2) 一部重量を積荷した場合： $GG' = \dfrac{w \cdot d}{W + w}$ (9.6)

(3) 一部重量を揚荷した場合： $GG' = \dfrac{w \cdot d}{W - w}$ (9.7)

20. 傾斜試験によってメタセンタ重さ (**GM**) と排水量 (**W**) を求める

$$GM = \frac{w \cdot d \cdot \ell}{W \cdot r}$$

$$W = \frac{w \cdot d \cdot \ell}{GM \cdot r} \tag{9.9}$$

21. 横 BM を求める

$$BM = \frac{I}{V} \tag{10.2}$$

22. 初期復原力を求める

$$初期復原力 = W \times GM \times \sin\theta \tag{10.5}$$

23. 横傾斜角度

(1) 一部重量の船内移動による横傾斜角

$$\tan\theta = \frac{G'G''}{GM - GG'} \tag{10.11}$$

(2) 積荷による横傾斜角

$$\tan\theta = \frac{G'G''}{GM + MM' - GG'} \tag{10.16}$$

(3) 揚荷による横傾斜角

$$\tan\theta = \frac{G'G''}{GM - MM' - GG'} \tag{10.17}$$

24. 遊動水による復原力の損失（メタセンタ高さの見掛けの減少量）

$$GG_0 = \frac{v \cdot \gamma'}{V \cdot \gamma} \times \frac{i}{v} = \frac{i \cdot \gamma'}{V \cdot \gamma} = \frac{i \cdot \gamma'}{W} \tag{10.22}$$

25. 毎 cm トリムモーメント

$$\mathrm{M.T.C.} = \frac{W \cdot GM_L}{100L} \tag{11.2}$$

26. トリム変化

$$t = \frac{w \cdot d}{\mathrm{M.T.C.}} \tag{11.3}$$

27. 船内重量物の移動に伴ったトリム変化による船首尾喫水の変化量

$$t_a = t \times \frac{L_a}{L} = t - t_f$$

$$t_f = t \times \frac{L_f}{L} = t - t_a \tag{11.4}$$

28. 船内重量物の移動に伴う新船首尾喫水

$$d'_a = d_a \mp \frac{w \cdot d}{\mathrm{M.T.C.}} \cdot \frac{L_a}{L}$$

$$d'_f = d_f \pm \frac{w \cdot d}{\mathrm{M.T.C.}} \cdot \frac{L_f}{L}$$

29. 積荷・揚荷に伴う喫水およびトリム

(1) 毎 cm トリムモーメント：

$$\mathrm{M.T.C.} = \frac{(W \pm w)GM_L}{100L} \tag{11.5}$$

(2) 船首尾喫水の全変化量：

$$t'_a = \pm\frac{w}{T} \mp t_a = \pm\frac{w}{T} \mp t \times \frac{L_a}{L}$$

$$t'_f = \pm\frac{w}{T} \pm t_f = \pm\frac{w}{T} \pm t \times \frac{L_f}{L} \tag{11.6}$$

(3) 新船首尾喫水：

$$d'_a = d_a \pm \frac{w}{T} \mp \frac{w \cdot d}{\text{M.T.C.}} \cdot \frac{L_a}{L}$$

$$d'_f = d_f \pm \frac{w}{T} \pm \frac{w \cdot d}{\text{M.T.C.}} \cdot \frac{L_f}{L}$$

(11.7)

30．多数貨物の積荷・揚荷に伴う喫水およびトリムの変化

(1) 喫水の平均沈下量：$\delta = \dfrac{\sum w}{T}$ (11.8)

(2) トリム変化：$t = \dfrac{\sum w \cdot d}{\text{M.T.C.}}$ (11.9)

31．喫水等による正確な排水量の計算

(1) トリムコレクションによる修正トン数

$$C_t = \pm \text{CC}_1 \times T \times 100 = \pm t \cdot \frac{a}{L} \cdot T \cdot 100$$

(11.14)

(2) ステムコレクションによる船首喫水の修正量

$$C_s = \pm t \times \frac{\ell}{L - \ell}$$

(11.15)

32．横揺周期

$$T_R = 2\pi \sqrt{\frac{k^2}{g \cdot \text{GM}}}$$

(12.1)

$$T_R = \frac{2k}{\sqrt{\text{GM}}} \fallingdotseq \frac{2C_R B}{\sqrt{\text{GM}}} \fallingdotseq \frac{0.8B}{\sqrt{\text{GM}}}$$

(12.2)

33．船舶の水線下破口の浸水量

$$Q = CA\sqrt{2gh} = 0.6A\sqrt{2 \times 9.8 \times h} \times 60 \fallingdotseq 159.4A\sqrt{h}$$

(13.7)

$$Q_w = CA\sqrt{2gh} \cdot \rho$$

(13.8)

練習問題の答

第1章 運動

[1] 12 ノット [2] 0.35 m/s² [3] 480 m
[4] 2 m/s; 約4 ノット [5] 5 m/s²; 10 m [6] 1.5 s
[7] 29.4 m/s; 44.1 m [8] $2v_1/g; -v_1$ [9] $t = 2t'$
[10] B の投げられた 0.525 秒後, 19.6 m
[11] 4.187 rad/s; 3.14 m/s [12] 0.0622 m [13] 1.33 m; 2.75 s
[14] 3.68 m/s; 1.67 m/s [15] 56 cm [16] 5.8 m/s
[17] 流れに直角の方向から上流に 30° [18] $v = \sqrt{g \cdot \ell}$
[19] 1.04′; $1^h - 5$ m [20] 16.4 ノット（真）; 10 ノット（視）
[21] 24 分; 3.0′ [22] 30.9 m/s; 5336 m

第2章 力

[1] 28.00 kN{2.857 tf} [2] 4224 N{431 kgf}
[3] 36.01 kN{3.674 tf}; $1^m - 06.7^s$ [4] 666.4 MN{68 ktf}
[5] 4.26 m/s(≒ 8.5 ノット) [6] 13.33 kN{1.36 tf}; 540 m [7] 55.6 s
[8] 28.25 m; 22.6 m/s [9] $T = \dfrac{m_1 m_2}{m_1 + m_2} \cdot g, \alpha = \dfrac{m_1}{m_1 + m_2} \cdot g$
[10] 2.45 m/s²; 36.75 N{3.75 kgf}, 1.81 s

第3章 ベクトル

[1] 120.6 N; 78°01′.4 [2] 138.56 N; N60°E [3] 4.7 s; 8.54 m/s
[4] 8° − 36′ [5] 1.02 s; 5.103 m, 35.3 m; 2.04 s
[6] 47.8 m/s; 6.3 s

第4章 仕事およびエネルギ

[1] 4.17 馬力; 3.05 kW [2] 0.278 馬力; 0.204 kW; [3] 6.95 (= 7 人)
[4] 270 m [5] 397.88 J{40.6 kgf·m} [6] 8.86 m/s
[7] 10.00 J{1.02 kgf·m} [8] $\sqrt{2g \cdot s \cdot \sin\theta}$ [9] 72 J
[10] (1) 8.8 m (2) 4.9 m/s (3) 0.12 J (4) 0.86 J [11] 57.398 t-m
[12] 180 kN{18.367 tf}

第5章 回転運動

練習問題の答

[1] 183.75 kW{250 PS}　　[2] 46.87 m-t　　[3] 4.66 m
[4] 628 rad/s; 49.29 kJ{5030 kgf·m}　　[5] 6.3 J
[6] $L \cdot B^3/12$　　[7] 64　　[8] 82.32 kN{8.4 tf}
[9] 6.09 m·kgf

第6章 力のつりあい

[1] AC = 173.46 N{17.7 kgf}; BC = 221.48 N{22.6 kgf}　　[2] 23.5 N; N56.5° W
[3] AC = 22.34 kN{2.28 tf}; BC = 24.30 kN{2.48 tf}
[4] AC = 25.38 kN{2.59 tf}; BC = 35.87 kN{3.66 tf}
[5] AC = 13.03 kN{1.33 tf}; BC = 18.42 kN{1.88 tf}
[6] 49 kN{5 tf}　　[7] 29.4 kN{3 tf}　　[8] 8.72 kN{0.89 tf}
[9] 98 kN{10 tf}
[10] (1) 24.5 kN{2.5 tf} (2) 28.22 kN{2.88 tf} (3) 34.69 kN{3.54 tf} (4) 49 kN{5.0 tf}
[11] デリック静止の場合参照
[12] ℓ···28.42 kN{2.9 tf}; b···61.74 kN{6.3 tf}
[13] ℓ···33.32 kN{3.4 tf}; b···61.74 kN{6.3 tf}　　[14] 56.84 kN{5.8 tf}
[15] 85.26 kN{8.7 tf}　　[16] ℓ···61.25 kN{6.25 tf};　b···134.55 kN{13.73 tf}
[17] 94.57 kN{9.65 tf}　　[18] 23.52 kN{2.4 tf}
[19] ウインチ応力≒12.94 kN{1.32 tf}; B応力≒21.46 kN{2.19 tf}
[20] $P = 0.707$ W　　[21] 102 mm　　[22] 35.99 km/h
[23] A点より1mのとき $W = 98$ N{10 kgf}，反力 = 117.6 N{12 kgf}
　　A点より2mのとき $W = 39.2$ N{4 kgf}，反力 = 235.2 N{24 kgf}
[24] 1107 N{113 kgf}　　[25] 30.4 トン
[26] $\overline{AC} = 132.79$ MN{13.55 ktf}, $\overline{BD} = 172.48$ MN{17.6 ktf}
[27] $\overline{AC} = 11\,123$ MN{1135 ktf}, $\overline{BD} = 12\,299$ MN{1255 ktf}

第7章 摩擦

[1] 22°　　[2] 引き上げ 112.7 N{11.5 kgf}，引き下げ 14.7 N{1.5 kgf}
[3] 直径 10.1 mm　　[4] (1) 86.6 g (2) 61.6 g　　[5] 55.86 kW{76 PS}
[6] 1026 W{1.396 PS}
[7] (1) $P_A = 78.4$ kN{8 tf}, $P = 19.6$ kN{2 tf}
　　(2) $P_A = 101.92$ kN{10.4 tf}, $P = 33.12$ kN{3.38 tf}
　　(3) $P_A = 94.57$ kN{9.65 tf}, $P = 27.05$ kN{2.76 tf}

第8章 排水量

[1] 5023 N{512.5 kgf}　　[2] 854 kg/m³{0.854}　　[3] 74.47 MN{7.6 ktf}
[4] 369 キロトン　　[5] 40.18 kN{4.1 tf}　　[6] 6.17 m
[7] 9762 cm³　　[8] 1339m³　　[9] 6027 MN{615 ktf}
[10] 525 000 ft³　　[11] 192 トン　　[12] 2080.6 キロトン
[13] 13 120 キロトン, 7872 キロトン　　[14] 29.8 m
[15] 10 333 トン　　[16] 21.4 トン
[17] (1) 10.86 トン (2) 1059.5 m²　　[18] 5.08 cm
[19] (1) 0.62 トン (2) 62 m² (3) 0.816
[20] 満水したとき 5.70 m; 浸水したとき 5.56 m
[21] (1) 14 760 キロトン (2) 18.45 キロトン (3) 8856 キロトン　　[22] 40.65 cm
[23] $C_w = 0.53$　　[24] T.P.C. の項参照; $T_2 = 24$ トン
[25] T.P.C. の項参照　　[26] 2.3 cm　　[27] 10 250 キロトン
[28] 9600 f-t　　[29] 187.3 キロトン　　[30] 7.31 cm; 180 キロトン
[31] 12 812.5 キロトン　　[32] 21 707.3 キロトン
[33], [34] 比重の変化による喫水変化参照
[35] 989 キロトン; 3.2 m　　[36] 水線から 2.38 m; 2.44 m　　[37] 55.33 cm², 55.4 cm²
[38] 13.14 m²　　[39] 467.68 m²　　[40] 101.37 m²
[41] 14 502 m²　　[42] 124.0 m³　　[43] 706.11 m³
[44] 351 m³

第 9 章　重心

[1] 他端 (17 kg) より 18.4 cm　　[2] $F_1 = 78.4$ N{8 kgf}, $F_2 = 117.6$ N{12 kgf}
[3] 19.6 N{2 kgf}　　[4] 9.83 kg
[5] 棒の中心より鉄塊の方へ 10 cm　　[6] 5258.68 MN{536.6 ktf}
[7] $KG' = 3.22$ m　　[8] $KG' = 4.353$ m
[9] $KG' = 5.03$ m; 水平移動 0.028 m
[10] $KG' = 6.125$ m; 中央より後方 1.4 m
[11] 水平移動距離 0.4 m; 上方移動距離 0.05 m　　[12] $KG' = 5.405$ m
[13] 4500 キロトン　　[14] $KG' = 5.0917$ m; 中央より後方 0.75 m
[15] $GM = 0.648$ m　　[16] 満載喫水線上 0.41 m 上方　　[17] $KG = 1.86$ m
[18] $GM = 0.18$ m; 9°28′　　[19] $W = 6000$ キロトン　　[20] $W = 10 000$ キロトン
[21] $GM = 1.13$ m　　[22] 9°00′

第 10 章　復原性

練習問題の答

[1] $B^3/6(B+b)d$　　　　[2] 横 $BM = 0.67$ m, $KM = 1.67$ m
[3] M の水面下の位置 0.34 m　　[4] $KM = KB + BM = (2/3)d + (1/3)d = d$
[5] 横 M 点の水面位置より 0.047 m 上方（安定のつりあい）（横 $BM = 0.094$ m）
[6] BM 曲線の項参照　　[7] $GM = 1/8$ m　　　　　　　[8], [9] 初期復原力の項参照
[10], [11], [12] 静的復原力の項参照　　　　　　　　　　[13] 復原性の章参照
[14] 初期復原力の項参照　　[15] $1°\text{-}08'$; $d = 2.6$ m
[16] $(W+w)GM\sin\theta = w \cdot d$ 横傾斜の項参照 $\theta = 9°\ 05'$　　[17] $\theta = 4°\text{-}12'$
[18] $\theta = 3°\text{-}48'$, W を一定, $G'M = 0.58$ m, $a^2 = b^2 + c^2 - 2bc\cos A$ 使用
[19] $G'M = 0.62$ m; $\theta = 2°\text{-}37'$　　　　　　　　[20] 初期復原力の項参照
[21] 300.9 kN$\{30.7$ tf$\}$　　[22] $GM = 0.32$ m
[23] $G_0M = 1.15$ m $\cdots$ 1 区画, $G_0M = 1.21$ m $\cdots$ 2 区画　　[24] $GG_0 = 2.7$ cm
[25] $GG_0 = 2.77$ m $\cdots$ 仕切板なし, $GG_0 = 0.69$ m $\cdots$ 仕切板あり　　[26] 3.75 m
[27] 3.61 m　　　　　　[28] $\theta \fallingdotseq 5°\text{-}20'$ 右舷傾斜

第 11 章 喫水およびトリム

[1] 各項参照　　　　　　[2] 毎 cm トリム・モーメントの項参照
[3] 35 m 後方へ移動　　[4] 40 m 後方へ移動　　[5] M. T. C. $= 30$ t-m
[6] 44.1 トン　　　　　[7] 91.67 トン　　　　　　[8] 156.4 トン
[9] $t_f = 29$ cm 浮上, $t_a = 24.5$ cm 浮上
[10] $d'_f = 6.12$ m, $d'_a = 6.96$ m
[11] $d'_f = 3.16$ m, $d'_a = 3.03$ m　　[12] 船体中央より前方 34.5 m
[13] 船体中央より前方 3.4 m; $d'_f = 7.03$ m
[14] 船体中央より前方 20.8 m
[15] 船体中央より前方 17.0 m; $d'_f = 5.18$ m
[16] 船体中央より後方 30.6 m; $d'_a = 5.49$ m
[17] $d'_f = 5.19$ m　　　[18] $d'_f = 5.88$ m, $d'_a = 6.58$ m
[19] $d'_f = 6.00$ m, $d'_a = 6.30$ m　　[20] $d'_f = 3.86$ m, $d'_a = 4.20$ m
[21] $d'_f = 4.87$ m, $d'_a = 6.93$ m　　[22] $d'_f = 4.02$ m, $d'_a = 4.65$ m
[23] 後方船倉 240 キロトン, 前方船倉 260 キロトン, 喫水 6.815 m
[24] No.1 H より 288 トン, No.5 H より 462 トン
[25] $W = 5461.6$ トン　　[26] トリム・コレクションの項参照
[27] $W = 11\,923.7$ トン　　[28] 喫水等による正確な排水量の計算の項参照
[29] $W = 7372$ トン　　　[30] ステム・コレクションの項参照
[31] 喫水 $= 6.82$ m　　　[32] $W = 17\,322.4$ トン　　　[33] $w = 2210$ トン
[34] 喫水 $= 7.528$ m　　[35] $w = 6400.5$ トン

第 12 章 船の動揺

[1] $k = 7.51$ m　　　　　[2] $GM = 0.56$ m
[3] $V_w \fallingdotseq 16.25$ m/s, $T_w \fallingdotseq 10.4$ s　　　　[4] $W = 9831$ トン
[5] $T_p \fallingdotseq 5.9$ s　　[6] $T_H \fallingdotseq 4.0$ s
[7] (1) $V_w \fallingdotseq 15.31$ m/s (2) $T_w \fallingdotseq 9.8$ s, (3) 相対速度 18.9 m/s, (4) $T_e \fallingdotseq 8.0$ s
[8] $GM \fallingdotseq 1.14$ m　　[9] $GM = 0.25$ m
[10] 船尾から約 $67°$ 方向から受けるとき

第 13 章 流体

[1] $Q_w = 1.8$ t/min [2] トリチェリの定理参照 $Q_w = 2.1$ トン
[3] $C = 0.62$
[4] $v ≒ 610$ cm/s, $T ≒ 104$ s, ただし，終り近くの排水断面の減少は無視する
[5] 直径 $= 6.6$ cm [6] 1.05 ノット

付　　　録

1. 度量衡

(1) 単位名称と略号

メートル法						
are	a	アール	fathom	fath	ファゾム（尋）	
carat	c	カラット	foot	ft,(′)	フート（呎）	
cubic meter	m^3	立方メートル	gallon	gal	ガロン	
gram	g	グラム（瓦）	grain	gr	グレイン，ゲレーン	
liter	ℓ	リットル（立）	hundred weight	cwt	ハンドレッドウエート	
meter	m	メートル（米）	inch	in,(″)	インチ（吋）	
quintal		クインタル	long ton	l. t.[*1]	英国トン	
sea mile	s. m.	海里（浬）	mile		マイル（哩）	
stere		ステール	nautical mile	n. m.	英海里	
ton, metric	t[*1]	トン（屯）	ounce	oz	オンス	
英国制			penny weight	dwt[*2]	ペニーウェート	
acre	A	エーカー	pound	lb	ポンド（封度）	
barrel	bbl	バレル	quart	qt	クオート	
bushel	bu	ブッシェル	short ton	s. t.	米トン	
chain	ch	チェーン（鎖）	square foot	sq. ft, ft^2,□′	平方フート	
cubic inch	cu. in,in^3	立方インチ	square inch	sq. in, in^2,□″	平方インチ	
			yard	yd	ヤード（碼）	

[*1] トンをt，英国トンをTにて表すこともある．
[*2] dwt は denarius weight の略よりきたものである．

(2) メートル法度量衡

a メートル法単位の前につける記号	
$\mu : 10^{-6}$, micro（マイクロ）	D : 10, deca（デカ）
$m : 10^{-3}$, milli（ミリ）	$h : 10^2$, hecto（ヘクト）
$c : 10^{-2}$, centi（センチ）	$k : 10^3$, kilo（キロ）
$d : 10^{-1}$, deci（デシ）	

［例］　mL（ミリリットル），dm（デシメートル），ha（ヘクタール），…

b 長さ

$1\ \mu = 10^{-6}$ m $= 3.937 \times 10^{-5}$ in

$1\ \text{mm} = 0.001$ m $= 0.039\,370$ in

$1\ \text{cm} = 0.01$ m $= 0.393\,701$ in

$1\ \text{dm} = 0.1$ m $= 3.937\,01$ in

$1\ \text{m}^{*3} = \begin{cases} 3.280\,843 \text{ ft} \\ 1.093\,614 \text{ yd} \end{cases}$

$1\ \text{Dm} = 10$ m $= 10.936$ yd

$1\ \text{hm} = 100$ m $= 109.36$ yd

$1\ \text{km} = 1000$ m $= 0.6214$ マイル

$1\ \text{ミリアメートル} = 10^4$ m $= 6.214$ マイル

$1\ 海里^{*4} = 1852$ m $= \begin{cases} 1.151 \text{ マイル} \\ 0.9994 \text{ 英海里} \end{cases}$

c 面積

$1\ \text{mm}^2 = 10^{-6}\ \text{m}^2 = 1.550 \times 10^{-3}\ \text{in}^2$

$1\ \text{cm}^2 = 10^{-4}\ \text{m}^2 = 0.1550\ \text{in}^2$

$1\ \text{dm}^2 = 10^{-2}\ \text{m}^2 = 15.50\ \text{in}^2$

$1\ \text{m}^2(\text{センチアール}) = \begin{cases} 10.7639 \text{ ft}^2 \\ 1.195\,99 \text{ yd}^2 \end{cases}$

$1\ \text{アール} = 100\ \text{m}^2 = 119.6\ \text{yd}^2$

$1\ \text{ヘクタール} = 10^4\ \text{m}^2 = 2.471$ エーカー

$1\ \text{km}^2 = 10^6\ \text{m}^2 = 0.3861$ 平方マイル

d 体積

$1\ \text{mm}^3 = 10^{-9}\ \text{m}^3 = 6.102 \times 10^{-5}\ \text{in}^3$

$1\ \text{cm}^3 = 10^{-6}\ \text{m}^3 = 0.061\,02\ \text{in}^3$

$1\ \text{dm}^3 = 10^{-3}\ \text{m}^3 = 61.024\ \text{in}^3$

$1\ \text{m}^3(\text{ステール}) = \begin{cases} 35.3148 \text{ ft}^3 \\ 1.307\,95 \text{ yd}^3 \end{cases}$

e 容量

$1\ \text{mL} = 0.001$ L $= 0.0610\ \text{in}^3$

$1\ \text{cL} = 0.01$ L $= 0.6102\ \text{in}^3$

$1\ \text{dL} = 0.1$ L $= 0.1760$ パイント

$1\ \text{L}(\text{リットル})^{*5} = \begin{cases} 1.7598 \text{ パイント} \\ 0.219\,98 \text{ 英ガロン} \\ 0.264\,18 \text{ 米ガロン} \end{cases}$

$1\ \text{DL} = 10$ L $= 2.1998$ 英ガロン

$1\ \text{hL} = 100$ L $= 2.750$ ブッシェル

$1\ \text{kL} = 1000$ L $= 3.437$ クォーター

f 重さ

$1\ \text{mg} = 0.001$ g $= 0.015\,43$ グレイン

$1\ \text{cg} = 0.01$ g $= 0.1543$ グレイン

$1\ \text{dg} = 0.1$ g $= 1.5432$ グレイン

$1\ \text{g} = 0.001$ kg $= 15.432\,36$ グレイン

$1\ \text{Dg} = 10$ g $= 5.6438$ ドラム

$1\ \text{hg} = 100$ g $= 3.5274$ オンス

$1\ \text{kg}^{*6} = 2.204\,622$ ポンド

$1\ \text{クインタル} = 100$ kg $= 1.968\,41$ cwt

$1\ \text{トン(t)} = 1000$ kg $= 0.9842$ l. t.

g 宝石の重さ

$1\ \text{カラット} = 200$ mg $= 3.086$ グレイン

*3 1メートルは白金イリジウム合金の棒状国際標準メートル原器の表面上に刻んだ2線間の0°Cにおける距離である.

*4 メートル制では緯度45°における緯度1分の長さ1852.27 m, これを1852 mとしている.

*5 米国メートル法においては1リットルは標準気圧において最大密度(4°C)の蒸留水1 kgの体積と規定される. 1 L = 1000.028 cm³. なお, 1 cc = 1/1000 L, 1 cm³ = 1/1000.028 Lと区別することがある. 従来日本度量衡法では1 Lを1000 cm³(1 dm³)と規定している.

*6 1キログラムは国際標準キログラム原器という白金イリジウム合金体の質量である.

(3) 英国制度量衡 (米国制を含む)

a 長さ
1 yd 英国制[*7] = 0.914 399 m
1 yd 米国制 = 3600/3937 m
　　　　　　 = 0.914 402 m
1 ft 英国制 = 1/3 yd = 0.304 800 m
1 ft 米国制 = 1/3 yd = 0.304 801 m
1 in 英国制 = 1/12 ft = 2.539 998 cm
1 in 米国制 = 1/12 ft = 2.540 005 cm
1 ミル = 0.001 in = 25.40 μ
1 ハンド = 4 in = 10.16 cm
1 スパン = 9 in = 22.86 cm
1 ポール = 1 ロッド = $\begin{cases} 5.5 \text{ yd} \\ 16.5 \text{ ft} \end{cases}$ = 5.029 m
1 チェーン = $\begin{cases} 100 \text{ リンク} \\ 22 \text{ yd} \end{cases}$ = 20.12 m
1 ファーロング = 220 yd = 201.2 m
1 ファゾム = 6 ft = 1.829 m
1 マイル = $\begin{cases} 1760 \text{ yd} \\ 5280 \text{ ft} \end{cases}$ = 1.6093 km
1 英海里[*8] = $\begin{cases} 6080 \text{ ft} \\ 1.152 \text{ マイル} \end{cases}$ = 1.8532 km

b 面積
1 m^2 = 0.0$_3$771 6 yd^2 = 6.452 cm^2
1 ft^2 = 0.111 11 yd^2 = 9.290 dm^2
1 yd^2 = 9 ft^2 = 0.836 1 m^2
1 エーカー = 4840 yd^2 = 0.404 7 ha
1 平方マイル = 640 エーカー = 2.590 km^2
1 パーチ = 1 平方ポール $\}$ = 30.25 yd^2 = 25.29 m^2
1 ルード = $\begin{cases} 40 \text{ パーチ} \\ 1210 \text{ yd}^2 \end{cases}$ = 1012 m^2
1 サーキュラーインチ[*9] $\}$ = 0.7854 in^2 = 5.067 cm^2
1 サーキュラーミル = 0.7854 × 10^{-6} in^2
　　　　　　　　　 = 5.067 × 10^{-6} cm^2

c 体積
1 in^3 = 0.0$_3$578 7 ft^3 = 16.39 cm^3
1 ft^3 = 0.037 037 yd^3 = 0.028 32 m^3
1 yd^3 = 27 ft^3 = 0.764 55 m^3
1 ボードフート[*10] = 144 in^3 = 2360 cm^3
船荷容積 1 トン = 40 ft^3 = 1.133 m^3
1 レジスタートン[*11] = 100 ft^3 = 2.832 m^3

d 容量
英国制ガロン[*12] $\begin{matrix} 1 \text{ Imp.gal} \\ = 277.4 \text{ in}^3 \end{matrix}$
= $\begin{cases} 4.545 96 \text{ L} \\ 4.546 1 \text{ dm}^3 \end{cases}$
米国制ガロン[*13] $\begin{matrix} 1 \text{ U.S.gal} \\ = 231 \text{ in}^3 \end{matrix}$
= $\begin{cases} 3.785 33 \text{ L} \\ 3.785 43 \text{ dm}^3 \end{cases}$
英国制ブッセル 1 bu = 8 gal = 36.368 L
米国制ブッセル $\begin{matrix} 1 \text{ U.S. bu} \\ = 2150.42 \text{ in}^3 \end{matrix}$
= 35.238 L
1 Imp gal ≒ 1.20 U.S. gal
1 British bu ≒ 1.03 U.S. bu

e 英国制容量
1 ジル = 1/32 gal = 0.142 L
1 パイント = 1/8 gal = 0.568 L
1 クオート = 1/4 gal = 1.136 L
1 ペック = 2 gal = 9.092 L
1 クォーター = $\begin{cases} 8 \text{ bu} \\ 64 \text{ gal} \end{cases}$ = 290.9 L
1 石油バレル[*14] = $\begin{cases} 35 \text{ Imp.gal} \\ 42 \text{ U.S. gal} \end{cases}$ = 159 L

f 英国制薬剤液量用
ガロン, パイントは常用と同じ
1 ミニム = 1/60 液量ドラム = 0.059 2 mL
1 液量ドラム = 1/1 280 gal = 3.552 mL
1 液量オンス = 1/160 gal = 28.41 mL

---

*7　1 yd は英国政府保管のヤード原器の標点間の距離である. 米国制, 日本制はメートルとの関係で規定される. 日本制 1 yd = 0.9144 m.

*8　地球上のある地点における 1 海里の長さはその地点の曲率中心角 1 分に対する子午線上の長さであるが, 英国では標準として 6080 ft と規定されている. この長さは緯度 48° における数値に相当する. 米国では地球と同体積の真球体の大圏上の弧 1 分の長さ 6080.27 ft, これを 6080 ft としている.

*9　直径 1 in の円の面積.

*10　材木用, 1 in × 1 ft × 1 ft の木材の体積

*11　日本船舶積量測度法では 1000/353 m^3(≒ 100.04 ft^3) をもって 1 トンとする.

*12　1 英ガロンは 62°F, 水銀柱 30 in の気圧において黄銅製の分銅で測った蒸留水 10 lb の体積として規定される.

*13　米ガロンは立方インチで規定される. 日本制は 1 米ガロン = 3.785 43 dm^3 とし米国制に同じ.

*14　石油バロンは英, 米共通. (注: 表中の数値, たとえば 0.0$_3$771 6 は 0.000 771 6 を表わす.)

g 米国制容量
1 ミニム 1/60 液量ドラム = 0.0616 mL
1 液量ドラム = 1/1024 gal = 3.697 mL
1 液量オンス = 1/128 gal = 29.57 mL
1 ジル = 1/32 gal = 0.1183 L
1 液量パイント = 1/8 gal = 0.4732 L
1 液量クオート = 1/4 gal = 0.9463 L
1 石油バレル = 42 gal = 156 L
1 乾燥量パイント = 33.6003 in^3 = 0.5506 L
1 乾燥量クオート = 67.2006 in^3 = 1.101 L
1 ペック = 537.605 in^3 = 8.810 L

h 重さ
1 lb（ポンド）= 0.45359243 kg
1 グレイン = 1/7000 lb = 64.799 mg
1 ドラム = 1/256 lb = 1.77185 g
1 オンス = 1/16 lb = 28.3495 g
1 ストーン = 14 lb = 6.350 kg
1 クオーター = 28 lb = 12.701 kg
1 ロングハンドレッドウエート
　= 112 lb = 50.802 kg
1 ショートハンドレッドウエート
　= 100 lb = 45.359 kg
1 ロングトン（英国トン）
　= 2240 lb = 1.01605 t
1 ショートトン（米国トン）
　= $\left\{ \begin{array}{c} 2000 \text{ lb} \\ 0.8929 \text{ l.t.} \end{array} \right\}$ = 0.90718 t

i 金銀用重さ（トロイ衡重）
グレインは常用と同じ
1 ペニイウエート = 24 グレイン = 1.5552 g
1 トロイオンス = 480 グレイン = 31.103 g
1 トロイポンド = $\left\{ \begin{array}{c} = 5760 \text{ グレイン} \\ 144/175 \text{ lb} \end{array} \right\}$
　= 0.37324 kg

j 薬剤重さ
グレインは常用と同じ
オンス，ポンドは金銀用と同じ
1 スクループル = 20 グレイン = 1.2960 g
1 ドラム = 3 スクループル = 3.8879

(4) 尺貫法度量衡

a 長さ

1 分 = 0.01 尺 = 3.0303 mm = 0.1193 in

1 寸 = 0.1 尺 = 3.0303 cm = 1.193 in

1 尺 = 10/33 m = 0.303 03 m = $\begin{cases} 0.9942 \text{ ft} \\ 0.3314 \text{ yd} \end{cases}$

1 間 = 6 尺 = 1.8182 m = 1.988 yd

1 町 = 60 間 = 360 尺 = 0.109 09 km
 = $\begin{cases} 5.423 \text{ チェーン} \\ 0.067\,79 \text{ マイル} \end{cases}$

1 里 = 36 町 = 12 960 尺 = 3.9273 km
 = 2.440 マイル

1 鯨尺 = 1.25 尺 = 37.88 cm = $\begin{cases} 14.91 \text{ in} \\ 0.4143 \text{ yd} \end{cases}$

1 反 = 28 鯨尺 = 10.61 m = 11.60 yd

1 ひき（疋）= 2 反 = 21.21 m = 23.20 yd

1 丈 = 10 尺

1 ひろ（尋）= 6 尺または 6 ft

b 面積

1 平方尺 = 0.091 827 m² = $\begin{cases} 0.9884 \text{ ft}^2 \\ 0.1098 \text{ yd}^2 \end{cases}$

$\left. \begin{array}{l} 1 \text{ 坪 (1 歩)} \\ = 36 \text{ 平方尺} \end{array} \right\}$ = 3.3058 m² = 3.954 yd²

1 畝 = 30 坪 = 99.174 m² = 118.6 yd²

$\left. \begin{array}{l} 1 \text{ 段 (1 反)} \\ = 10 \text{ 畝} \end{array} \right\}$ = 9.917 a = 0.2451 エーカー

$\left. \begin{array}{l} 1 \text{ 町} \\ = 10 \text{ 段} \\ = 3000 \text{ 歩} \end{array} \right\}$ = 0.9917 ha = 2.451 エーカー

$\left. \begin{array}{l} 1 \text{ 平方里} \\ = 1555.2 \text{ 町} \\ = 4\,665\,600 \text{ 坪} \end{array} \right\}$ = 15.424 km²
 = 5.955 平方マイル

c 体積

1 立方尺 = 0.027 826 m³ = 0.9827 ft³

$\left. \begin{array}{l} 1 \text{ 立方間} \\ = 216 \text{ 立方尺} \\ = 33.319 \text{ 石} \end{array} \right\}$ = 6.0105 m³ = 7.861 yd³

$\left. \begin{array}{l} \text{材木 1 石} \\ = 10 \text{ 立方尺} \end{array} \right\}$ = 0.278.3 m³ = 9.827 ft³

d 容量[*15]

1 勺 = 0.01 升 = 0.018 04 L
 = 0.6349 液量オンス

1 合 = 0.1 升 = 0.1804 L
 = 0.317 45 パイント

1 升[*16] = 1.804 L = $\begin{cases} 0.3968 \text{ 英ガロン} \\ 0.4766 \text{ 米ガロン} \end{cases}$

1 斗 = 10 升 = 18.04 L = 3.968 英ガロン

1 石 = 10 斗 = 0.1804 kL
 = 4.960 ブッセル

e 重さ

1 匁 = 0.001 貫 = 3.75 g = 0.1323 oz

1 貫 = 15/4 kg = 3.75 kg = 8.267 lb

1 斤 = 160 匁 = 0.6 kg = 1.323 lb

1 万斤 = 1600 貫 = 6 t = 5.905 l.t.

*15　最右側の容量単位は特記なきものは英国制.

*16　方形 1 升ますは方辺 4 寸 9 分, 深さ 2 寸 7 分となし, その容積は 64.827 立方寸.

2. 比較表

(1) 長さ比較表

センチメートル [cm]	メートル [m]	インチ [in]	フート [ft]	ヤード [yd]	マイル	キロメートル [km]	メートル法海里
1	0.01	0.3937	0.03281	0.01094	1	1.6093	0.8690
100	1	39.37	3.281	1.0936	0.6214	1	0.5400
2.540	0.0254	1	0.08333	0.02778	1.151	1.852	1
30.48	0.3048	12	1	0.33333			
91.44	0.9144	36	3	1			

(2) 面積比較表

平方メートル [m^2]	平方インチ [in^2]	平方フート [yd^2]	平方ヤード [yd^2]	エーカー [A]	平方マイル	ヘクタール [ha]	平方キロメートル [km^2]
1	1550	10.764	1.1960	1	0.0_21563	0.4047	0.0_24047
0.0_36452	1	0.0_26944	0.0_37710	640	1	259.0	2.590
0.09290	144	1	0.11111	2.471	0.0_23861	1	0.01
0.8361	1296	9	1	247.1	0.386	100	1

(3) 体積比較表

立方メートル [m^3]	立方インチ [in^3]	立方フート [ft^3]	立方ヤード [yd^3]
1	61024	35.31	1.308
0.0_41639	1	0.0_35787	0.0_42143
0.02832	1728	1	0.037037
0.76455	46656	27	1

(4) 容量比較表

立方メートル [m^3]	立方フート [ft^3]	英ガロン [gal]	米ガロン [gal]	バレル [bbl]	リットル [L]	ドラム
1	35.3148	219.97	264.17	6.2898	999.97	
0.028317	1	6.2288	7.4805	0.178107	28.316	
0.0045461	0.160544	1	1.20094	0.028594	4.54596	
0.00378543	0.13368	0.83268	1	0.23809	3.78533	
0.15897	5.6146	34.973	42	1	158.98	
$0.001 0_4 3$	0.035158	0.219975	0.264178	0.00629	1	
0.18925	6.684	41.634	50	1.1905	189.2671	1

付録

(5) 質量比較表

キログラム [kg]	グレイン [gr]	常用オンス [oz. av]	常用ポンド [lb. av]	トン [t, T] メートル制	英国制	米国制
1	15 432.3	5.27	2.205	0.001	$0.0_3 984\,2$	$0.0_2 1\,102$
$0.0_4 64\,80$	1	$0.0_2 2\,286$	$0.0_3 142\,9$	$0.0_7 6\,480$	$0.0_4 6\,378$	$0.0_7 7\,143$
0.028 35	437.5	1	0.0625	$0.0_4 2\,835$	$0.0_4 2\,790$	$0.0_4 3\,125$
0.4536	7000	16	1	$0.0_3 4\,536$	$0.0_3 4\,464$	0.000 5
1000	1.543×10^7	35 274	2205	1	0.984 2	1.102
1016	1.568×10^7	35 840	2240	1.016	1	1.12
907.2	1.4×10^7	32 000	2000	0.907 2	0.892 9	1

(6) 密度比較表

グラム/立方センチメートル [g/cm³]	ポンド/立方インチ [lb/in³]	ポンド/立方呎 [lb/ft³]	英国トン/立法ヤード [T/yd³]	ポンド/英ガロン [lb/gal]	ポンド/米ガロン [lb/gal]
1	0.036 13	62.43	0.7525	10.02	8.345
27.68	1	1728	20.83	277.4	231
0.016 02	$0.0_3 578\,7$	1	0.012 05	0.1605	0.1337
1.329	0.048 01	82.96	1	13.32	11.09
0.0998	0.003 605	6.229	0.075 08	1	1.201
0.1198	0.004 329	7.481	0.090 17	0.8327	1

$1\ \text{g/cm}^3 = 1\ \text{t/m}^3$

(7) 力の比較表

メガダイン [mega dyne]	重量キログラム [kg]	重量ポンド [lb]	重量トン [英国制] [T]	パウンダル [poundal]
1	1.0197	2.248	$0.0_2 1004$	72.33
0.9807	1	2.205	$0.0_3 9842$	70.93
0.4448	0.4536	1	$0.0_3 446\,4$	32.17
996.4	1016	2240	1	72 070
0.0138	0.01410	0.03108	$0.0_4 1388$	1

(8) 圧力の比較表

バール [bl]	キログラム/平方センチメートル [kg/cm²]	ポンド/平方インチ [lb/in²]	英国トン/平方フート [T/ft²]	標準気圧	水銀柱 メートル [m]	水銀柱 インチ [in]	水柱 メートル [m]	水柱 フート [ft]
1	1.0197	14.50	0.9324	0.9869	0.7501	29.53	10.197	33.46
0.9807	1	14.22	0.9144	0.9678	0.7356	28.96	10.000	32.81
0.06895	0.07031	1	0.06429	0.06805	0.05171	2.036	0.7031	2.307
1.0725	1.0937	15.56	1	1.0585	0.8045	31.67	10.94	35.88
1.0133	1.0332	14.70	0.9447	1	0.760	29.92	10.33	33.90
1.3332	1.3595	19.34	1.2431	1.3158	1	39.37	13.60	44.60
0.03386	0.03453	0.4912	0.03157	0.03342	0.02540	1	0.3453	1.133
0.09806	0.10000	1.422	0.09143	0.09678	0.07355	2.896	1	3.281
0.02989	0.03048	0.4335	0.02787	0.02950	0.02242	0.8827	0.3048	1

(9) 速度および角速度の比較表

メートル/秒 [m/s]	キロメートル/時 [km/h]	ノット (メートル法) [knot]	フート/秒 [ft/s]	マイル/時 [mile/h]	ノット (英国制) [knot]
1	3.6	1.944	3.281	2.237	1.943
0.2778	1	0.5400	0.9113	0.6214	0.5396
0.5144	1.852	1	1.688	1.151	0.9994
0.3048	1.097	0.5925	1	0.6818	0.5921
0.4470	1.609	0.8690	1.467	1	0.8684
0.5148	1.853	1.0006	1.689	1.1515	1

度/秒	回/分	ラジアン/秒
1	0.1667	0.01745
6	1	0.1047
57.30	9.549	1

1 rad = 57.296°

(10) 仕事, エネルギおよび熱量の比較表

ジュール [joule]	キログラム [kg·m]	フートポンド [ft·lb]	キロワット時 [kW·h]	仏馬力時 (メートル法) [HP·h]	英馬力時 (日本制) [LHP·h]	キロカロリー [kcal]	Btu
1	0.10197	0.7376	$0.0_6 2778$	$0.0_6 3777$	$0.0_6 3724$	$0.0_3 2389$	$0.0_4 9480$
9.807	1	7.233	$0.0_5 2724$	$0.0_5 3704$	$0.0_5 3652$	0.002343	0.009297
1.356	0.1383	1	$0.0_6 3766$	$0.0_6 5121$	$0.0_6 5049$	$0.0_3 3239$	0.001285
3.6×10^6	3.671×10^5	2.655×10^6	1	1.3596	$1.0_6 3405$	860.0	3413
2.648×10^6	2.700×10^5	1.953×10^6	0.7335	1	0.9859	632.5	2510
2.686×10^6	2.739×10^5	1.981×10^6	0.746	1.0143	1	641.6	2546
4186	426.9	3.087	0.001163	0.001581	0.001559	1	3.968
1055	107.6	778.0	$0.0_3 2930$	$0.0_3 3984$	$0.0_3 3928$	0.2520	1

(11) 動力の比較表

仏馬力（メートル法）[HP]	英馬力（日本制）[HP]	キロワット [kW]	キログラムメートル/秒 [kg·m/s]	フートポンド/秒 [ft·lb/s]	キロカロリー/秒 [kcal/s]	Btu/秒
1	0.9859	0.7355	75	542.5	0.1757	0.6973
1.0143	1	0.746	76.07	550.2	0.1782	0.7072
1.3596	1.3405	1	101.97	737.6	0.2389	0.948
0.013 33	0.013 15	0.009 807	1	7.233	0.002 343	0.009 297
0.001 843	0.001 817	0.001 356	0.1383	1	$0.0_3 323\,9$	0.001 285
1.691	5.611	4.186	426.9	3087	1	3.968
5.434	1.414	1.055	107.6	778.0	0.2520	1

3. 換算表

(1) 長さ換算表

a インチ (in) 分数 → ミリメートル (mm)

in	mm	in	mm	in	mm	in	mm	in	mm	in	mm
1/64	0.397	3/16	4.762	23/64	9.128	17/32	13.494	45/64	17.859	7/8	22.225
1/32	0.794	13/64	5.159	3/8	9.525	35/64	13.891	23/32	18.256	57/64	22.622
3/64	1.191	7/32	5.556	25/64	9.922	9/16	14.287	47/64	18.653	29/32	23.019
1/16	1.587	15/64	5.953	13/32	10.319	37/64	14.684	3/4	19.050	59/64	23.416
5/64	1.984	1/4	6.350	27/64	10.716	19/32	15.081	49/64	19.447	15/16	23.812
3/32	2.381	17/64	6.747	7/16	11.112	39/64	15.478	25/32	19.844	61/64	24.209
7/64	2.778	9/32	7.144	29/64	11.509	5/8	15.875	51/64	20.241	31/32	24.606
1/8	3.175	19/64	7.541	15/32	11.906	41/64	16.272	13/16	20.638	63/64	25.003
9/64	3.572	5/16	7.937	31/64	12.303	21/32	16.669	53/64	21.034	1	25.400
5/32	3.969	21/64	8.334	1/2	12.700	43/64	17.066	27/32	21.431		
11/64	4.366	11/32	8.731	33/64	13.097	11/16	17.462	55/64	21.828		

b メートル (m) → フート (ft)

m	0	1	2	3	4	5	6	7	8	9
0		3.281	6.562	9.843	13.123	16.404	19.685	22.966	26.247	29.528
10	32.808	36.089	39.370	42.651	45.932	49.213	52.494	55.774	59.055	62.336
20	65.617	68.898	72.179	75.459	78.740	82.021	85.302	88.583	91.864	95.145
30	98.425	101.706	104.987	108.268	111.549	114.830	118.110	121.391	124.672	127.953
40	131.234	134.515	137.795	141.076	144.357	147.638	150.919	154.200	157.481	160.761
50	164.042	167.323	170.604	173.885	177.166	180.447	183.727	187.008	190.289	193.570
60	196.851	200.132	203.412	206.693	209.974	213.255	216.536	219.817	223.097	226.378
70	229.659	232.940	236.221	239.502	242.783	246.063	249.344	252.625	255.906	259.187
80	262.468	265.749	269.029	272.310	275.591	278.872	282.153	285.434	288.714	291.995
90	295.276	298.557	301.838	305.119	308.399	311.680	314.961	318.242	321.523	324.804
100	328.084									

付録

c 喫水換算表〔メートル（m）→ フート・インチ（ft·in）〕

cm	メートル (m)									
	1	2	3	4	5	6	7	8	9	10
	′ ″	′ ″	′ ″	′ ″	′ ″	′ ″	′ ″	′ ″	′ ″	′ ″
0	3-3	6-7	9-10	13-1	16-5	19-8	23-0	26-3	29-6	32-10
2	3-4	6-8	9-11	13-2	16-6	19-9	23-0	26-4	29-7	32-10
4	3-5	6-8	10-0	13-3	16-6	19-10	23-1	26-5	29-8	32-11
6	3-6	6-9	10-0	13-4	16-7	19-11	23-2	26-5	29-9	33-0
8	3-7	6-10	10-1	13-5	16-8	19-11	23-3	26-6	29-9	33-1
10	3-7	6-11	10-2	13-5	16-9	20-0	23-4	26-7	29-10	33-2
2	3-8	6-11	10-3	13-6	16-10	20-1	23-4	26-8	29-11	33-2
4	3-9	7-0	10-4	13-7	16-10	20-2	23-5	26-8	30-0	33-3
6	3-10	7-1	10-4	13-8	16-11	20-3	23-6	26-9	30-1	33-4
8	3-10	7-2	10-5	13-9	17-0	20-3	23-7	26-10	30-1	33-5
20	3-11	7-3	10-6	13-9	17-1	20-4	23-7	26-11	30-2	33-6
2	4-0	7-3	10-7	13-10	17-2	20-5	23-8	27-0	30-3	33-6
4	4-1	7-4	10-8	13-11	17-2	20-6	23-9	27-0	30-4	33-7
6	4-2	7-5	10-8	14-0	17-3	20-6	23-10	27-1	30-5	33-8
8	4-2	7-6	10-9	14-1	17-4	20-7	23-11	27-2	30-5	33-9
30	4-3	7-7	10-10	14-1	17-5	20-8	23-11	27-3	30-6	33-10
2	4-4	7-7	10-11	14-2	17-5	20-9	24-0	27-4	30-7	33-10
4	4-5	7-8	10-11	14-3	17-6	20-10	24-1	27-4	30-8	33-11
6	4-6	7-9	11-0	14-4	17-7	20-10	24-2	27-5	30-9	34-0
8	4-6	7-10	11-1	14-4	17-8	20-11	24-3	27-6	30-9	34-1
40	4-7	7-10	11-2	14-5	17-9	21-0	24-3	27-7	30-10	34-1
2	4-8	7-11	11-3	14-6	17-9	21-1	24-4	27-7	30-11	34-2
4	4-9	8-0	11-3	14-7	17-10	21-2	24-5	27-8	31-0	34-3
6	4-9	8-1	11-4	14-8	17-11	21-2	24-6	27-9	31-0	34-4
8	4-10	8-2	11-5	14-8	18-0	21-3	24-6	27-10	31-1	34-5
50	4-11	8-2	11-6	14-9	18-1	21-4	24-7	27-11	31-2	34-5
2	5-0	8-3	11-7	14-10	18-1	21-5	24-8	27-11	31-3	34-6
4	5-1	8-4	11-7	14-11	18-2	21-5	24-9	28-0	31-4	34-7
6	5-1	8-5	11-8	15-0	18-3	21-6	24-10	28-1	31-4	34-8
8	5-2	8-6	11-9	15-0	18-4	21-7	24-10	28-2	31-5	34-9
60	5-3	8-6	11-10	15-1	18-4	21-8	24-11	28-3	31-6	34-9
2	5-4	8-7	11-11	15-2	18-5	21-9	25-0	28-3	31-7	34-10
4	5-5	8-8	11-11	15-3	18-6	21-9	25-1	28-4	31-8	34-11
6	5-5	8-9	12-0	15-3	18-7	21-10	25-2	28-5	31-8	35-0
8	5-6	8-10	12-1	15-4	18-8	21-11	25-2	28-6	31-9	35-0
70	5-7	8-10	12-2	15-5	18-8	22-0	25-3	28-7	31-10	35-1
2	5-8	8-11	12-2	15-6	18-9	22-1	25-4	28-7	31-11	35-2
4	5-9	9-0	12-3	15-7	18-10	22-1	25-5	28-8	31-11	35-3
6	5-9	9-1	12-4	15-7	18-11	22-2	25-6	28-9	32-0	35-4
8	5-10	9-1	12-5	15-8	19-0	22-3	25-6	28-10	32-1	35-4
80	5-11	9-2	12-6	15-9	19-0	22-4	25-7	28-10	32-2	35-5
2	6-0	9-3	12-6	15-10	19-1	22-5	25-8	28-11	32-3	35-6
4	6-0	9-4	12-7	15-11	19-2	22-5	25-9	29-0	32-3	35-7
6	6-1	9-5	12-8	15-11	19-3	22-6	25-9	29-1	32-4	35-8
8	6-2	9-5	12-9	16-0	19-3	22-7	25-10	29-2	32-5	35-8
90	6-3	9-6	12-10	16-1	19-4	22-8	25-11	29-2	32-6	35-9
2	6-4	9-7	12-10	16-2	19-5	22-8	26-0	29-3	32-7	35-10
4	6-4	9-8	12-11	16-2	19-6	22-9	26-1	29-4	32-7	35-11
6	6-5	9-9	13-0	16-3	19-7	22-10	26-1	29-5	32-8	35-11
8	6-6	9-9	13-1	16-4	19-7	22-11	26-2	29-6	32-9	36-0

cm	メートル (m)									
	11	12	13	14	15	16	17	18	19	20
	′ ″	′ ″	′ ″	′ ″	′ ″	′ ″	′ ″	′ ″	′ ″	′ ″
0	36-1	39-4	42-8	45-11	49-3	52-6	55-9	59-1	62-4	65-7
2	36-2	39-5	42-9	46-0	49-3	52-7	55-10	59-1	62-5	65-8
4	36-3	39-6	42-9	46-1	49-4	52-7	55-11	59-2	62-6	65-9
6	36-3	39-7	42-10	46-2	49-5	52-8	56-0	59-3	62-6	65-10
8	36-4	39-8	42-11	46-2	49-6	52-9	56-0	59-4	62-7	65-11
10	36-5	39-8	43-0	46-3	49-6	52-10	56-1	59-5	62-8	65-11
2	36-6	39-9	43-1	46-4	49-7	52-11	56-2	59-5	62-9	66-0
4	36-7	39-10	43-1	46-5	49-8	52-11	56-3	59-6	62-10	66-1
6	36-7	39-11	43-2	46-5	49-9	53-0	56-4	59-7	62-10	66-2
8	36-8	40-0	43-3	46-6	49-10	53-1	56-4	59-8	62-11	66-2
20	36-9	40-0	43-4	46-7	49-10	53-2	56-5	59-9	63-0	66-3
2	36-10	40-1	43-4	46-8	49-11	53-3	56-6	59-9	63-1	66-4
4	36-11	40-2	43-5	46-9	50-0	53-3	56-7	59-10	63-1	66-5
6	36-11	40-3	43-6	46-9	50-1	53-4	56-8	59-11	63-2	66-6
8	37-0	40-3	43-7	46-10	50-2	53-5	56-8	60-0	63-3	66-6
30	37-1	40-4	43-8	46-11	50-2	53-6	56-9	60-0	63-4	66-7
2	37-2	40-5	43-8	47-0	50-3	53-7	56-10	60-1	63-5	66-8
4	37-2	40-6	43-9	47-1	50-4	53-7	56-11	60-2	63-5	66-9
6	37-3	40-7	43-10	47-1	50-5	53-8	56-11	60-3	63-6	66-10
8	37-4	40-7	43-11	47-2	50-6	53-9	57-0	60-4	63-7	66-10
40	37-5	40-8	44-0	47-3	50-6	53-10	57-1	60-4	63-8	66-11
2	37-6	40-9	44-0	47-4	50-7	53-10	57-2	60-5	63-9	67-0
4	37-6	40-10	44-1	47-5	50-8	53-11	57-3	60-6	63-9	67-1
6	37-7	40-11	44-2	47-5	50-9	54-0	57-3	60-7	63-10	67-2
8	37-8	40-11	44-3	47-6	50-9	54-1	57-4	60-8	63-11	67-2
50	37-9	41-0	44-3	47-7	50-10	54-2	57-5	60-8	64-0	67-3
2	37-10	41-1	44-4	47-8	50-11	54-2	57-6	60-9	64-1	67-4
4	37-10	41-2	44-5	47-8	51-0	54-3	57-7	60-10	64-1	67-5
6	37-11	41-2	44-6	47-9	51-1	54-4	57-7	60-11	64-2	67-5
8	38-0	41-3	44-7	47-10	51-1	54-5	57-8	60-11	64-3	67-6
60	38-1	41-4	44-7	47-11	51-2	54-6	57-9	61-0	64-4	67-7
2	38-1	41-5	44-8	48-0	51-3	54-6	57-10	61-1	64-4	67-8
4	38-2	41-6	44-9	48-0	51-4	54-7	57-10	61-2	64-5	67-9
6	38-3	41-6	44-10	48-1	51-5	54-8	57-11	61-3	64-6	67-9
8	38-4	41-7	44-11	48-2	51-5	54-9	58-0	61-3	64-7	67-10
70	38-5	41-8	44-11	48-3	51-6	54-9	58-1	61-4	64-8	67-11
2	38-5	41-9	45-0	48-4	51-7	54-10	58-2	61-5	64-8	68-0
4	38-6	41-10	45-1	48-4	51-8	54-11	58-2	61-6	64-9	68-1
6	38-7	41-10	45-2	48-5	51-8	55-0	58-3	61-7	64-10	68-1
8	38-8	41-11	45-3	48-6	51-9	55-1	58-4	61-7	64-11	68-2
80	38-9	42-0	45-3	48-7	51-10	55-1	58-5	61-8	65-0	68-3
2	38-9	42-1	45-4	48-7	51-11	55-2	58-6	61-9	65-0	68-4
4	38-10	42-2	45-5	48-8	52-0	55-3	58-6	61-10	65-1	68-4
6	38-11	42-2	45-6	48-9	52-0	55-4	58-7	61-11	65-2	68-5
8	39-0	42-3	45-6	48-10	52-1	55-5	58-8	61-11	65-3	68-6
90	39-1	42-4	45-7	48-11	52-2	55-5	58-9	62-0	65-3	68-7
2	39-1	42-5	45-8	48-11	52-3	55-6	58-10	62-1	65-4	68-8
4	39-2	42-5	45-9	49-0	52-4	55-7	58-10	62-2	65-5	68-8
6	39-3	42-6	45-10	49-1	52-4	55-8	58-11	62-2	65-6	68-9
8	39-4	42-7	45-10	49-2	52-5	55-9	59-0	62-3	65-7	68-10

付録

cm	メートル (m)									
	21	22	23	24	25	26	27	28	29	30
	′ ″	′ ″	′ ″	′ ″	′ ″	′ ″	′ ″	′ ″	′ ″	′ ″
0	68-11	72-2	75-6	78-9	82-0	85-4	88-7	91-10	95-2	98-5
2	69-0	72-3	75-6	78-10	82-1	85-4	88-8	91-11	95-3	98-6
4	69-0	72-4	75-7	78-10	82-2	85-5	88-9	92-0	95-3	98-7
6	69-1	72-5	75-8	78-11	82-3	85-6	88-9	92-1	95-4	98-7
8	69-2	72-5	75-9	79-0	82-3	85-7	88-10	92-2	95-5	98-8
10	69-3	72-6	75-9	79-1	82-4	85-8	88-11	92-2	95-6	98-9
2	69-3	72-7	75-10	79-2	82-5	85-8	89-0	92-3	95-6	98-10
4	69-4	72-8	75-11	79-2	82-6	85-9	89-1	92-4	95-7	98-11
6	69-5	72-8	76-0	79-3	82-7	85-10	89-1	92-5	95-8	98-11
8	69-6	72-9	76-1	79-4	82-7	85-11	89-2	92-5	95-9	99-0
20	69-7	72-10	76-1	79-5	82-8	85-11	89-3	92-6	95-10	99-1
2	69-7	72-11	76-2	79-6	82-9	86-0	89-4	92-7	95-10	99-2
4	69-8	73-0	76-3	79-6	82-10	86-1	89-4	92-8	95-11	99-3
6	69-9	73-0	76-4	79-7	82-10	86-2	89-5	92-9	96-0	99-3
8	69-10	73-1	76-5	79-8	82-11	86-3	89-6	92-9	96-1	99-4
30	69-11	73-2	76-5	79-9	83-0	86-3	89-7	92-10	96-2	99-5
2	69-11	73-3	76-6	79-9	83-1	86-4	89-8	92-11	96-2	99-6
4	70-0	73-4	76-7	79-10	83-2	86-5	89-8	93-0	96-3	99-6
6	70-1	73-4	76-8	79-11	83-2	86-6	89-9	93-1	96-4	99-7
8	70-2	73-5	76-8	80-0	83-3	86-7	89-10	93-1	96-5	99-8
40	70-3	73-6	76-9	80-1	83-4	86-7	89-11	93-2	96-5	99-9
2	70-3	73-7	76-10	80-1	83-5	86-8	90-0	93-3	96-6	99-10
4	70-4	73-7	76-11	80-2	83-6	86-9	90-0	93-4	96-7	99-10
6	70-5	73-8	77-0	80-3	83-6	86-10	90-1	93-4	96-8	99-11
8	70-6	73-9	77-0	80-4	83-7	86-11	90-2	93-5	96-9	100-0
50	70-6	73-10	77-1	80-5	83-8	86-11	90-3	93-6	96-9	100-1
2	70-7	73-11	77-2	80-5	83-9	87-0	90-3	93-7	96-10	100-2
4	70-8	73-11	77-3	80-6	83-10	87-1	90-4	93-8	96-11	100-2
6	70-9	74-0	77-4	80-7	83-10	87-2	90-5	93-8	97-0	100-3
8	70-10	74-1	77-4	80-8	83-11	87-2	90-6	93-9	97-1	100-4
60	70-10	74-2	77-5	80-9	84-0	87-3	90-7	93-10	97-1	100-5
2	70-11	74-3	77-6	80-9	84-1	87-4	90-7	93-11	97-2	100-6
4	71-0	74-3	77-7	80-10	84-1	87-5	90-8	94-0	97-3	100-6
6	71-1	74-4	77-7	80-11	84-2	87-6	90-9	94-0	97-4	100-7
8	71-2	74-5	77-8	81-0	84-3	87-6	90-10	94-1	97-5	100-8
70	71-2	74-6	77-9	81-0	84-4	87-7	90-11	94-2	97-5	100-9
2	71-3	74-6	77-10	81-1	84-5	87-8	90-11	94-3	97-6	100-9
4	71-4	74-7	77-11	81-2	84-5	87-9	91-0	94-3	97-7	100-10
6	71-5	74-8	77-11	81-3	84-6	87-10	91-1	94-4	97-8	100-11
8	71-5	74-9	78-0	81-4	84-7	87-10	91-2	94-5	97-8	101-0
80	71-6	74-10	78-1	81-4	84-8	87-11	91-2	94-6	97-9	101-1
2	71-7	74-10	78-2	81-5	84-9	88-0	91-3	94-7	97-10	101-1
4	71-8	74-11	78-3	81-6	84-9	88-1	91-4	94-7	97-11	101-2
6	71-9	75-0	78-3	81-7	84-10	88-1	91-5	94-8	98-0	101-3
8	71-9	75-1	78-4	81-8	84-11	88-2	91-6	94-9	98-0	101-4
90	71-10	75-2	78-5	81-8	85-0	88-3	91-6	94-10	98-1	101-5
2	71-11	75-2	78-6	81-9	85-0	88-4	91-7	94-11	98-2	101-5
4	72-0	75-3	78-7	81-10	85-1	88-5	91-8	94-11	98-3	101-6
6	72-1	75-4	78-7	81-11	85-2	88-5	91-9	95-0	98-4	101-7
8	72-1	75-5	78-8	81-11	85-3	88-6	91-10	95-1	98-4	101-8

d フート (ft) → メートル (m)

ft	0	1	2	3	4	5	6	7	8	9
0		0.305	0.610	0.914	1.219	1.524	1.829	2.134	2.438	2.743
10	3.048	3.353	3.658	3.962	4.267	4.572	4.877	5.182	5.486	5.791
20	6.096	6.401	6.706	7.010	7.315	7.620	7.925	8.230	8.534	8.839
30	9.144	9.449	9.754	10.058	10.363	10.668	10.973	11.278	11.582	11.887
40	12.192	12.497	12.802	13.106	13.411	13.716	14.021	14.326	14.630	14.935
50	15.240	15.545	15.850	16.154	16.459	16.764	17.069	17.374	17.678	17.983
60	18.288	18.593	18.898	19.202	19.507	19.812	20.117	20.422	20.726	21.031
70	21.336	21.641	21.946	22.250	22.555	22.860	23.165	23.470	23.774	24.079
80	24.384	24.689	24.994	25.298	25.603	25.908	26.213	26.518	26.822	27.127
90	27.432	27.737	28.042	28.346	28.651	28.956	29.261	29.566	29.870	30.175
100	30.480									

(2) 体積，容量換算表

a 立方フート (ft^3) → 立方メートル (m^3)

ft	0	1	2	3	4	5	6	7	8	9
0		0.02832	0.05663	0.08495	0.11327	0.14159	0.16990	0.19822	0.22654	0.25485
10	0.28317	0.31149	0.33980	0.36812	0.39644	0.42476	0.45307	0.48139	0.50971	0.53802
20	0.56634	0.59466	0.62297	0.65129	0.67961	0.70793	0.73642	0.76456	0.79288	0.82199
30	0.84951	0.87783	0.90615	0.93446	0.96278	0.99110	1.01941	1.04773	1.07605	1.10437
40	1.13268	1.16100	1.18932	1.21763	1.24595	1.27427	1.30258	1.33090	1.35922	1.38754
50	1.41585	1.44417	1.47249	1.50080	1.52912	1.55744	1.58575	1.61407	1.64239	1.67070
60	1.69902	1.72734	1.75565	1.78397	1.81229	1.84061	1.86892	1.89724	1.92556	1.95387
70	1.98219	2.01051	2.03382	2.06714	2.09546	2.12378	2.15209	2.18041	2.20873	2.23704
80	2.26536	2.29368	2.32199	2.35031	2.37863	2.40695	2.43526	2.46358	2.49190	2.52021
90	2.54853	2.57685	2.60516	2.63348	2.66180	2.69012	2.71843	2.74675	2.77507	2.80338
100	2.83170									

b 立方メートル (m^3) → 立方フート (ft^3)

	0	1	2	3	4	5	6	7	8	9
0		35.315	70.630	105.945	141.260	176.575	211.890	247.205	282.520	317.835
10	353.15	388.465	423.780	459.095	494.410	529.725	565.040	600.355	635.670	670.985
20	706.30	741.615	776.930	812.245	847.560	882.875	918.190	953.505	988.820	1024.135
30	1059.45	1094.765	1130.080	1165.395	1200.710	1236.025	1271.340	1306.655	1341.970	1377.285
40	1412.60	1447.915	1483.230	1518.545	1553.860	1589.175	1624.490	1659.805	1695.120	1730.435
50	1765.75	1801.065	1836.380	1871.695	1907.010	1942.325	1977.640	2012.955	2048.270	2083.585
60	2118.90	2154.215	2189.530	2224.845	2260.160	2295.475	2330.790	2366.105	2401.420	2436.735
70	2472.05	2507.365	2542.680	2577.995	2613.310	2648.625	2683.940	2719.255	2754.570	2789.885
80	2825.20	2860.515	2895.830	2931.145	2966.460	3001.775	3037.090	3072.405	3107.720	3143.053
90	3178.35	3213.665	3248.980	4284.295	3319.610	3354.925	3390.240	3425.555	3460.870	3496.185
100	3531.50									

付録   283

c 米ガロン ↔ リットル

米ガロン [gal]	リットル [L]	米ガロン [gal]	リットル [L]	リットル [L]	米ガロン [gal]	リットル [L]	米ガロン [gal]
1	3.785 33	6	22.711 98	1	0.264 18	6	1.585 08
2	7.570 66	7	26.497 31	2	0.528 36	7	1.849 26
3	11.355 99	8	30.282 64	3	0.792 54	8	2.113 44
4	15.141 32	9	34.067 97	4	1.056 72	9	2.377 62
5	18.926 65			5	1.320 90		

(3) 衡量換算表

a キロトン ↔ 英トン

キロトン [t]	英トン [T]	キログラム [kg]	ポンド [lb]
1	0.984 206 4	1000	2204.6223
2	1.968 412 8	2000	4409.2446
3	2.952 619 2	3000	6613.8669
4	3.936 825 6	4000	8818.4892
5	4.921 032 0	5000	11 023.1115
6	5.905 238 4	6000	13 227.7338
7	6.889 444 8	7000	15 432.3561
8	7.873 651 2	8000	17 636.9784
9	8.857 857 6	9000	19 841.6007

b 英トン → キロトン

英トン [T]	キロトン [t]	キログラム [kg]	ポンド [lb]
1	1.016 047 043 2	1016.047 043 2	2240
2	2.032 094 086 4	2032.094 086 4	4480
3	3.048 141 129 6	3048.141 129 6	6720
4	4.064 188 172 8	4064.188 172 8	8960
5	5.080 235 216 0	5080.235 216 0	11 200
6	6.096 282 259 2	6096.282 259 2	13 440
7	7.112 329 302 4	7112.329 302 4	15 680
8	8.128 376 345 6	8128.376 345 6	17 920
9	9.144 423 388 8	9144.423 388 8	20 160

(4) その他の換算表

a 毎センチメートル沈下キロトン数 → 毎インチ沈下英トン数 1 : 2.499(≒ 2.5)

	0	1	2	3	4	5	6	7	8	9
0	–	2.5	5.0	7.5	10.0	12.5	15.0	17.5	20.0	22.5
10	25.0	27.5	30.0	32.5	35.0	37.5	40.0	42.5	45.0	47.5
20	50.0	52.5	55.0	57.5	60.0	62.5	65.0	67.5	70.0	72.5
30	75.0	77.5	80.0	82.5	85.0	87.5	90.0	92.5	95.0	97.5

b ポンド/平方インチ ↔ キログラム/平方センチメートル

ポンド/平方インチ [lb/in^2]	キログラム/平方センチメートル [kg/cm^2]	キログラム/平方センチメートル [kg/cm^2]	ポンド/平方インチ [lb/in^2]
1	0.070 31	1	14.223
2	0.140 62	2	28.446
3	0.210 93	3	42.669
4	0.281 24	4	56.892
5	0.351 55	5	71.115
6	0.421 86	6	85.338
7	0.492 17	7	99.561
8	0.562 48	8	113.784
9	0.632 79	9	128.007

c ミリ → ミリバール

	0	1	2	3	4	5	6	7	8	9
700	933.2	934.6	935.9	937.2	938.6	939.9	941.2	942.6	943.9	945.2
710	946.6	947.9	949.2	950.6	951.9	953.2	954.6	955.9	957.6	958.6
720	959.9	961.2	962.6	963.9	965.2	966.6	967.9	969.2	970.2	971.9
730	973.2	974.6	975.9	977.2	978.6	979.9	981.2	982.6	983.9	985.2
740	986.6	987.9	989.2	990.6	991.9	993.2	994.6	995.9	997.2	998.6
750	999.9	1001.2	1002.6	1003.9	1005.2	1006.6	1007.9	1009.2	1010.6	1011.9
760	1013.2	1014.6	1015.9	1017.2	1018.6	1019.9	1021.2	1022.6	1023.9	1025.2
770	1026.6	1027.9	1029.2	1030.6	1031.9	1033.2	1034.6	1035.9	1037.2	1038.6
780	1039.9	1041.2	1042.6	1043.9	1045.2	1046.6	1047.9	1049.2	1050.6	1051.9
790	1053.2	1054.6	1055.9	1057.2	1058.6	1059.9	1061.2	1062.6	1063.9	1065.2
ミリ十分率		0.1	0.2	0.3	0.4	0.5	0.6	0.7	0.8	0.9
ミリバール		0.1	0.3	0.4	0.5	0.7	0.8	0.9	1.1	1.2

d 温度

i) 華氏 → 摂氏 $C = 5(F - 32)/9$

F	C	F	C	F	C	F	C	F	C	F	C	F	C	F	C	F	C
−40	−40.0	20	−6.7	60	15.6	100	37.8	140	60.0	180	82.2	220	104.4	270	132.2		
−38	−38.9	21	−6.1	61	16.1	101	38.3	141	60.6	181	82.8	221	105.0	275	135.0		
−36	−37.8	22	−5.6	62	16.7	102	38.9	142	61.1	182	83.3	222	105.6	280	137.8		
−34	−36.7	23	−5.0	63	17.2	103	39.4	143	61.7	183	83.9	223	106.1	285	140.6		
−32	−35.6	24	−4.4	64	17.8	104	40.0	144	62.2	184	84.4	224	106.7	290	143.3		
−30	−34.4	25	−3.9	65	18.3	105	40.6	145	62.8	185	85.0	225	107.2	295	146.1		
−28	−33.3	26	−3.3	66	18.9	106	41.1	146	63.3	186	85.6	226	107.8	300	148.9		
−26	−32.2	27	−2.8	67	19.4	107	41.7	147	63.9	187	86.1	227	108.3	305	151.7		
−24	−31.1	28	−2.2	68	20.0	108	42.2	148	64.4	188	86.7	228	108.9	310	154.4		
−22	−30.0	29	−1.7	69	20.6	109	42.8	149	65.0	189	87.2	229	109.4	315	157.2		
−20	−28.9	30	−1.1	70	21.1	110	43.3	150	65.6	190	87.8	230	110.0	320	160.0		
−18	−27.8	31	−0.6	71	21.7	111	43.9	151	66.1	191	88.3	231	110.6	325	162.8		
−16	−26.7	32	0.0	72	22.2	112	44.4	152	66.7	192	88.9	232	111.1	330	165.6		
−14	−25.6	33	0.6	73	22.8	113	45.0	153	67.2	193	89.4	233	111.7	335	168.3		
−12	−24.4	34	1.1	74	23.3	114	45.6	154	67.8	194	90.0	234	112.2	340	171.1		
−10	−23.3	35	1.7	75	23.9	115	46.1	155	68.3	195	90.6	235	112.8	345	173.9		
−8	−22.2	36	2.2	76	24.4	116	46.7	156	68.9	196	91.1	236	113.3	350	176.6		
−6	−21.1	37	2.8	77	25.0	117	47.2	157	69.4	197	91.7	237	113.9	355	179.4		
−4	−20.0	38	3.3	78	25.6	118	47.8	158	70.0	198	92.2	238	114.4	360	182.2		
−2	−18.9	39	3.9	79	26.1	119	48.3	159	70.6	199	92.8	239	115.0	365	185.0		
0	−17.8	40	4.4	80	26.7	120	48.9	160	71.1	200	93.3	240	115.6	370	187.8		
1	−17.2	41	5.0	81	27.2	121	49.4	161	71.7	201	93.9	241	116.1	375	190.6		
2	−16.7	42	5.6	82	27.8	122	50.0	162	72.2	202	94.4	242	116.7	380	193.3		
3	−16.1	43	6.1	83	28.3	123	50.6	163	72.8	203	95.5	243	117.2	385	196.1		
4	−15.6	44	6.7	84	28.9	124	51.1	164	73.3	204	95.6	244	117.8	390	198.9		
5	−15.0	45	7.2	85	29.4	125	51.7	165	73.9	205	96.1	245	118.3	400	204.4		
6	−14.4	46	7.8	86	30.0	126	52.2	166	74.4	206	96.7	246	118.9	420	215.6		
7	−13.9	47	8.3	87	30.6	127	52.8	167	75.0	207	97.2	247	119.4	440	226.7		
8	−13.3	48	8.9	88	31.1	128	53.3	168	75.6	208	97.8	248	120.0	460	237.8		
9	−12.8	49	9.4	89	31.7	129	53.9	169	76.1	209	98.3	249	120.6	480	248.9		
10	−12.2	50	10.0	90	32.2	130	54.4	170	76.7	210	98.9	250	121.1	500	260.0		
11	−11.7	51	10.6	91	32.8	131	55.0	171	77.2	211	99.4	252	122.2	550	287.8		
12	−11.1	52	11.1	92	33.3	132	55.6	172	77.8	212	100.0	254	123.3	600	315.6		
13	−10.6	53	11.7	93	33.9	133	56.1	173	78.3	213	100.6	256	124.4	700	371.1		
14	−10.0	54	12.2	94	34.4	134	56.7	174	78.9	214	101.1	258	125.6	800	426.7		
15	−9.4	55	12.8	95	35.0	135	57.2	175	79.4	215	101.7	260	126.7	900	482.2		
16	−8.9	56	13.3	96	35.6	136	57.8	176	80.0	216	102.2	262	127.8	1000	537.8		
17	−8.3	57	13.9	97	36.1	137	58.3	177	80.6	217	102.8	264	128.9	1500	815.6		
18	−7.8	58	14.4	98	36.7	138	58.9	178	81.1	218	103.3	266	130.0	2000	1093.3		
19	−7.2	59	15.0	99	37.2	139	59.4	179	81.7	219	103.9	268	131.1	2500	1371.1		

ii) 摂氏 → 華氏 $F = 9/5C + 32$

F	C	F	C	F	C	F	C	F	C	F	C	F	C
−40	−40.0	0	32.0	40	104.0	80	176.0	120	248.0	160	320.0	200	392.0	240	464
−39	−38.2	1	33.8	41	105.8	81	177.8	121	249.8	161	321.8	201	393.8	242	268
−38	−36.4	2	35.6	42	107.6	82	179.6	122	251.6	162	323.6	202	395.6	244	471
−37	−34.6	3	37.4	43	109.4	83	181.4	123	253.4	163	325.4	203	397.4	246	475
−36	−32.8	4	39.2	44	111.2	84	183.2	124	255.2	164	327.2	204	399.2	248	478
−35	−31.0	5	41.0	45	113.0	85	185.0	125	257.0	165	329.0	205	401.0	250	482
−34	−29.2	6	42.8	46	114.8	86	186.8	126	258.8	166	330.8	206	402.8	252	486
−33	−27.4	7	44.6	47	116.6	87	188.6	127	260.6	167	332.6	207	404.6	254	489
−32	−25.6	8	46.4	48	118.4	88	190.4	128	262.4	168	334.4	208	406.4	256	493
−31	−23.8	9	48.2	49	120.2	89	192.2	129	264.2	169	336.2	209	408.2	258	496
−30	−22.0	10	50.0	50	122.0	90	194.0	130	266.0	170	338.0	210	410.0	260	500
−29	−20.2	11	51.8	51	123.8	91	195.8	131	267.8	171	339.8	211	411.8	262	504
−28	−18.4	12	53.6	52	125.6	92	197.6	132	269.6	172	341.6	212	413.6	264	507
−27	−16.6	13	55.4	53	127.4	93	199.4	133	271.4	173	343.4	213	415.4	266	511
−26	−14.8	14	57.2	54	129.2	94	201.2	134	273.2	174	345.2	214	417.2	268	514
−25	−13.0	15	59.0	55	131.0	95	203.0	135	275.0	175	347.0	215	419.0	270	518
−24	−11.2	16	60.8	56	132.8	96	204.8	136	276.8	176	348.8	216	420.8	272	522
−23	−9.4	17	62.6	57	134.6	97	206.6	137	278.6	177	350.6	217	422.6	274	525
−22	−7.6	18	64.6	58	136.4	98	208.4	138	280.4	178	352.4	218	424.4	276	529
−21	−5.8	19	66.2	59	138.2	99	210.2	139	282.2	179	354.2	219	426.2	278	532
−20	−4.0	20	68.0	60	140.4	100	212.0	140	284.0	180	356.0	220	428.0	280	536
−19	−2.2	21	69.8	61	141.8	101	213.8	141	285.8	181	357.8	221	429.8	285	545
−18	−0.4	22	71.6	62	143.6	102	215.6	142	287.6	182	359.6	222	431.6	290	554
−17	1.4	23	73.4	63	145.4	103	217.4	143	289.4	183	361.4	223	433.4	295	563
−16	3.2	24	75.2	64	147.2	104	219.2	144	291.2	184	363.2	224	435.2	300	572
−15	5.0	25	77.0	65	149.0	105	221.0	145	293.0	185	365.0	225	437.0	320	608
−14	6.8	26	78.8	66	150.8	106	222.8	146	294.8	186	366.8	226	438.8	340	644
−13	8.6	27	80.6	67	152.6	107	224.6	147	296.6	187	368.6	227	440.6	360	680
−12	10.4	28	82.4	68	154.4	108	226.4	148	298.4	188	370.4	228	442.4	380	716
−11	12.2	29	84.2	69	156.2	109	228.2	149	300.2	189	372.2	229	444.2	400	752
−10	14.0	30	86.0	70	158.0	110	230.0	150	302.0	190	374.0	230	446.0	450	842
−9	15.8	31	87.8	71	159.8	111	231.8	151	303.8	191	375.8	231	447.8	500	932
−8	17.6	32	89.6	72	161.6	112	233.6	152	305.6	192	377.6	232	449.6	600	1112
−7	19.4	33	91.4	73	163.4	113	235.4	153	307.4	193	379.4	233	451.4	700	1292
−6	21.2	34	93.2	74	165.2	114	237.2	154	309.2	194	381.2	234	453.2	800	1472
−5	23.0	35	95.0	75	167.0	115	239.0	155	311.0	195	383.0	235	455.0	900	1652
−4	24.8	36	96.8	76	168.8	116	240.8	156	312.8	196	384.8	236	456.8	1000	1832
−3	26.6	37	98.6	77	170.6	117	242.6	157	314.6	197	386.6	237	458.6	1500	2732
−2	28.4	38	100.4	78	172.4	118	244.4	158	316.4	198	388.4	238	460.4	2000	3632
−1	30.2	39	102.2	79	174.2	119	246.2	159	318.2	199	390.2	239	462.2	2500	4532

索 引

(ア)
アットウッド 172
圧力 238
アルキメデス 102
アンチローリングタンク 233
安定傾斜角 187
安定びれ 232

(ウ)
うず抵抗 254
運動 1
運動量保存の法則 28

(エ)
エネルギ 49
MKS 26
遠心力 59

(オ)
オリフィス 246

(カ)
カーゴホール 67
海水流入角 155
回転運動 54
回転数および周期 7
回転による仕事 54
回転半径 57
角加速度 8

(キ)
角速度 5
角度と弧度 6
加速度 2
滑車の運動 30
滑車の摩擦 95
乾舷 174
慣性の法則 25
慣性モーメント 57

(キ)
機械的エネルギ 50
喫水 198
求心力 6

(ク)
空気抵抗 254
偶力 56

(ケ)
傾斜試験 156
傾斜中心 199
形状復原力 168
軽頭船 168
限界傾斜角 195
ケンプ 169

(コ)
向心力 6
ころがり摩擦力 94

(サ)

載貨重量トン数 112
サギング 221
作用と反作用 27
3力のつりあい 64

(シ)

GM 158
CGS 26
ジェッセル 251
仕事 46
質量と重量 28
シャー 168
Gyro-stabilizer 233
斜面 39
周期 5
重心 140
重頭船 168
重量復原力 168
重力単位 46
ジュール 46
縮流 246
上下動周期 234
初期復原力 159
振動数 9
振幅 9
シンプソンの法則 110

(ス)

推進器抵抗 256
水線面積係数 107
水頭 243
スカラー 33
ステフシップ (stiff ship) ... 168
ステム・コレクション 219

(セ)

スラミング 256

静圧 244
静止摩擦係数 92
静止摩擦力 92
静的復原力 155
静的復原力曲線 172
絶対単位 46
船体のつりあい 157

(ソ)

相対運動 12
造波抵抗 253
速度 1

(タ)

台形の法則 118
立て柱形係数 117
縦浮心 107
縦メタセンタ 198
縦揺周期 234
単弦運動 9
単振り子 11
タンブルホーム 175

(チ)

チェビシェフの法則 112
力 25
力と加速度 25
力のモーメント 54
中央横断面積係数 116
柱形係数 116

(テ)

出会い周期 231

索引

抵抗係数	95
停止波	253
デリック	70
テンダーシップ (tender ship)	168

(ト)

動圧	244
同期横揺	231
等時動揺	228
等速度運動	1
同調	230
動的復原力	155, 180
動的復原力曲線	180
動摩擦力	94
動揺	227
トッピングリフト	70
トップヘビー	168
トリチェリ	245
トリム	198
トリム・コレクション	218
トルク	55

(ニ)

入渠	191
ニュートン	25

(ネ)

粘性	240

(ノ)

ノルマン	200

(ハ)

排水量	102
排水量等曲線図	107
八字波	253

早瀬式	107

(ヒ)

BM 曲線	165
比重	102
ピトー管	244
ビューフォート風力階級表	20
ビルジキール	232

(フ)

ファインネス係数	115
風圧モーメント	186
ブーム	70
復原力	155
復原力交差曲線	177
浮心	102
浮心軌跡	159
不等速度運動	2
浮面心	200
フラム	233
浮力	102
フレヤー	175
プロメタセンタ	159

(ヘ)

ベクトル	33
ベルヌーイ	241
変位	1

(ホ)

方形係数	115
放物線	40
ボーフォイ	251
ホギング	221
ホドグラフ	5
ボトムヘビー	167

ボンジャン曲線図 114

(マ)

毎 cm トリム・モーメント ... 200
毎 cm 排水トン数 127
摩擦角 99
摩擦抵抗 252
マスト 70

(ミ)

見掛けの重心 190
見掛けのメタセンタ 159

(メ)

メタセンタ 158
メタセンタ半径 162

(モ)

モーメント 54
モーメントのつりあい 80
モーリッシュ 107

(ユ)

遊動水 168

(ヨ)

ヨーイング 235
横傾斜 181
横波 253
横メタセンタ 158
横揺 227
横揺周期 227

(ラ)

ラーチング 179
落体 4
ラジアン 6

(リ)

力学的エネルギ 50
流管 240
流跡線 240
流線 240
流体 238
流体抵抗 249
流量係数 246

(レ)

連続の法則 240

(ワ)

ワット 48

和田　忠（わだ ただし）

昭和 8 年	島根県隠岐島に生れる
昭和 27 年	島根県立隠岐水産高等学校漁業科卒
昭和 31 年	鹿児島大学水産学部漁業学科卒
昭和 32 年	同大学遠洋漁業特設専攻科修了
	同年大洋漁業入社
	船長・漁撈長
昭和 41 年	大洋漁業退社
	同年宮古水産高等学校教諭
昭和 52 年	久慈水産高等学校教諭
昭和 59 年	宮古水産高等学校教頭
昭和 62 年	久慈水産高等学校教頭
平成 2 年	宮古水産高等学校校長
平成 6 年	同校退職
	同年宮古湾漁業協同組合連合会専務理事
平成 16 年	同連合会退任

小林和博（こばやしかずひろ）

昭和 49 年	兵庫県に生れる
平成 10 年	東京大学工学部計数工学科卒
平成 12 年	東京大学大学院工学系研究科
	計数工学専攻修士課程修了
	同年日本アイ・ビー・エム株式会社入社
平成 14 年	日本アイ・ビー・エム株式会社退社
平成 14 年	東京工業大学大学院情報理工学研究科
	数理・計算科学専攻博士課程入学
平成 19 年	海上技術安全研究所研究員（任期 2 年）採用
平成 21 年	博士（理学）
平成 21 年	海上技術安全研究所研究員（定年制）採用
平成 24 年	海上技術安全研究所主任研究員

航海応用力学の基礎（3訂版）（こうかいおうようりきがくのきそ）

定価はカバーに表示してあります

昭和 51 年 4 月 18 日	初版発行
平成 27 年 3 月 28 日	3訂初版発行

著　者	和田　忠・小林和博
発行者	小川　典子
印　刷	日本ハイコム株式会社
製　本	株式会社難波製本

発行所　株式会社成山堂書店

〒160-0012　東京都新宿区南元町 4 番 51　成山堂ビル
TEL:03(3357)5861　　FAX:03(3357)5867
URL　http://www.seizando.co.jp
落丁・乱丁本はお取り換えいたしますので、小社営業チーム宛にお送りください。

ⓒ 2015 Tadashi Wada, Kazuhiro Kobayashi
Printed in Japan

ISBN978-4-425-42055-1